U0331852

前言

本书的出发点

Python 是目前最受欢迎的计算机语言之一，近年来，在 TIOBE 和 IEEE 等编程语言排行榜上长期占据前三的位置。在国内，Python 也在逐步替代原来的 Basic 语言，成为小学、中学和大学的学生学习计算机编程入门的首选语言。所以，不难推断，当前希望首选 Python 语言进行 Excel 脚本编程以提高工作效率的朋友已经很多，而且会越来越多，这是我们决定撰写本书的初衷。

目前微软公司并没有推出官方的 Python 脚本语言，但是市面上与 Excel 有关的各种第三方 Python 包层出不穷，包括 xlrd、xlwt、OpenPyXl、XlsxWriter、win32com、comtypes、xlwings 和 pandas 等。使用这些 Python 包，特别是最后 4 个，可以说 VBA 能做的事情，使用 Python 基本上也能做。在数据分析方面，Python 实际上已经远远超越 VBA，因为很多功能不需要自己编程了，有大量现成的数据处理函数和模块可以使用，既快速、可靠，又简便。

本书内容

本书以 xlwings 包为主线，介绍使用 Python 实现 Excel 脚本开发的各种可能性。本书的内容具有系统性和逻辑性，在讲解上遵循从简单到复杂、循序渐进的原则，并且实例丰富。全书共有 11 章，涵盖了 Python 语言基础、Excel 办公自动化和数据分析编程的主要内容。

第 1 章介绍 Python 语言基础，从最基本的变量开始讲解，接下来是表达式、流程控制、函数、模块和工程等。

第 2 章介绍 Python 文件操作。使用 Python 的 open 函数和 OS 模块，可以实现文本文件和二进制文件的打开、追加和保存等操作，也可以操作目录、路径等。对 Excel 文件的操作，可以通过书中介绍的与 Excel 有关的 Python 包来实现。

第 3 章和第 4 章介绍与 Excel 对象模型有关的几个 Python 包，包括 OpenPyXl、win32com 和 xlwings 等。这几个包提供了与工作簿、工作表、单元格和图表等相关的对象。

第 5 章介绍如何使用 Python 绘制 Excel 图形，包括各种图形元素的绘制和编辑、几何变换、遍历图形和创建动画等操作。

第 6 章介绍如何使用 Python 绘制 Excel 图表。学习完本章后，不仅能设置图表的类型，还能对复合图表中的序列、序列中的数据点、组成图表的线形图形元素和区域图形元素等进行属性设置。

第 7 章介绍 Python 字典在 Excel 中的应用。利用字典的特点，可以对 Excel 数据进行数据提取、去重、查询、汇总和排序等操作。

第 8 章介绍正则表达式的编写规则，以及如何在 Python 中使用正则表达式进行文本查找和替换等。

第 9 章介绍如何使用 pandas 包处理数据。在 VBA 中，对数据进行处理大多需要自己编写程序来实现，而使用 pandas 包可以直接调用这些函数。所以，使用 pandas 处理数据比用 VBA 处理要快，而且代码更简洁。

第 10 章简单介绍 Matplotlib 包提供的数据可视化功能。使用 xlwings 包，可以很方便地把用 Matplotlib 包绘制的图形嵌入 Excel 工作表中。

第 11 章介绍 Python 与 Excel VBA 的混合编程。使用 xlwings 包，可以在 Python 中调用 VBA 函数，或者在 VBA 编程环境中调用 Python 代码和使用 Python 自定义函数。

本书为谁而写

首先，本书是为不懂 VBA 但有 Excel 脚本编程需求的朋友编写的；其次，本书也适合任何对 Excel Python 脚本开发感兴趣的朋友阅读，可以是有编程需求的职场办公人员、数据分析人员、大学生、科研人员和程序员等。

为方便读者学习，本书大部分案例的数据和代码均可下载，下载方式请见本书封底。

联系作者

本书写作近一年，书稿经过反复修改，但尽管如此，因笔者水平有限，书中错误和不足之处仍在所难免，恳请读者朋友批评与指正（联系方式：电子邮箱 274279758@qq.com，微信公众号 Excel Coder）。

作 者

目录

图形图表篇

扩展编程篇

语言基础篇

Python 语言是目前最受欢迎的编程语言之一，在各大编程语言排行榜上长期占据前三的位置，在国内正在替代原来的 Basic 语言，成为从小学到大学学习计算机语言入门的首选。本篇介绍 Python 语言的语法基础，主要内容包括：

- 常量与变量
- 数字
- 字符串
- 列表
- 元组
- 字典
- 集合
- 表达式
- 函数
- 模块和工程
- 异常处理
- 文件操作

第 1 章

Python 语言基础

Python 语言是目前最受欢迎的程序设计语言之一，被国内小学、中学和大学作为学习计算机语言入门的首选。本章介绍 Python 语言的语法基础，从变量、表达式、函数、模块到工程，从简单到复杂，像搭积木一样构建我们的 Python 语言知识体系。

1.1 Python 语言及其编程环境

在进入具体的语言学习之前，有必要介绍一下 Python 语言的基本情况和特点、软件的下载和安装、软件编程环境等。当准备工作做好以后，结合几个简单且具有代表性的实例建立起对 Python 编程的感性认识。

1.1.1 Python 语言及其特点

Python 语言诞生于 20 世纪 90 年代，是免费的开源软件，被广泛应用于系统运维和网络编程。作为"胶水语言"，Python 被越来越多的主流行业软件用作脚本语言。由于具有简洁、易读和可扩展等特点，它还被广泛应用于科学计算，特别是机器学习、深度学习、计算机视觉等 AI 领域。

Python 是解释型语言，一边编译一边执行。它的主要特点包括：

- 简单、高效。Python 是一门高级语言，相对于 C、C++等语言，它隐藏了很多抽象概念和底层技术细节，简单、易学。使用 Python 编程，虽然性能没有 C 等语言高，但可以大大提高开发效率。

- 有大量现成的库（包）。Python 有很多内置的库和第三方库，每个库都在某一行业或方向上提供功能。利用它们，用户可以站在前人的肩膀上，将主要精力放在自己的事情上，做到事半功倍。

- 可扩展。可以使用 C 或 C++等语言为 Python 开发扩展模块。
- 可移植。Python 支持跨平台，可以在不同的平台上运行。

此外，Python 还支持面向对象编程，通过抽象、封装、重用等提高编程效率。

1.1.2　下载和安装 Python

在使用 Python 语言编程之前，需要先下载和安装 Python 软件。访问 Python 官网，在"Downloads"菜单中单击"Windows"选项，打开 Windows 版本的软件下载页面，如图 1-1 所示。

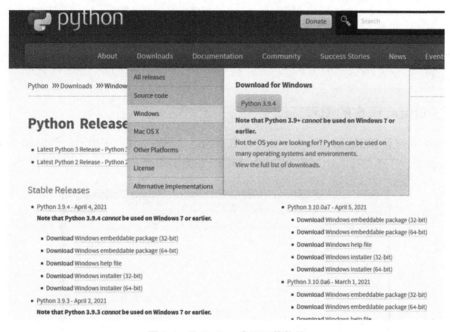

图 1-1　从 Python 官网下载软件

从图 1-1 中可以看到有最新版本和历史版本的软件下载链接。根据你的计算机上的操作系统是 32 位的还是 64 位的，选择下载对应版本的 Python 软件。

双击下载的 Python 可执行文件，打开如图 1-2 所示的安装界面。本书使用的是 Python 3.7.7 版本。

图 1-2　安装 Python 3.7.7

勾选 "Add Python 3.7 to PATH" 复选框，单击 "Install Now" 选项，按照提示一步一步进行安装即可。

1.1.3　Python 语言的编程环境

Python 软件安装好以后，在 Windows 左下角的 "开始" 菜单中单击 "Python 3.7" 下的 "IDLE" 选项，打开 "Python 3.7.7 Shell" 窗口，如图 1-3 所示。

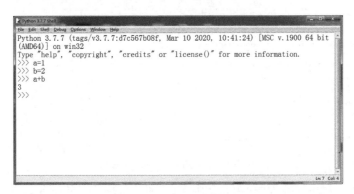

图 1-3　"Python 3.7.7 Shell" 窗口

在该窗口中，第 1 行显示软件和系统的信息，包括 Python 版本号、开始运行的时间、系统信息等。第 2 行提示在提示符 ">>>" 后面，输入 help 等关键字可以获取帮助、版权等更多信息。

第 3 行显示提示符 ">>>"。可以在提示符后面输入 Python 语句，完成后按回车键，又会显示一个提示符，可以继续输入语句。这种编程方式被称为命令行模式的编程，它是逐行输入和执行的。在本书后面各章节中，凡是 Python 语句前面有 ">>>" 提示符的，就是命令行模式的编程，是在 "Python 3.7.7 Shell" 窗口中进行的。参见下面的 "示例 1"。

　　在"Python 3.7.7 Shell"窗口中，单击"File"菜单中的"New File"选项，打开如图 1-4 所示的窗口。在该窗口中连续输入语句或函数，保存为 py 文件。单击"Run"菜单中的"Run Module"选项，可以一次执行多行语句。这种方式被称为脚本文件的编程。在本书后面各章节中，为了对脚本文件中的各行语句进行解释说明，会为每行语句添加行号并显示在语句前面，行号与语句之间用 Tab 键分隔。所以，如果后续各章节中的代码前面有编号，就说明是按脚本文件的形式编程的。参见下面的"示例 2"。

图 1-4　编写脚本文件

　　IDLE 是 Python 官方提供的编程环境。除了 IDLE，还有一些比较高级的编程环境，如 PyCharm、Anaconda、Visual Studio 等，如果大家有兴趣可以找相关的资料来看，这里不展开介绍了。本书内容结合 IDLE 进行介绍。

示例 1：命令行模式的编程

　　本例使用简单的相加和累加运算演示命令行模式的编程。在"Python 3.7.7 Shell"窗口中，在提示符后面输入下面的语句，计算两个数的和。

```
>>> a=1
>>> b=2
>>> a+b
3
```

　　在这里，a 和 b 被称为变量，它们分别引用对象 1 和 2。a=1 被称为赋值表达式，使用赋值运算符"="连接变量和数字对象，表示将数字 1 赋给变量 a。a+b 被称为算术运算表达式，用算术运算符"+"连接变量 a 和 b，该表达式返回两个变量相加得到的和。

　　下面介绍一个连续累加的例子，将0~4的整数进行连续累加。这里用到一个for循环，使用range函数获取 0~4 范围内的整数，for 循环在这个范围内逐个取数字，并累加到变量 s。变量 i 被称为迭代变量，每循环一次，它就取范围内的下一个值，取到以后与 s 目前的值相加。s+=i 是相加赋值表达式，表示将 s 与 i 的和赋给 s，其等价于 s=s+i。最后输出 s 的值，即 0~4 的累加和。

```
>>> s=0
>>> for i in range(5):  #循环取 0~4
        s+=i  #对 0~4 进行累加
>>> s
10
```

注意：for 语句下面的循环体要内缩 4 个空格。

示例 2：编写和运行脚本式文件

在"Python 3.7.7 Shell"窗口中，单击"File"菜单中的"New File"选项，打开脚本文件窗口，在其中输入下面的语句，进行相加和累加运算。注意，为了对各行语句进行说明，在每行语句前面都添加了行号，行号与语句之间用 Tab 键分隔。该文件位于 Samples 目录下的 ch01 子目录中，文件名为 sam01-0-01.py。

```
1    a=1
2    b=2
3    print(a+b)
4
5    s=0
6    for i in range(5):
7        s+=i
8    print(s)
```

第 1~3 行进行相加运算，计算 1 和 2 的和，使用 print 函数输出结果。

第 5~8 行使用 for 循环对 0~4 的整数进行累加，使用 print 函数输出累加和。

在 Python IDLE 文件脚本窗口中，在"Run"菜单中单击"Run Module"选项，则 IDLE 命令行窗口显示下面的结果：

```
>>> = RESTART: …/Samples/ch01/sam01-0-01.py
3
10
```

这种运行方式将"示例 1"中的逐步输入和运行变为全部输入后一次运行，这种文件被称为脚本式 py 文件，它相当于宏，即定义连续的动作序列，一次运行。

示例 3：编写和运行函数式文件

现在对"示例 2"中的脚本进行改写，将相加和累加的操作改写成函数，然后调用函数，将要相加的数或累加上限数作为参数传入，得到最后的结果并输出。该文件位于 Samples 目录下的 ch01 子目录中，文件名为 sam01-0-02.py。关于什么是函数，以及实现函数的各种细节，将会在后续章节中进行详细介绍。在这里，大家只需要有一个感性认识，知道有这么一个实现方法，知道它有什么好处就可以了。

```
1    def MySum(a,b):
2        return a+b
3
4    def MySum2(c):
5        s=0
6        for i in range(c+1):
7            s+=i
8        return s
9
10   print(MySum(1,2))    #重复调用 MySum 函数
11   print(MySum(3,5))
12   print(MySum(8,12))
13   print(MySum2(4))    #重复调用 MySum2 函数
14   print(MySum2(10))
```

第 1 行和第 2 行定义 MySum 函数实现相加运算,它给定形式参数 a 和 b,使用 return 语句返回 a 和 b 的和。

第 4~8 行定义 MySum2 函数实现累加运算,它给定形式参数 c,使用 for 循环计算 0 到 c 的累加和并返回它。

第 10~12 行连续调用 MySum 函数对给定的两个数进行相加运算,输出它们的和。所以,在定义函数以后,需要用到它的功能时可以反复调用,只要将参与运算的数作为参数传入即可,提高了代码的可重用性,使代码更简洁。

第 13 行和第 14 行调用 MySum2 函数计算 0~4 和 0~10 的累加和并输出。

在 Python IDLE 文件脚本窗口中,在"Run"菜单中单击"Run Module"选项,则 IDLE 命令行窗口显示下面的结果:

```
>>> = RESTART: …/Samples/ch01/sam01-0-02.py
3
8
20
10
55
```

1.2 常量和变量

常量和变量是计算机语言中最基本的语言元素,类似于英语中的单词、汉语中的字、高楼大厦的一砖一瓦。所以,对计算机语言学习的千里之行,始于这里。

回顾一下小时候学习语言，大眼睛里充满了对世界的好奇。当看到那些阳光下的树随风摇曳时，最初并不知道它们叫树。树是前人定义的一个名称，其背后是那些真实存在的绿色植物，是真实的对象。对应到计算机语言，常量或变量就相当于"树"，常量或变量表示的对象就好比树对应的真实对象。

在定义好常量后，在代码运行过程中常量的值不能改变；变量的值则可以改变。

1.2.1 常量

在编写程序时，有一些字符或数字会经常用到，就可以将它们定义为常量。所谓常量，就是指用一个表示这些字符或数字含义的名称来代替它们。使用常量能提高程序代码的可读性，比如用名称 PI 表示圆周率 3.1415926，意义更清晰，表达更简洁。在定义了常量的值以后，在程序运行过程中其不能改变。常量包括内部常量和自定义常量。

内部常量是 Python 已经定义好的常量，常见的有 True、False 和 None 等。True 与 False 表示逻辑真和假，是布尔型变量的两个取值。None 表示对象为空，即对象缺失。在程序运行过程中不能改变内部常量的值，例如，下面试图改变 True 的值为 3，返回一个语法错误。

```
>>> True
True
>>> True=3
SyntaxError: can't assign to keyword
```

为了使用方便，一些内置模块或第三方模块中也预定义了常量。比如在常用的 math 模块中，预定义了圆周率 pi 和自然指数 e。在使用 math 模块前，需要先使用 import 语句导入它。

```
>>> import math
>>> math.pi
3.141592653589793
>>> math.e
2.718281828459045
```

在 C 或 VBA 语言中，可以使用 const 关键字自定义常量。定义好常量后，常量的值在程序运行过程中不能修改，否则将提示语法错误。默认时，Python 不支持自定义常量。当需要定义常量时，常常将变量的字母全部大写来表示常量，比如：

```
>>> SMALL_VALUE=0.000001
>>> SMALL_VALUE
1e-06
```

这样定义的常量本质上还是变量，因为可以在程序运行时修改它的值：

```
>>> SMALL_VALUE=0.00000001
>>> SMALL_VALUE
1e-08
```

所以将变量名称全部大写，这是一个约定。当我们看到或用到它时，就知道这是常量，不要去修改它的值。

实际上，在 math 模块中预定义的 pi 常量和 e 常量也是变量，因为可以修改它们的值：

```
>>> math.pi=3
>>> math.pi
3
```

1.2.2　变量及其名称

与常量不同，在程序运行过程中，变量与变量所表示的对象之间的这种引用关系是可以改变的，即变量的值是可以改变的。

变量的命名必须遵循一定的规则：

- 变量名可以由字母、数字、下画线（_）组成，其中数字不能打头。
- 变量名不能是 Python 关键字和内部函数的名称，但可以包含它们。
- 变量名不能包含空格。
- 变量名区分大小写。

合法的变量名如 tree、TallTree、tree_10_years、_tree_0 等，不合法的变量名如表 1-1 所示。

表 1-1　不合法的变量名示例

变　量　名	非法原因
123tree	首字母为数字
Tall Tree	包含空格
Tree?12#	包含字母、数字和下画线以外的字符
for	为 Python 关键字

使用下面语法可以查看 Python 的关键字列表。

```
>>> import keyword
>>> keyword.kwlist
['False', 'None', 'True', 'and', 'as', 'assert', 'async', 'await', 'break',
'class', 'continue', 'def', 'del', 'elif', 'else', 'except', 'finally', 'for',
'from', 'global', 'if', 'import', 'in', 'is', 'lambda', 'nonlocal', 'not', 'or',
'pass', 'raise', 'return', 'try', 'while', 'with', 'yield']
```

1.2.3　变量的声明、赋值和删除

在 Python 中，不需要先声明变量，或者说变量的声明和赋值是一步完成的，给变量赋了值，也就创建了该变量。

使用赋值运算符"="给变量赋值，例如，给变量 a 赋值 1：

```
>>> a=1
```

现在变量 a 的值就是 1：

```
>>> a
1
```

把字符串"hello python"赋给变量 b：

```
>>> b="hello python"
>>> b
'hello python'
```

在给一个变量赋值之前，不能调用它。例如，没有给变量 c 赋值，调用它时报错，提示名称"c"没有被定义。

```
>>> c
Traceback (most recent call last):
  File "<pyshell#205>", line 1, in <module>
    c
NameError: name 'c' is not defined
```

使用 print 函数输出变量的值，例如：

```
>>> a=1
>>> print(a)
1
>>> b="hello python!"
>>> print(b)
hello python!
```

Python 可以将同一个值赋给多个变量，称为链式赋值。例如，给变量 a 和 b 都赋值 1：

```
>>> a=b=1
```

等价于

```
>>>a=1; b=1
```

注意：可以将多条语句写在同一行，它们之间用分号分隔即可。

也可以同时给多个变量赋不同的值，称为系列解包赋值。例如，给变量 a 和 b 分别赋值 1 和 2：

```
>>> a,b=1,2
>>> a
1
>>> b
2
```

交换 a 和 b 的值，可以直接写：

```
>>> a,b=b,a
>>> a
2
>>> b
1
```

使用 del 命令删除变量。删除以后，再调用该变量时就会报错。

```
>>> del a
>>> a
Traceback (most recent call last):
  File "<pyshell#11>", line 1, in <module>
    a
NameError: name 'a' is not defined
```

1.2.4　深入变量

前面用树和它对应的真实对象说明了变量和变量对应的对象之间的关系，这种对应关系在计算机语言中被称为"引用"。对于赋值语句：

```
>>> a=1
```

1 是对象，赋值语句建立变量 a 对对象 1 的引用。

在 Python 中，一切皆对象，如数字、字符串、列表、字典、类对象等都是对象。每个对象都在内存中占据一定的空间。变量引用对象，存储对象的地址。对象的存储地址、数据类型和值被称为 Python 对象三要素。

存储地址就像我们的身份证号码，是对象的唯一身份标识符，使用内建函数 id() 可以获取。例如：

```
>>> id(a)
8791516675136
```

每个对象的值都有自己的数据类型，使用 type() 函数可以查看对象的数据类型。例如：

```
>>> type(a)
<class 'int'>
```

返回值为 <class 'int'>，表示变量 a 的值是整型数字。

变量的值指的是它引用的对象表示的数据，前面给变量 a 赋值 1，那么它的值就是 1。

```
>>> a
1
```

使用 "==" 可以比较对象的值是否相等，使用 is 可以比较对象的地址是否相同。

1.2.5　变量的数据类型

每个对象的值都有自己的数据类型，常见的数据类型有布尔型、数字型、字符串型、列表、元组等，如表 1-2 所示。

表 1-2　Python 中常见的数据类型

类型名称	类型字符	说　　明	示　　例
布尔型	"bool"	值为 True 或 False	>>> a=True;b=False
整型	"int"	整数，没有大小限制，可以表示很大的数	>>> a=1;b=10000000
浮点型	"float"	带小数的数字，可用科学记数法表示	>>> a=1.2;b=1.2e3
字符串型	"str"	字符序列，元素不可变	>>> a="A";b="A"
列表	"list"	元素的数据类型可以不同，有序，元素可变、可重复	>>> a=[1,"A",3.14,[]]
元组	"tuple"	跟列表类似，但元素不可变	>>> a=(1,"A",3.14,())
字典	"dict"	无序对象集合，每个元素都为一个键值对，可变，键唯一	>>> a={1:"A",2:"B"}
集合	"set"	无序可变，元素不能重复	>>> a={1,3.14,"name"}
None	"NoneType"	表示对象为空	>>> a=None

1.3　数字

数字类型包括整型、浮点型和复数等几种类型，是最常用的基本数据类型之一。

1.3.1　整型数字

整型数字即整数，没有小数点，可有正负之分。例如：

```
>>> a=12
>>> a
12
>>> b=-100
>>> b
-100
```

Python 3 中的整型没有短整型和长整型之分。Python 中的整型值没有大小限制，可以表示很大的数，不会溢出。例如：

```
>>> c=999999999999999999999999
>>> c
999999999999999999999999
```

为了提高代码的可读性，可以给数字增加下画线作为分隔符。例如：

```
>>> d=123_456_789
```

```
>>> d
123456789
```

可以使用十六进制或八进制形式表示整数。常用十六进制整数表示颜色，比如可用 0x0000FF 表示红色：

```
>>> e=0x0000FF
>>> e
255
```

1.3.2　浮点型数字

浮点型数字带小数，有十进制和科学记数法两种表示形式。比如 31.415 这个浮点数可以表示为：

```
>>> a=31.415
>>> a
31.415
```

或者

```
>>> a=3.1415e1
>>> a
31.415
```

注意，科学记数法返回的数字是浮点型的，即使字母 e 前面是整数也是这样的。

```
>>> b=1e2  #100
>>> type(b)
<class 'float'>
```

整数和浮点数混合运算时，计算结果是浮点型的。例如，下面计算一个整数和一个浮点数的和。

```
>>> a=10
>>> b=1.123
>>> c=a+b
>>> type(c)
<class 'float'>
```

1.3.3　复数

Python 支持复数。复数由实部和虚部组成，可以用 a+bj 或者 complex(a,b)表示。复数的实部 a 和虚部 b 都是浮点型数字。

下面创建几个复数变量。

```
>>> a=1+2j
>>> a
(1+2j)
```

```
>>> type(a)
<class 'complex'>
>>> b=-3j
>>> b
(-0-3j)
>>> c=complex(2,-1.2)
>>> c
(2-1.2j)
>>> type(c)
<class 'complex'>
```

其中变量 b 表示的复数只有虚部，实部自动设置为 0。

1.3.4　类型转换

在各数字类型之间或者数字类型与字符串类型之间可以进行类型转换，类型转换函数如表 1-3 所示。

表 1-3　类型转换函数

转换函数	说　　明
int(x)	将 x 转换为整数
float(x)	将 x 转换为浮点数
complex(real [,imag])	创建一个复数，real 和 imag 为实部与虚部的数字
str(x)	将 x 转换为字符串

下面是一些数据类型转换的例子。

```
>>> a=10
>>> b=float(a)    #转换为浮点数
>>> b
10.0
>>> type(b)
<class 'float'>
>>> c=complex(a,-b)    #用变量a和b创建复数
>>> c
(10-10j)
>>> type(c)
<class 'complex'>
>>> d=str(a)     #转换为字符串
>>> d
'10'
>>> type(d)
<class 'str'>
>>> e=1.678     #将浮点数转换为整数
>>> f=int(e)
```

```
>>> f
1
>>> type(f)
<class 'int'>
```

注意：将浮点型转换为整型时会失去精度，Python 直接将小数部分去掉，而不是进行四舍五入。

在进行类型转换以后，在内存中生成一个新的对象，而不是对原对象的值进行修改。下面用 id() 函数查看变量 a、b、c 和 d 的内存地址。

```
>>> id(a)
8791516675424
>>> id(b)
51490992
>>> id(c)
51490960
>>> id(d)
49152816
```

可见，各变量具有不同的内存地址，转换后生成的是新对象。

1.3.5　Python 的整数缓存机制

在命令行模式下，Python 对 [−5,256] 范围内的整数对象进行缓存。这些比较小的整数被使用的频率比较高，如果不进行缓存，则每次使用它们时都要进行分配内存和释放内存的操作，会大大降低运行效率，并造成大量内存碎片。现在将它们缓存在一个小的整型对象池中，能提高 Python 的整体性能。

下面的代码给两个变量都赋值 100，用 is 比较它们的内存地址。

```
>>> a=100
>>> b=100
>>> a is b
True
```

可见，它们的地址是相同的。所以，赋值 100 给 a 以后的变量，它们指向同一个对象，而不是重新分配内存空间。

下面的代码给两个变量都赋值 500，用 is 比较它们的内存地址。

```
>>> a=500
>>> b=500
>>> a is b
False
```

因为 500 超出了[−5,256]的范围，在命令行模式下，Python 不再提供缓存，所以 a 和 b 指向两个不同的对象。

注意：在 PyCharm 中或者保存为文件执行时，提供缓存的数字范围更大，为[−5,任意正整数]。

1.4 字符串

字符串是由一个或一个以上字符组成的字符序列，是最常见的数据类型之一。

1.4.1 创建字符串

创建字符串，用单引号或双引号将字符序列包围起来赋值给变量即可。例如：

```
>>> a='Hello'
```

或者

```
>>> a="Hello"
```

如果字符串有换行，则用三引号包围它们。例如：

```
>>> a='''Hello
Python'''
>>> a
'Hello\nPython'
```

在返回结果中，\n 为换行符。三引号是连续的三个单引号。

如果字符串中包含单引号或双引号，则可以用不同的引号将整个字符串包围起来进行赋值。例如：

```
>>> a="单引号为'。"
>>> a
"单引号为'。"
>>> b='双引号为"。'
>>> b
'双引号为"。'
```

注意：字符串创建以后，不能直接修改字符串中的字母或子字符串。例如：

```
>>> str="abc123"
>>> str[1]="d"
Traceback (most recent call last):
  File "<pyshell#223>", line 1, in <module>
    str[1]="d"
TypeError: 'str' object does not support item assignment
```

可见，试图修改给定字符串中的第 2 个字符时返回一个出错信息，表示不能对字符串对象进行局部修改。

1.4.2　索引和切片

　　字符串的索引和切片，指的是从给定字符串中提取一个或多个单字符，或者部分连续的字符。在 Python 中使用"[]"对字符串进行索引和切片。

　　下面对给定字符串'abcdefg'进行索引，提取它的第 2 个字符和倒数第 2 个字符。

```
>>> a="abcdefg"
>>> a[1]
'b'
>>> a[-2]
'f'
```

　　注意：从左到右索引时，基数为 0；从右到左索引时，基数为-1。

　　切片操作是指从给定字符串中提取一个连续的子字符串。在 Python 中字符串切片操作的语法格式和说明如表 1-4 所示。

表 1-4　字符串的切片操作

语法格式	说　　明	示　　例	结　　果
[:]	提取整个字符串	"abcde"[:]	"abcde"
[start:]	提取从 start 位置开始到结尾的字符串	"abcde"[2:]	"cde"
[:end]	提取从头到 end-1 位置的字符串	"abcde"[:2]	"ab"
[start:end]	提取从 start 到 end-1 位置的字符串	"abcde"[2:4]	"cd"
[start:end:step]	提取从 start 到 end-1 位置的字符串，步长为 step	"abcde"[1:4:2]	"bd"
[-n:]	提取倒数 n 个字符	"abcde"[-3:]	"cde"
[-m:-n]	提取倒数第 m 个到倒数第 n+1 个字符	"abcde"[-4:-2]	"bc"
[:-n]	提取从头到倒数第 n+1 个字符	"abcde"[:-1]	"abcd"
[::-s]	步长为 s，从右向左反向提取	"abcde"[::-1]	"edcba"

　　在正向操作时，遵循包头不包尾的原则，基数为 0。例如：

```
>>> "abcdefg"[1:4]
'bcd'
```

　　索引号 1 对应的字符是"b"，索引号 4 对应的字符是"e"，结果为"bcd"，打头的"b"被包括进来，结尾的"e"则没有被包括进来。

1.4.3　转义字符

　　在 Python 中用一些字符表示特殊的操作，比如用\n 表示换行，用\r 表示回车等。这些字符表达的不再是字符本身的意义，它们被称为"转义字符"。Python 中常见的转义字符如表 1-5 所示。

表 1-5　Python 中常见的转义字符

转义字符	说　明	转义字符	说　明
\n	换行	\b	退格
\t	制表符	\000	空
\\	自身转义	\v	纵向制表符
\'	单引号	\r	回车
\"	双引号	\f	换页

1.4.1 节在创建字符串时，如果字符串中包含单引号或双引号，则使用不同的引号来包围字符串。转义字符提供了另一种解决方法，例如：

```
>>> a='单引号为\'。'
>>> a
"单引号为'。"
>>> b="双引号为\"。"
>>> b
'双引号为"。'
```

如果希望转义字符保持它原始字符的含义，则在字符串前面添加"r"，指明不转义。例如：

```
>>> a="Hello \nPython."
>>> a
'Hello \nPython.'
>>> b=r"Hello \nPython."
>>> b
'Hello \\nPython.'
```

在变量 a 引用的字符串中\n 进行了转义，在变量 b 引用的字符串中\n 指定不转义。所以在变量 b 返回的字符串中，"n"前面有两个斜杠，两个斜杠表示的是斜杠本身。

1.4.4　字符串的格式化输出

使用 print 函数输出字符串时，可以指定字符串的输出格式。其基本格式为：

```
print("占位符 1 占位符 2" % (字符串 1,字符串 2))
```

其中，占位符用于表示该位置字符串的内容和格式。各占位符位置上字符串的内容按先后顺序取百分号后面圆括号里面的字符串。常见的字符串占位符如表 1-6 所示。

表 1-6　常见的字符串占位符

格　式	说　明
%c	格式化字符及其 ASCII 码
%s	格式化字符串
%d	格式化整数

续表

格　式	说　明
%o	格式化八进制数
%x	格式化十六进制数
%X	格式化十六进制数（大写）
%f	格式化浮点数，可指定小数点后的精度
%e	用科学记数法格式化浮点数
%E	作用同%e，用科学记数法格式化浮点数
%g	自动选择%f 或%e
%G	自动选择%F 或%E
%p	用十六进制数格式化变量的地址

下面结合示例说明字符串占位符的使用。

```
>>> print("hello %s" % "python")
hello python
>>> print("%s %s %d" % ("hello","python",2021))
hello python 2021
```

可以指定显示数字的符号、宽度和精度。下面指定按浮点数输出圆周率的值，数字宽度为 10 个字符，小数位数为 5 位，显示正号。

```
>>> print("%+10.5f" % 3.1415927)
  +3.14159
```

结果显示，小数点算 1 个字符，如果整个数字的宽度不足 10 个字符，则在数字前面用空格补齐。如果显示负号，则在数字末尾用空格补齐。不足位也可以用 0 补齐，例如：

```
>>> print("%010.5f" % 3.1415927)
0003.14159
```

除了使用占位符对字符串进行格式化，还可以使用 format 函数来实现。该函数用花括号{}标明被替换的字符串，与%占位符类似。使用 format 函数进行格式化时更灵活、更方便。

下面是使用 format 函数进行字符串格式化输出的一些例子。当{}中为空时，按先后顺序用 format 函数参数指定的字符串进行替换。

```
>>> print("不指定顺序：{} {}".format("hello","python"))
不指定顺序：hello python
```

在{}中用整数指定占位符位置上显示什么字符串，该整数表示 format 函数参数指定的字符串出现的先后顺序，基数为 0。

```
>>> print("指定顺序：{1} {0}".format("hello","python"))
指定顺序：python hello
```

有重复的情况：

```
>>> print("{0} {1} {0} {1}".format("hello","python"))
hello python hello python
```

显示为浮点数并指定小数位数：

```
>>> print("保留两位小数:{:.2f}".format(3.1415))
保留两位小数：3.14
```

字符串显示为百分比格式，指定小数位数：

```
>>> print("{:.3%}".format(0.12))
12.000%
```

使用参数名称进行匹配：

```
>>> print("{name},{age}".format(age=30,name="张三"))
张三,30
```

1.4.5　字符串的长度和大小写

Python 提供了一些返回字符串长度和转换字符串字母大小写的函数与方法，如表 1-7 所示。

表 1-7　返回字符串长度和转换字符串字母大小写的函数与方法

函数与方法	说　明
len(str)	返回指定字符串的长度，即字符串中字符的个数
str.upper()	字符串中的字母全部大写
str.lower()	字符串中的字母全部小写
str.capitalize()	首字母大写，其余字母小写
str.swapcase()	交换字母大小写

下面是一些进行演示的例子。

```
>>> len("hello python")    #长度
12
>>> "aBC".upper()     #全部大写
'ABC'
>>> "aBC".lower()     #全部小写
'abc'
>>> "abC".capitalize()     #首字母大写
'Abc'
>>> "AbCd".swapcase()     #交换字母大小写
'aBcD'
```

使用 input 函数从控制台交互输入和读取字符串：

```
id=input("请输入编号：")
```

按回车键以后提示等待输入。在后面输入编号，将内容赋给 id 变量。

```
请输入编号：id123
```

按回车键，在提示符后面输入 id，按回车键后显示 id 的值。

```
>>> id
'id123'
```

1.4.6 字符串的分割、连接和删除

使用字符串的 split 方法，可以用指定字符作为分隔符，对给定字符串进行分割。例如，下面用逗号作为分隔符，对字符串"a,b,c"进行分割，结果以列表的形式给出（1.5 节将介绍列表）。

```
>>> "a,b,c".split(",")
['a', 'b', 'c']
```

默认时，split 方法以空格作为分隔符进行分割。例如：

```
>>> "a b c".split()
['a', 'b', 'c']
```

连接字符串可以使用+（加号）、*、空格和 join 方法等几种方法。下面使用"+"连接两个字符串。

```
>>> a="hello "
>>> b="python"
>>> a+b
'hello python'
```

使用"*"可以重复输出指定字符串。例如：

```
>>> a="python "
>>> a*3
'python python python '
```

使用 print 函数，其参数用空格分隔几个字符串，空格能起到连接的作用。例如：

```
>>> print("hello " "python")
hello python
```

使用字符串的 join 方法，用指定字符或字符串分隔给定的多个字符串。例如，下面用逗号分隔给定字符串的各个字符。

```
>>> a=","
>>> b="abc"
>>> a.join(b)
'a,b,c'
```

或者用列表给出变量 b 引用的字符串，用变量 a 引用的字符串分隔列表各元素。例如：

```
>>> a=","
>>> b=["hello","abc","python"]
>>> a.join(b)
'hello,abc,python'
```

使用字符串的 strip 方法可以去除字符串首尾指定的字符串，使用 lstrip 方法和 rstrip 方法可以去除字符串左侧和右侧指定的字符串。

下面去除给定字符串首尾的空格。

```
>>> " ab cd ".strip(" ")
'ab cd'
```

注意：中间的空格没有去除。也可以不指定参数，直接去除首尾全部空格。

```
>>> " ab cd   ".strip()
'ab cd'
```

下面使用 lstrip 方法和 rstrip 方法去除字符串左侧和右侧的空格。

```
>>> " ab cd   ".lstrip(" ")
'ab cd   '
>>> " ab cd   ".rstrip()
' ab cd'
```

使用 del 命令删除整个字符串。例如：

```
>>> a="12345hello"
>>> del a
```

1.4.7 字符串的查找和替换

使用字符串的 find 方法和 rfind 方法可以返回一个字符串在另一个字符串中首次和最后出现的位置。

下面的代码返回字母 a 在字符串"abca"中首次和最后出现的位置。注意位置的基数为 0。

```
>>> "abca".find("a")
0
>>> "abca".rfind('a')
3
```

使用字符串的 count 方法可以返回指定字符串在另一个字符串中出现的次数。例如，返回字母 a 在字符串"abca"中出现的次数。

```
>>> "abca".count("a")
2
```

使用字符串的 startswith 方法判断字符串是否以指定字符串开头，如果是，则返回 True，否则返回 False。例如：

```
>>> "abcab".startswith("abc")
True
```

使用字符串的 endswith 方法判断字符串是否以指定字符串结尾，如果是，则返回 True，否则返回 False。例如：

```
>>> "abcab".endswith("ab")
True
```

使用字符串的 replace 方法，用指定字符串替换给定字符串中的某个子字符串。该方法的语法格式为：

```
str.replace(str1,str2,num)
```

其中，str 为给定的字符串，参数 str1 为给定字符串中被替换的子字符串，参数 str2 为用作替换的字符串，参数 num 指定替换不能超过的次数。

下面将给定字符串中的字母 a 替换为 w，替换次数不能超过 5 次。

```
>>> "abcababcababcab".replace("a","w",5)
'wbcwbwbcwbwbcab '
```

1.4.8　字符串的比较

在 Python 中，使用比较运算符、成员运算符以及与字符串相关的函数和方法进行字符串比较。

下面用“==”或“!=”比较两个字符串对象的值是否相等或不相等。

```
>>> a="abc"
>>> b="abc123"
>>> a==b    #值相等时返回 True
False
>>> a!=b    #值不相等时返回 True
True
```

使用 is 比较两个字符串对象的内存地址是否相同。

```
>>> a is b     #内存地址相同时返回 True
False
```

使用成员运算符 in 或 not in 计算指定字符串是否包含或不包含在另一个字符串中，如果成立，则返回 True，否则返回 False。

```
>>> a in b     #"abc"是否包含在"abc123"中
True
>>> "d" not in b     #"d"是否不包含在"abc123"中
True
```

Python 提供的用于字符串比较的函数和方法如表 1-8 所示，可以用它们判断字符串中元素的类型和大小写等情况。

表 1-8　用于字符串比较的函数和方法

函数和方法	说　　明
str.isalnum()	字符串中是否全是字母和数字
str.isalpha()	字符串中是否至少有一个字母且全是字母
str.isdigit()	字符串中是否全是数字
str.isnumeric()	字符串中是否全数字
str.islower()	字符串中是否全是小写字母
str.isupper()	字符串中是否全是大写字母
str.isspace()	字符串中是否只包含空格，如果是，则返回 True，否则返回 False
max()	最大的字母
min()	最小的字母

下面举例说明。

```
>>> "Abc123".isalnum()    #字符串中是否全是字母和数字
True
>>> "Abc123".isalpha()    #是否全是字母
False
>>> "123123".isdigit()    #是否全是数字
True
>>> "123.123".isnumeric()    #是否全是数字
False
>>> "abc".islower()    #字母是否全是小写的
True
>>> max("Abc")    #最大的字母
'c'
```

1.4.9　字符串缓存机制

与整数缓存机制类似，Python 为常用的字符串也提供了缓存机制。通过给常用的字符串提供缓存，可以避免频繁地分配内存和释放内存，避免内存中出现更多的内存碎片，从而提高 Python 的整体性能。

在命令行模式下，Python 为只包含下画线、数字和字母的字符串提供缓存。在第一次创建满足要求的字符串对象时建立缓存，以后需要值相同的字符串时，可以直接从缓存池中取用，不用重新创建对象。

下面创建变量 a 和 b，它们都引用值为"abc"的字符串，然后比较它们的值和地址。

```
>>> a="abc"
>>> b="abc"
```

```
>>> a==b
True
>>> a is b
True
```

按道理讲，变量 a 和 b 引用的是不同的对象，对象具有不同的地址，表达式 a is b 的返回值应该为 False。但是因为 Python 提供了字符串缓存机制，并且字符串"abc"满足字符串中只包含下画线、数字和字母的要求，表达式 a is b 的返回值为 True。即变量 a 和 b 引用的是同一个字符串对象，它在第一次创建后被放在缓存池中。

下面创建的变量 a 和 b 都引用值为"abc 123"的字符串，因为字符串中包含空格，不满足要求，所以不能为该字符串提供缓存。因此，表达式 a is b 的返回值为 False，即变量 a 和 b 引用的是不同的字符串对象。

```
>>> a="abc 123"
>>> b="abc 123"
>>> a is b
False
```

1.5　列表

列表是可修改的序列，可以存放任何类型的数据，用"[]"表示。列表中的元素用逗号分隔，每个元素按照先后顺序有索引号，索引号的基数为 0。在列表创建以后，可以进行索引、切片、增删改查、排序等各种操作。

1.5.1　创建列表

创建列表有多种方法。

1. 使用"[]"创建列表

使用方括号"[]"直接创建列表。下面创建一个没有元素的列表。

```
>>> a=[]
```

创建一个元素为一组数据的列表：

```
>>> a=[1,2,3,4,5]
>>> a
[1, 2, 3, 4, 5]
```

创建一个元素为一组字符串的列表：

```
>>> a=["excel","python","world"]
>>> a
```

```
['excel', 'python', 'world']
```

列表元素的数据类型可以不同。例如：

```
>>> a=[1,5, "b",False]
>>> a
[1, 5, 'b', False]
```

列表的元素也可以是列表。例如：

```
>>> a=[[1],[2],3,"four"]
>>> a
[[1], [2], 3, 'four']
```

2. 使用 list 函数创建列表

使用 list 函数能将任何可迭代的数据转换成列表。可迭代的数据包括字符串、区间、元组、字典、集合等。

当 list 函数不带参数时将创建一个空的列表，例如：

```
>>> a=list()
>>> a
[]
```

（1）把字符串转换为列表

当 list 函数的参数为字符串时，将该字符串转换为元素由字符串中各字符组成的列表。

```
>>> a=list("hello")
>>> a
['h', 'e', 'l', 'l', 'o']
```

（2）把区间对象转换为列表

使用 range 函数创建一个区间对象，该对象在指定的范围内连续取值。range 函数可有 1 个、2 个或 3 个参数。当有 3 个参数时指定区间的起点、终点和步长，比如从 2 开始，每隔两个数取一次数，取到 10 为止。当有 2 个参数时指定起点和终点，步长取 1。当有 1 个参数时指定终点，起点取 0，步长取 1。

下面是 range 函数只有 1 个参数的情况。

```
>>> rg1=range(8)
>>> rg1
range(0, 8)
```

生成的区间对象从 0 开始，以 1 为间隔连续取 8 个值，即 0~7。所以，从表面上看，虽然 range(0, 8)定义的区间终点为 8，但实际上不包括 8，这习惯上称为"包头不包尾"。使用方括号和索引号可以获取区间对象的值。例如，下面的代码获取区间第 1 个值和最后 1 个值。

```
>>> rg1[0];rg1[7]
0
7
```

下面是 range 函数有 3 个参数的情况，在 0~9 范围内每隔两个数取一次数。

```
>>> rg2=range(0,10,2)
>>> rg2
range(0, 10, 2)
```

通过索引获取区间前两个数：

```
>>> rg2[0];rg2[1]
0
2
```

可见，相邻两个数之间的间隔为 2。

将区间对象作为 list 函数的参数可以创建列表。例如：

```
>>> a=list(rg1)
>>> a
[0, 1, 2, 3, 4, 5, 6, 7]
>>> b=list(rg2)
>>> b
[0, 2, 4, 6, 8]
```

（3）把元组、字典和集合转换为列表

使用 list 函数也可以把元组、字典和集合等可迭代对象转换为列表。关于元组、字典和集合，将在接下来的各节中陆续介绍，这里先看操作效果。

将元组转换为列表：

```
>>> a=(1,"abc",True)
>>> list(a)
[1, 'abc', True]
```

将字典转换为列表：

```
>>> a={"张三":89,"李四":92}
>>> list(a)
['张三', '李四']
```

将集合转换为列表：

```
>>> a={1,"abc",123,"hi"}
>>> list(a)
[1, 123, 'hi', 'abc']
```

3. 使用 split 方法创建列表

对于字符串，使用其 split 方法可以按指定的分隔符进行分割，分割的结果以列表的形式返回。

下面给定一个字符串，使用 split 方法，用默认的空格分隔符进行分割，返回一个列表。

```
>>> a="Where are you from"
>>> a.split()
['Where', 'are', 'you', 'from']
```

4. 深入列表

列表中的每个元素都引用一个对象，每个对象都有自己的内存存储地址、数据类型和值。各元素保存对应对象的地址。

下面创建一个列表，用 id 函数获取列表中各元素引用的对象的地址。

```
>>> a=[1,2,3]
>>> id(a[0])
8791520672832
>>> id(a[1])
8791520672864
>>> id(a[2])
8791520672896
```

可见，各元素引用的对象的地址各不相同，它们是不同的对象。

1.5.2 添加列表元素

在列表创建以后，可以使用多种方法向列表中添加元素。

1. 使用 append 方法

使用列表对象的 append 方法在列表尾部添加新的元素。该方法的执行速度比较快。下面创建一个列表，然后用 append 方法添加一个元素。

```
>>> a=[1,2,3,4]
>>> a.append(5)
>>> a
[1, 2, 3, 4, 5]
```

2. 使用 extend 方法

与 append 方法一样，使用 extend 方法也是在列表尾部添加新的元素。与 append 方法不同的是，它在列表末尾一次性追加另一个序列的多个值，所以它更适合列表的拼接。

```
>>> a=[1,2,3,4]
>>> a.extend([5,6])
>>> a
```

```
[1, 2, 3, 4, 5, 6]
```

extend 方法的参数还可以是字符串、区间、元组、字典和集合等可迭代对象。例如：

```
>>> a=[1,2]
>>> a.extend("abc")      #追加字符串
>>> a
[1, 2, 'a', 'b', 'c']
>>> a.extend((3,4))      #追加元组
>>> a
[1, 2, 'a', 'b', 'c', 3, 4]
>>> a.extend(range(5,7))      #追加区间
>>> a
[1, 2, 'a', 'b', 'c', 3, 4, 5, 6]
```

3. 使用 insert 方法

使用列表对象的 insert 方法，可以在指定位置插入指定元素。该方法有两个参数，其中第 1 个参数指定插入的位置，指定一个索引号，即在它对应的对象前面插入新的对象，索引号的基数为 0；第 2 个参数指定插入的对象。

下面创建一个有 4 个元素的列表，使用列表对象的 insert 方法在第 4 个元素前面插入新对象 5。

```
>>> a=[1,2,3,4]
>>> a.insert(3,5)
>>> a
[1, 2, 3, 5, 4]
```

4. 使用运算符

使用+（加号）可以将两个列表连接起来，组成一个新的列表。例如：

```
>>> [1, 2, 3]+[4, 5, 6]
[1, 2, 3, 4, 5, 6]
```

使用乘法扩展，可以将原有列表重复多次，生成新的列表。下面创建一个有 2 个元素的列表，将它扩展 3 倍，生成新的列表 b。

```
>>> a=[1,"a"]
>>> b=a*3
>>> b
[1, 'a', 1, 'a', 1, 'a']
```

1.5.3　索引和切片

在创建列表并向列表中添加元素后，如果希望获取列表中某个或某部分元素并对它们进行后续操作，就要用到索引和切片。索引一般是指访问列表中的某个元素，切片则是指连续访问列表中的部分元素。

使用"[]"进行列表索引操作，方括号中为要索引的元素在列表中的索引号。从左到右索引时，索引号的基数为 0；从右到左索引时，索引号的基数为−1。

下面创建一个列表 ls。

```
>>> ls=["a","b","c"]
```

通过索引获取列表中的第 3 个元素：

```
>>> ls[2]
'c'
```

获取列表中倒数第 2 个元素：

```
>>> ls[-2]
'b'
```

使用 index 方法可以获取指定元素在列表中首次出现的位置。语法格式为：

```
index(value.[start, [end]])
```

其中，value 为指定的元素，start 和 end 指定搜索的范围。

下面创建一个列表 a。

```
>>> a=[1,2,3,4,2,5,6]
```

获取元素 2 在列表中第一次出现的位置，注意位置索引号的基数为 0：

```
>>> a.index(2)
1
```

从第 3 个元素开始到最后一个元素，在这个范围内获取元素 2 第一次出现的位置：

```
>>> a.index(2,2)
4
```

切片操作从给定的列表中连续获取多个元素。常见的列表切片操作如表 1–9 所示。切片操作完整的定义是[start:end:step]，取值范围的起点、终点和步长之间用冒号分隔。这 3 个参数都可以省略。注意"包头不包尾"原则。

从左往右切片时，位置索引号的基数为 0。当省略 start 参数时，起点为列表的第 1 个元素；当省略 end 参数时，终点为列表的最后一个元素；当省略 step 参数时，步长为 1。

从右往左切片时，位置索引号的基数为−1。各参数的值都为负，数字的大小为从右边往左边数数的大小。比如最后一个元素的索引号为−1，倒数第 2 个为−2，依此类推。

表 1-9　列表的切片操作

语法格式	说　　明	示　　例	结　　果
[:]	提取整个列表	[1,2,3,4,5] [:]	[1,2,3,4,5]
[start:]	提取从 start 位置开始到结尾的元素组成列表	[1,2,3,4,5] [2:]	[3,4,5]
[:end]	提取从头到 end−1 位置的元素组成列表	[1,2,3,4,5] [:2]	[1,2]
[start:end]	提取从 start 到 end−1 位置的元素组成列表	[1,2,3,4,5] [2:4]	[3,4]
[start:end:step]	提取从 start 到 end−1 位置的元素组成列表，步长为 step	[1,2,3,4,5]　[1:4:2]	[2,4]
[−n:]	提取倒数 n 个元素组成列表	[1,2,3,4,5] [−3:]	[3,4,5]
[−m:−n]	提取倒数第 m 个到倒数第 n 个元素组成列表	[1,2,3,4,5] [−4:−2]	[2,3]
[::−s]	步长为 s，从右向左反向提取组成列表	[1,2,3,4,5] [::−1]	[5,4,3,2,1]

1.5.4　删除列表元素

在 Python 中，可以使用多种方法删除列表元素。

使用列表对象的 pop 方法可以删除指定位置的元素，如果没有指定位置，则删除列表末尾的元素。

下面创建一个列表，用其 pop 方法删除最后一个元素。

```
>>> a=[1,2,3,4,5,6]
>>> a.pop()
>>> a
[1, 2, 3, 4, 5]
```

继续删除列表中的第 3 个元素。注意，位置索引号的基数为 0。

```
>>> a.pop(2)
>>> a
[1, 2, 4, 5]
```

使用 del 命令删除指定位置的元素。下面删除列表中的第 4 个元素。

```
>>> a=[1,2,3,4,5,6]
>>> del a[3]
>>> a
[1, 2, 3, 5, 6]
```

pop 方法和 del 命令都是使用索引删除列表元素的，使用 remove 方法可以直接删除列表中首次出现的指定元素。下面从列表中直接删除第 1 次出现的元素 3。

```
>>> a=[1,2,3,4,5,6]
>>> a.remove(3)
>>> a
[1, 2, 4, 5, 6]
```

如果指定的元素在列表中不存在，则返回出错信息。

```
>>> a.remove(10)
Traceback (most recent call last):
  File "<pyshell#106>", line 1, in <module>
    a.remove(10)
ValueError: list.remove(x): x not in list
```

1.5.5　列表的排序

使用列表对象的 sort 方法可以对列表中的元素进行排序。默认从小到大排序，不必设置方法参数。下面创建一个列表，使用 sort 方法将列表元素从小到大进行排序。

```
>>> ls=[4,2,1,3]
>>> ls.sort()
>>> ls
[1,2,3,4]
```

设置 sort 方法的 reverse 参数的值为 True，对列表中的元素按照从大到小的顺序进行排列。

```
>>> ls.sort(reverse=True)    #降序排列
>>> ls
[4,3,2,1]
```

还可以使用 Python 的内置函数 sorted 进行排序。该函数不对原列表进行修改，而是返回一个新的列表。设置该函数的 reverse 参数的值为 True，将列表元素进行降序排列。

```
>>> ls=[4,2,1,3]
>>> a=sorted(ls)
>>> a
[1,2,3,4]
>>> a=sorted(ls, reverse=True)
>>> a
[4,3,2,1]
```

1.5.6　操作函数

使用 len 函数获取列表的长度。例如：

```
>>> a=[1,2,3,4,5,6]
>>> len(a)
6
```

使用列表对象的 count 方法指定元素在列表中出现的次数。下面创建一个列表，计算元素 2 在列表中出现的次数。

```
>>> a=[1,2,3,2,4,5,2,6]
>>> a.count(2)
3
```

使用成员运算符 in 或 not in 判断列表中是否包含或不包含指定元素，如果是则返回 True，否则返回 False。下面判断给定列表中是否包含元素 1，是否不包含元素 4。

```
>>> 1 in [1, 2, 3]
True
>>> 4 not in [1, 2, 3]
True
```

在使用 print 函数对列表数据进行格式化输出时，使用索引获取列表的元素。下面创建一个列表，然后使用 print 函数进行格式化输出。

```
>>> student = ["张三","95"]
>>> print("姓名：{0[0]}，数学成绩：{0[1]}".format(student))
姓名：张三，数学成绩：95
```

1.5.7　二维列表

通过列表嵌套可以创建二维或多维列表。二维列表有两层方括号，即列表的元素也是列表。下面创建一个二维列表。

```
>>> a=[[1,2,3],[4,5,6],[7,8,9]]
>>> a
[[1, 2, 3], [4, 5, 6], [7, 8, 9]]
```

对二维列表进行索引和切片时，要指定行维和列维两个方向上的索引号或取值范围。注意，基数为 0。

下面获取二维列表中第 2 行第 3 列元素的值。

```
>>> a[1][2]
6
```

对于二维列表的切片，首先要明白 a[1] 和 a[1:2] 之间的区别。a[1] 获取的是二维列表 a 中的第 2 个元素，是一个一维列表。例如：

```
>>> a[1]
[4, 5, 6]
```

a[1:2] 获取的则是一个二维列表，即：

```
>>> a[1:2]
[[4, 5, 6]]
```

然后就比较好理解下面的结果了：

```
>>> a[1][0]
4
>>> a[1:2][0]
[4, 5, 6]
```

以及

```
>>> a[1][0:1]
[4]
>>> a[1:2][0:1]
[[4, 5, 6]]
```

请反复比较和理解它们之间的差别。

1.6　元组

元组和列表很像，只是它在定义好以后，不能修改里面的数据。元组用圆括号"()"表示。在创建元组以后，可以对它进行索引、切片和各种运算。这部分内容和列表的基本一样。

1.6.1　元组的创建和删除

使用()、tuple 函数和 zip 函数等创建元组。下面使用"()"创建元组，元组的元素可以是不同类型的数据。

```
>>> t=("a",0,{},False)
>>> t
('a', 0, {}, False)
```

圆括号可以省略，即：

```
>>> t="a",0,{},False
>>> t
('a', 0, {}, False)
```

如果元组只有一个元素，则必须在末尾加逗号。例如：

```
>>> t=(1,)
>>> t
(1,)
>>> type(t)
<class 'tuple'>
```

如果不加逗号，Python 会把它作为整数处理。

```
>>> t=(1)
>>> t
1
>>> type(t)
<class 'int'>
```

使用 tuple 函数，可以将其他可迭代对象转换为元组。其他可迭代对象包括字符串、区间、列表、字典、集合等。其他可迭代对象作为 tuple 函数的参数给出。

```
>>> tuple()     #不带参数
()
>>> tuple("abcde")    #转换字符串
('a', 'b', 'c', 'd', 'e')
>>> tuple(range(5))     #转换区间
(0, 1, 2, 3, 4)
>>> tuple([1,2,3,4,5])   #转换列表
(1, 2, 3, 4, 5)
>>> tuple({1:"杨斌",2:"范进"})     #转换字典
(1, 2)
>>> tuple({1,2,3,4,5})    #转换集合
(1, 2, 3, 4, 5)
```

使用 zip 函数，可以将多个列表对应位置的元素组合成元组，并返回 zip 对象。

```
>>> a=[1,2,3]
>>> b=[4,5,6]
>>> c=zip(a,b)
>>> c
<zip object at 0x0000000002F61848>
```

使用 list 函数，可以将 zip 对象转换为列表。

```
>>> d=list(c)
>>> d
[(1, 4), (2, 5), (3, 6)]
```

可见，列表的元素为元组，它们由变量 a 和 b 对应位置的元素组合而成。

不能修改或删除元组中的元素，但是可以使用 del 命令删除整个元组。

```
>>> t=(1,2,3)
>>> del t
```

1.6.2　索引和切片

元组的索引和切片操作跟列表的相同，可以参阅 1.5.3 节的内容。与列表不同的是，通过索引和切片将元组中的单个或多个元素提取出来以后，不能修改它们的值。

下面创建一个元组，通过索引提取第 1 个元素和最后 1 个元素的数据。这里用到正向提取和反向提取，在正向提取时基数为 0，在反向提取时从右向左计数，基数为-1，比如倒数第 2 个元素的索引号就是-2。

```
>>> t=(1,2,3)
>>> t[0]
1
```

```
>>> t[-1]
3
```

也可以使用元组对象的 index 方法返回指定元素在元组中第 1 次出现的位置，位置索引号的基数为 0。下面的代码返回元素 3 在元组中第 1 次出现的位置。

```
>>> t=(1,2,3,4,5,3,6)
>>> t.index(3)
2
```

该方法还可以有第 2 个参数和第 3 个参数，指定取值范围的起点和终点。当省略终点时，终点取最后 1 个元素。下面的代码返回在元组第 4 个元素到末尾这个范围内元素 3 第 1 次出现的位置。

```
>>> t.index(3, 3)
5
```

切片操作规则也跟列表的相同，有正向和反向之分，请参阅 1.5.3 节的内容。

```
>>> t=(1,2,3,4,5,6)
>>> t[1:5:2]     #第 2 个到第 5 个元素，每隔两个数取一次数
(2, 4)
>>> t[1:5]     #取第 2 个到第 5 个元素
(2, 3, 4, 5)
>>> t[1:]     #取第 2 个到最后 1 个元素
(2, 3, 4, 5, 6)
>>> t[:5]     #取第 1 个到第 5 个元素
(1, 2, 3, 4, 5)
>>> t[:]     #取全部元素
(1, 2, 3, 4, 5, 6)
>>> t[-5:-2]     #取倒数第 5 个到倒数第 2 个元素
(2, 3, 4)
>>> t[-5:]     #取倒数第 5 个到倒数第 1 个元素
(2, 3, 4, 5, 6)
```

注意：无法修改和删除元组中元素的值。例如，下面的代码试图将元组 t 中的第 2 个元素的值改为 3 时，给出出错信息。

```
>>> t=(1,2,3,4,5,6)
>>>t[1]=3
Traceback (most recent call last):
  File "<pyshell#152>", line 1, in <module>
    t[1]=3
TypeError: 'tuple' object does not support item assignment
```

1.6.3 基本运算和操作

使用运算符对指定元组进行操作。下面使用+（加号）连接两个元组。

```
>>> (1, 2, 3)+(4, 5, 6)
(1, 2, 3, 4, 5, 6)
```

使用*（乘号）重复扩展给定元组。

```
>>> ("Hi")*3
('Hi', 'Hi', 'Hi')
```

使用 in 或 not in 判断元组中是否包含或不包含指定元素,如果是则返回 True,否则返回 False。

```
>>> 1 in (1, 2, 3)
True
>>> 3 not in (1, 2, 3)
True
```

使用 len 函数计算元组的长度，即元组中元素的个数。

```
>>> t=(1,2,3,4,5,6)
>>> len(t)
6
```

使用 max 函数和 min 函数返回元组中最大的元素和最小的元素。

```
>>> max(t)
6
>>> min(t)
1
```

1.7　字典

我们从小学习语文，都用过字典。在查字典时可以从第 1 页开始，一页一页地往下找，直到找到为止。这样做明显效率低下，特别是当字的位置比较靠后时。所以在查字典时不应这样做，而是根据目录直接跳到对应的页码，查找关于字的解释。在字典中要查的每个字都是唯一的，每个字都有对应的解释说明。

Python 中有字典数据类型。字典中的每个元素都由一个键值对组成，其中键相当于真实字典中的字，它在整个字典中作为字条是唯一的；值相当于字的解释说明。键与值之间用冒号分隔，键值对之间用逗号分隔。整个字典用{}（花括号）包围。

1.7.1　字典的创建

使用"{}"可以直接创建字典。在{}内添加各键值对，键值对之间用逗号分隔，键与值之间用冒号分隔。注意，在整个字典中，键必须是唯一的。

下面使用"{}"创建字典。

```
>>> dt={}      #空字典
>>> dt
{}
>>> dt={"grade":5, "class":2, "id": "s195201", "name": "LinXi"}
>>> dt
{'grade': 5, 'class': 2, 'id': 's195201', 'name': 'LinXi'}
```

使用 dict 函数创建字典。该函数的参数可以以 key=value 的形式连续传入键和值，也可以将其他可迭代对象转换为字典，或者使用 zip 函数生成 zip 对象，然后将 zip 对象转换为字典。

下面以 key=value 的形式输入键和值，并生成字典。

```
>>> dt=dict(grade=5, clas=2, id="s195201", name="LinXi")
>>> dt
{'grade': 5, 'clas': 2, 'id': 's195201', 'name': 'LinXi'}
```

下面使用 dict 函数将其他可迭代对象转换为字典，其他可迭代对象包括列表、元组、集合等。

```
>>> dt=dict([("grade",5), ("clas",2), ("id","s195201"), ("name", "LinXi")])
>>> dt=dict((("grade",5), ("clas",2), ("id","s195201"), ("name", "LinXi")))
>>> dt=dict([["grade",5], ["clas",2], ["id","s195201"], ["name", "LinXi"]])
>>> dt=dict((["grade",5], ["clas",2], ["id","s195201"], ["name", "LinXi"]))
>>> dt=dict({("grade",5), ("clas",2), ("id","s195201"), ("name", "LinXi")})
```

这几种转换得到的结果均为：

```
>>> dt
{'grade': 5, 'clas': 2, 'id': 's195201', 'name': 'LinXi'}
```

使用 zip 函数可以利用两个给定的列表得到 zip 对象，然后使用 dict 函数将该 zip 对象转换为字典。这适合于分别得到键和值序列，然后组装成字典的情况。

```
>>> k=["grade", "clas", "id", "name"]
>>> v=[5, 2, "s195201", "LinXi"]
>>> p=zip(k,v)
>>> dt=dict(p)
>>> dt
{'grade': 5, 'clas': 2, ' id': 's195201', 'name': 'LinXi'}
```

使用 fromkeys 方法可以创建值为空的字典。例如：

```
>>> dt=dict.fromkeys(["grade", "clas", "id", "name"])
>>> dt
{'grade': None, 'clas': None, ' id': None, 'name': None}
```

1.7.2　索引

在创建字典以后，在字典名称后面跟[]（方括号），在方括号内输入键的名称，可以获取该键对应的值。下面创建一个字典，通过索引获取名称为 name 的键对应的值。

```
>>> dt={"grade":5, "class":2, "id": "s195201", "name": "LinXi"}
>>> dt["name"]
'LinXi'
```

使用字典对象的 get 方法也可以获得相同的结果。

```
>>> dt.get("name")
'LinXi'
```

使用字典对象的 keys 方法获取所有键，使用 values 方法获取所有值。

```
>>> dt.keys()
dict_keys(['grade', 'class', 'id', 'name'])
>>> dt.values()
dict_values([5, 2, 's195201', 'LinXi'])
```

使用字典对象的 items 方法获取所有键值对。

```
>>> dt.items()
dict_items([('grade', 5), ('class', 2), ('id', 's195201'), ('name', 'LinXi')])
```

使用 in 或 not in 运算符判断字典中是否包含或不包含指定的键，如果是则返回 True，否则返回 False。

```
>>> "name" in dt
True
>>> "math" not in dt
True
```

字典的长度即字典中键值对的个数。使用 len 函数获取指定字典的长度。

```
>>> len(dt)
4
```

1.7.3 字典元素的增删改

在创建字典以后，可以通过索引的方式直接添加键值对或修改指定键对应的值。下面创建一个字典 dt 记录学生信息。

```
>>> dt={"grade":5, "class":2, "id": "s195201", "name": "LinXi"}
```

添加表示学生分数的键值对：

```
>>> dt["score"]=90
>>> dt
{'grade': 5, 'class': 2, 'id': 's195201', 'name': 'LinXi', 'score': 90}
```

修改学生姓名：

```
>>> dt["name"]="MuFeng"
{'grade': 5, 'class': 2, 'id': 's195201', 'name': 'MuFeng', 'score': 90}
```

也可以使用字典对象的 update 方法添加或修改键值对。

```
>>> dt={"grade":5, "class":2, "id": "s195201", "name": "LinXi"}
>>> dt.update({"score":90})     #添加键值对
>>> dt
{'grade': 5, 'class': 2, 'id': 's195201', 'name': 'LinXi', 'score': 90}
>>> dt.update({"class":3})      #修改键对应的值
>>> dt
{'grade': 5, 'class': 3, 'id': 's195201', 'name': 'LinXi', 'score': 90}
```

使用 del 命令删除字典中的键值对。

```
>>> dt={"grade":5, "class":2, "id": "s195201", "name": "LinXi"}
>>> del dt["grade"]
>>> dt
{'class': 2, 'id': 's195201', 'name': 'LinXi'}
```

将指定的键作为函数参数，使用字典对象的 pop 方法删除指定键值对。该方法返回指定键对应的值。

```
>>> dt={"grade":5, "class":2, "id": "s195201", "name": "LinXi"}
>>> dt2=dt.pop("grade")
>>> dt2
5
>>> dt
{'class': 2, 'id': 's195201', 'name': 'LinXi'}
```

使用字典对象的 clear 方法清空字典中的所有键值对。

```
>>> dt={"grade":5, "class":2, "id": "s195201", "name": "LinXi"}
>>> dt.clear()
>>> dt
{}
```

1.7.4　字典数据的格式化输出

当使用 print 函数输出字典数据时，可以使用 format 函数指定输出格式。下面创建一个字典。

```
>>> student = {"name":"张三","sex":"男"}
```

用"{}"占位，在括号内可以从 0 开始添加数字，也可以不添加数字。字典数据作为 format 函数的参数给出。

```
>>> print("姓名：{0}，性别：{1}".format(student["name"],student["sex"]))
姓名：张三，性别：男
```

用"{}"占位，在括号内指定参数名称，format 函数的参数使用对应的参数名称并指定字典数据。

```
>>> print("姓名：{name}，性别：{sex}".\
            format(name=student["name"],sex=student["sex"]))
姓名：张三，性别：男
```

用"{}"占位，在括号内输入键的名称，format 函数的参数被指定为字典名称。注意，在字典名称前面添加两个"*"。

```
>>> print("姓名：{name}，性别：{sex}".format(**student))
姓名：张三，性别：男
```

用"{}"占位，在括号内添加字典的索引形式，但是字典名称用 0 代替。format 函数的参数被指定为字典名称。

```
>>> print("{0[name]}:{0[sex]}".format(student))
张三:男
```

1.8　集合

集合是只有键的字典，元素不能重复。集合也用{}（花括号）表示。集合中的元素是没有先后次序的，不能索引。可以向集合中添加元素，或者从集合中删除元素，但不能修改元素的值。对于多个集合，可以计算它们的交集、并集和差集等。

1.8.1　集合的创建

使用{}（花括号）可以直接创建集合，元素可以有不同的数据类型。下面创建一个集合。

```
>>> st={1, "a"}
>>> st
{1, 'a'}
```

注意：集合中的元素可以无序，但是必须唯一，也就是不能重复。

使用 set 函数也可以创建集合，或者把其他可迭代对象转换为集合。其他可迭代对象包括字符串、区间、列表、元组、字典等。

```
>>> set({1,"a"})      #直接创建
{1, 'a'}
>>> set("abcd")      #转换字符串
{'b', 'c', 'd', 'a'}
>>> set(range(5))      #转换区间
{0, 1, 2, 3, 4}
>>> set([1,"a"])      #转换列表
{1, 'a'}
>>> set((1,"a"))      #转换元组
{1, 'a'}
```

```
>>> set({1:"a",2:"b"})    #转换字典
{1, 2}
```

如果可迭代对象中存在重复数据，则最后生成的集合中只保留一个。利用集合的这个特点，可以对给定数据进行去除重复数据的操作。例如：

```
>>> st=set([1,"a",1,"a"])
>>> st
{1, 'a'}
```

集合中元素的个数被称为集合的长度。使用 len 函数计算集合的长度。

```
>>> st={1,2}
>>> len(st)
2
```

或者

```
>>> len({1,2})
2
```

1.8.2 集合元素的添加和删除

使用集合对象的 add 方法向集合中添加元素。下面创建一个集合 st 并向该集合中添加元素 4。

```
>>> st={1, "a"}
>>> st.add(4)
>>> st
{1, 4, 'a'}
```

使用集合对象的 remove 方法从指定集合中删除元素。下面的代码从集合 st 中删除元素 4。

```
>>> st.remove(4)
>>> st
{1, 'a'}
```

使用集合对象的 clear 方法将集合中的所有元素清空。

```
>>> st.clear()
>>> st
set()
```

1.8.3 集合的运算

集合的运算包括集合的交运算、并运算、差运算、对称交集运算等。

1. 交运算和并运算

对于图 1-5 中所示的 A 和 B 两个圆形区域，把它们看作是两个集合，它们的交集是中间深颜色的重叠部分，即 C 区域，它们的并集是所有阴影区域。

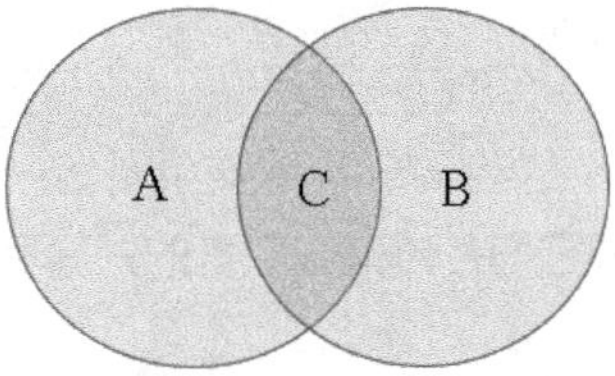

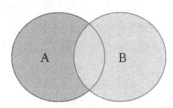

图 1-5　集合的交运算和并运算

在 Python 中，可以使用 "&" 运算符或集合对象的 intersection 方法求给定的两个集合的交集。

```
>>> {1,2,3} & {1,2,5}
{1, 2}
>>> {1,2,3}.intersection({1,2,5})
{1, 2}
```

可见，给定的两个集合的交集即这两个集合共有的元素组成的新集合。

使用 "|" 运算符或集合对象的 union 方法求给定的两个集合的并集。

```
>>> {1,2,3} | {1,2,5}
{1, 2, 3, 5}
>>> {1,2,3}.union({1,2,5})
{1, 2, 3, 5}
```

可见，给定的两个集合的并集即这两个集合的所有元素放在一起并去掉重复元素后得到的新集合。

2.　差运算

如图 1-6 所示，用 A 和 B 两个圆形区域表示两个集合，则它们之间的差集 A-B 就是 A 减去 A 和 B 的交集，对应于图中 A 区域的深色部分。

图 1-6　集合的差运算

便用-（减号）或集合对象的 difference 方法求给定的两个集合的差集。

```
>>> {1,2,3} - {1,2,5}
{3}
>>> {1,2,3}.difference({1,2,5})
{3}
>>> {1,2,5} - {1,2,3}
```

```
{5}
>>> {1,2,5}.difference({1,2,3})
{5}
```

可见，给定的两个集合的差集即它们各自减去二者的并集后得到的新集合。

3. 对称差集运算

如图 1-7 所示，用 A 和 B 两个圆形区域表示两个集合，则它们的对称差集为它们的并集减去它们的交集得到的新集合，对应于图中的阴影部分。

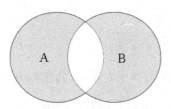

图 1-7 集合的对称差集运算

使用"^"运算符或集合对象的 symmetric_difference 方法计算给定集合的对称差集。

```
>>> {1,2,3} ^ {1,2,5}
{3, 5}
>>> {1,2,3}.symmetric_difference({1,2,5})
{3, 5}
```

集合{1,2,3}和{1,2,5}的并集为{1,2,3,5}，交集为{1,2}，对称差集等于给定集合的并集减去交集，所以为{3,5}。

4. 子集、真子集、超集和真超集

如图 1-8 所示，用 A 和 B 两个圆形区域表示给定的两个集合，如果 A 与 B 重叠或者 A 被 B 包含，则称 A 表示的集合是 B 表示的集合的子集，B 表示的集合是 A 表示的集合的超集。如果排除大小相同并重叠的情况，即 A 完全被 B 包含，则称 A 表示的集合是 B 表示的集合的真子集，B 表示的集合是 A 表示的集合的真超集。

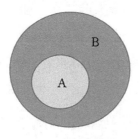

图 1-8 子集和超集

使用"<="运算符或集合对象的 issubset 方法进行子集运算。对于集合 A 和集合 B,如果 A<=B,或者 A.issubset(B)的返回值为 True,则集合 A 是集合 B 的子集。

```
>>> {1,2,3} <= {1,2,5}
False
>>> {1,2,3} <= {1,2,3}
True
>>> {1,2,5}.issubset({1,2,5})
True
>>> {1,2}.issubset({1,2,5})
True
```

对于集合 A 和集合 B,如果 A<B,则集合 A 是集合 B 的真子集。

```
>>> {1,2} < {1,2,5}
True
```

对于集合 A 和集合 B,如果 A>=B,或者 A.issuperset(B)的返回值为 True,则集合 A 是集合 B 的超集。

```
>>> {1,2,5} >= {1,2,5}
True
>>> {1,2,5} > {1,2}
True
>>> {1,2,5}.issuperset({1,2,5})
True
>>> {1,2,5}.issuperset({1,2})
True
```

对于集合 A 和集合 B,如果 A>B,则集合 A 是集合 B 的真超集。

```
>>> {1,2,5} > {1,2}
True
```

1.9　处理日期和时间

Python 提供了 time 模块用于获取日期和时间,以及对日期和时间进行格式化。时间间隔以秒为单位。

1.9.1　获取日期和时间

获取当前日期和时间,首先导入 time 模块,使用该模块的 time 函数可以获取当前时间戳。所谓时间戳,是指从 1970 年 1 月 1 日午夜(历元)到当前所经历的秒数。

```
>>> import time
```

```
>>> time.time()
1615864704.2677903
```

使用 time 模块的 localtime 函数获取当前日期和时间。

```
>>> t= time.localtime(time.time())
>>> t
time.struct_time(tm_year=2021, tm_mon=3, tm_mday=16, tm_hour=11, tm_min=18,
tm_sec=3, tm_wday=1, tm_yday=75, tm_isdst=0)
```

返回的结果用所谓的时间元组的结构字段来表示。该结构中各字段的含义如表 1-10 所示。

表 1-10　时间元组的结构字段

序　号	属　　性	说　　明	值
0	tm_year	4 位数的年份	2021
1	tm_mon	月份	1~12
2	tm_mday	日期	1~31
3	tm_hour	小时	0~23
4	tm_min	分钟	0~59
5	tm_sec	秒	0~61（60 或 61 是闰秒）
6	tm_wday	星期几	0~6（0 是星期一）
7	tm_yday	一年的第几天	1~366
8	tm_isdst	夏令时	−1, 0, 1, −1

使用 time 模块的 asctime 函数获取格式化的日期和时间。

```
>>> tm=time.asctime( time.localtime(time.time()) )
>>> tm
'Tue Mar 16 11:17:32 2021'
```

1.9.2　格式化日期和时间

使用 time 模块的 strftime 方法格式化日期，该方法的语法格式为：

```
>>> time.strftime(format[, t])
```

下面把当前日期和时间格式化成 2021-03-16 10:25:51 形式。

```
>>> print(time.strftime("%Y-%m-%d %H:%M:%S", time.localtime()))
2021-03-16 11:21:41
```

下面把当前日期和时间格式化成 Tue Mar 16 22:24:24 2021 形式。

```
>>> print(time.strftime("%a %b %d %H:%M:%S %Y", time.localtime()))
Tue Mar 16 11:22:56 2021
```

Python 中日期和时间的格式化符号如表 1-11 所示。

表 1-11　Python 中日期和时间的格式化符号

格式化符号	说　　明
%y	2 位数的年份（00~99）
%Y	4 位数的年份（0000~9999）
%m	月份（01~12）
%d	月内的某一天（0~31）
%H	24 小时制的小时数（0~23）
%I	12 小时制的小时数（01~12）
%M	分钟数（00~59）
%S	秒数（00~59）
%a	本地简写的星期名称
%A	本地完整的星期名称
%b	本地简写的月份名称
%B	本地完整的月份名称
%c	本地相应的日期表示和时间表示
%j	年内的某一天（001~366）
%p	本地 A.M.或 P.M.的等价符
%U	一年中的星期数（00~53），星期天为一个星期的开始
%w	星期几（0~6），星期天为一个星期的开始
%W	一年中的星期数（00~53），星期一为一个星期的开始
%x	本地相应的日期
%X	本地相应的时间
%Z	当前时区的名称
%%	%号本身

1.10　表达式

　　前面详细介绍了变量，变量是计算机语言中最基本的语言元素。使用运算符连接一个或多个变量就构成了表达式，例如给变量赋值，a=1 是赋值表达式；求子集的运算，{1,2,3} <= {1,2,5}是比较运算表达式。如果变量是单词，表达式就是词组和短语。根据运算符的不同，可以有不同类型的表达式。

1.10.1　算术运算符

　　算术运算符连接一个或两个变量，构成算术运算表达式。常见的算术运算符有+、 −、 *、 / 等，如表 1−12 所示。表中还列出了各算术运算符的应用示例。

表 1-12　算术运算符

运 算 符	说　　明	示　　例
+	两个对象相加	>>> a=3;b=2
		>>> a+b　　#5
−	负数或两个对象相减	>>> −a　　#−3
		>>> a−b　　#1
*	两个数相乘或字符串等重复扩展	>>> a*b　　#6
/	两个数相除	>>> a/b　　#1.5
//	整除，向下取整。当结果为正时返回相除结果的整数部分，当结果为负时返回该负数截尾后−1 的结果。当变量中至少有一个变量的值为浮点数时，返回浮点数的结果	>>> a//b　　#1
		>>> −3//2　　#−2
		>>> 3.0//2　　#1.0
%	取模，得到相除后的余数	>>> a%b　　#1
**	指数运算	>>> a**b　　#9

"+"用于字符串、列表等时起连接的作用。例如：

```
>>> a="hello ";b="python"
>>> a+b
'hello python'
>>> a=[1,2,3];b=["a","b","c"]
>>> a+b
[1, 2, 3, 'a', 'b', 'c']
```

"*"乘号用于字符串、列表等时起重复扩展的作用。例如：

```
>>> a="hello "
>>> a*3
'hello hello hello '
>>> a=[1,2,3]
>>> a*2
[1, 2, 3, 1, 2, 3]
```

1.10.2　关系运算符

关系运算符连接两个变量，构成关系运算表达式。当关系运算表达式成立时，返回 True，否则返回 False。常见的关系运算符如表 1-13 所示。表中还列出了各关系运算符的应用示例。

表 1-13　关系运算符

运 算 符	说　　明	示　　例
==	相等	>>> a=3;b=2
		>>>a==b　　#False

续表

运 算 符	说 明	示 例
!=	不相等	>>> a!=b　　#True
<	小于	>>> a<b　　#False
>	大于	>>> a>b　　#True
<=	小于或等于	>>> a<=b　　#False
>=	大于或等于	>>> a>=b　　#True

注意：在对两个以上的变量进行关系运算时，可以用一个表达式进行描述。例如：

```
>>> a=3;b=2;c=5;d=9
>>> b<a<c<d
True
>>> a=3;b=3;c=3
>>> a==b==c==3
True
```

也可以对字符串、列表等进行关系运算，此时对参与运算的变量的值逐字符或逐元素进行比较，取第 1 次不同时的比较结果。

```
>>> a="bca";b="uvw"
>>> a<b
True
>>> a=[1,2,3];b=[4,5,6]
>>> a<b
True
```

1.10.3 逻辑运算符

逻辑运算符连接一个或两个变量，构成逻辑运算表达式。常见的逻辑运算符如表 1-14 所示。其中还列出了说明和应用示例。

表 1-14 逻辑运算符

运 算 符	说 明	示 例
not	非运算。True 取反为 False，False 取反为 True	>>> a=True >>> not a　#False
and	与运算。当左、右操作数都为 True 时，结果为 True，否则为 False	>>> a=True;b=False >>> a and b　#False
or	或运算。左、右操作数只要有一个为 True，结果就为 True。只有当两个操作数都为 False 时，结果才为 False	>>> a=True;b=False >>> a or b　#True

1.10.4　赋值/成员/身份运算符

在前面各节介绍变量、字符串、列表等内容时，多次用到了赋值运算符和成员运算符。常见的赋值运算符如表 1-15 所示。其中还列出了说明和应用示例。

表 1-15　赋值运算符

运 算 符	说　　明	示　　例
=	赋值运算	>>> a=1
+=	相加赋值运算	>>> a=1;a+=1　#2，等价于 a=a+1
−=	相减赋值运算	>>> a=5;a−=1　#4，等价于 a=a−1
*=	相乘赋值运算	>>> a=3;a*=2　#6，等价于 a=a*2
/=	相除赋值运算	>>> a=6;a/=2　#3，等价于 a=a/2
%=	取模赋值运算	>>> a=7;a%=4　#3，等价于 a=a%4
**=	求幂赋值运算	>>> a=3;a**=2　#9，等价于 a=a**2
//=	整除赋值运算	>>> a=5;a//=2　#2，等价于 a=a//2

成员运算符用于判断所提供的值是否在或不在指定的序列中，如果是则返回 True，否则返回 False。常见的成员运算符有 in 和 not in，如表 1-16 所示。其中还列出了说明和应用示例。

表 1-16　成员运算符

运 算 符	说　　明	示　　例
in	如果所提供的值在指定的序列中，则返回 True，否则返回 False	>>> a=[1,2,3] >>> 1 in a　#True
not in	如果所提供的值不在指定的序列中，则返回 True，否则返回 False	>>> a=[1,2,3] >>> 5 not in a　#True

身份运算符用于比较对象的地址，判断两个变量是否引用同一个对象或不同的对象。如果是则返回 True，否则返回 False。常见的身份运算符有 is 和 is not，如表 1-17 所示。其中还列出了说明和应用示例。

表 1-17　身份运算符

运 算 符	说　　明	示　　例
is	如果两个变量引用同一个对象，则返回 True，否则返回 False	>>> a=10;b=20 >>> a is b　#False
is not	如果两个变量引用不同的对象，则返回 True，否则返回 False	>>> a=10;b=a >>> a is not b　#False

1.10.5　运算符的优先级

前面介绍了算术运算符、关系运算符、逻辑运算符等各种运算符，如果一个表达式中有多种运算符，那么先算哪个后算哪个就要遵循一定的规则。这个规则就是先算优先级高的，后算优先级低的，如果各运算符的优先级相同，则按照从左到右的顺序计算。比如四则运算 1+2*3-4/2，将加减法和乘除法放在一起进行计算，因为乘除法的优先级比加减法的优先级高，所以要先算乘除法，后算加减法。这是我们很熟悉的。表 1-18 中列出了各种主要的运算符及它们在表达式中的计算优先级。

表 1-18　运算符的优先级

运 算 符	说 明	优 先 级
( )	圆括号	18
x[i]	索引运算	17
x.attribute	属性和方法访问	16
**	指数运算	15
~	按位取反	14
+（正号）、−（负号）	正负号	13
*, /, //, %	乘除	12
+, −	加减	11
>>, <<	移位	10
&	按位与	9
^	按位异或	8
|	按位或	7
==, !=, >, >=, <, <=	关系运算	6
is, is not	身份运算	5
in, not in	成员运算	4
not	逻辑非	3
and	逻辑与	2
or	逻辑或	1

下面举几个例子来说明运算符优先级的应用。

对于下面四则运算的算术运算表达式，先算乘除法，后算加减法。

```
>>> 1+2*3-4/2
5.0
```

因为除法运算返回的结果是浮点型的，所以最后得到的结果也是浮点型的。如果希望先算 1+2，将它们的和再乘以 3，则可以用圆括号改变加法运算的优先级。如果圆括号有嵌套，则先算里面的。例如：

```
>>> ((1+2)*3-4)/2
2.5
```

下面的表达式中有关系运算和逻辑运算，先进行关系运算，再进行逻辑运算。

```
>>> 3>2 and 7<5
False
```

在表达式中，关系运算表达式 3>2 返回 True，关系运算表达式 7<5 返回 False，最后计算逻辑运算表达式 True and False，返回 False。

1.11 流程控制

变量是计算机语言中最基本的语言元素，表达式用运算符连接变量构成一个更长的代码片段或者说一条语句，此时我们已经具备写一行语句的能力。在学完流程控制以后，我们将具备写一个代码块，即多行语句的能力。多行语句通过流程控制语句连接变量和表达式，形成一个完整的逻辑结构，是一个局部的整体。常见的流程控制结构有判断结构、循环结构等。

1.11.1 判断结构

判断结构测试一个条件表达式，然后根据测试结果执行不同的操作。Python 支持多种不同形式的判断结构。判断结构用 if 语句进行逻辑判断。

1. 单行判断结构

单行判断结构具有下面的形式：

```
if 判断条件:执行语句…
```

其中，判断条件常常是一个关系运算表达式或逻辑运算表达式，当条件满足时执行冒号后面的语句。

在下面的两行代码中，第 1 行用 input 函数实现一个输入提示，提示输入一个数字；第 2 行实现一个单行判断结构，判断输入的数字是否等于 1，如果是，则输出字符串"输入的值是 1"。该文件位于 Samples 目录下的 ch01 子目录中，文件名为 sam01-01.py。

```
1    a=input("请输入一个数字：")
2    if (int(a)==1): print("输入的值是 1")
```

在 Python IDLE 文件脚本窗口中，在"Run"菜单中单击"Run Module"选项，则 IDLE 命令行窗口提示"请输入一个数字："，输入 1，按回车键，显示下面的结果：

```
>>> = RESTART: …\Samples\ch01\sam01-01.py
请输入一个数字：1
输入的值是 1
```

2. 二分支判断结构

二分支判断结构具有下面的形式：

```
if 判断条件:
    执行语句...
else:
    执行语句...
```

当判断条件满足时执行第 1 个冒号后面的语句，当不满足时执行第 2 个冒号后面的语句。

下面的代码实现了一个二分支判断结构。该文件位于 Samples 目录下的 ch01 子目录中，文件名为 sam01-02.py。

```
1    passed=int(input("请输入一个数字："))
2    if (passed>0):
3        print("成功。")
4    else:
5        print("失败。")
```

第 1 行用 input 函数实现一个输入提示，提示输入一个数字；第 2~5 行为二分支判断结构，判断输入的数字是否大于 0，如果是，则输出字符串"成功。"，否则输出字符串"失败。"。

在 Python IDLE 文件脚本窗口中，在"Run"菜单中单击"Run Module"选项，则 IDLE 命令行窗口提示"请输入一个数字："，输入 5，按回车键，显示下面的结果：

```
>>> = RESTART: ...\Samples\ch01\sam01-02.py
请输入一个数字：5
成功。
```

3. 多分支判断结构

多分支判断结构具有下面的形式：

```
if 判断条件 1:
    执行语句 1...
elif 判断条件 2:
    执行语句 2...
elif 判断条件 3:
    执行语句 3...
...
else:
    执行语句 n...
```

多分支判断结构提供多重条件判断，当第 1 个条件不满足时测试第 2 个条件，当第 2 个条件不满足时测试第 3 个条件，依此类推。当当前条件满足时执行相应的语句，最后都不满足时执行相应的语句。

下面的代码用一个多分支判断结构判断给定的成绩属于哪个等级。该文件位于 Samples 目录下的 ch01 子目录中，文件名为 sam01-03.py。

```
1    sc= int(input("请输入一个数字："))
```

```
2    if(sc>=90):
3        print("优秀")
4    elif(sc>=80):
5        print("良好")
6    elif(sc>=70):
7        print("中等")
8    elif(sc>=60):
9        print("及格")
10   else:
11       print("不及格")
```

第 1 行用 input 函数实现一个输入提示，提示输入一个数字；第 2~11 行为多分支判断结构，判断输入的成绩属于哪个等级。

在 Python IDLE 文件脚本窗口中，在"Run"菜单中单击"Run Module"选项，则 IDLE 命令行窗口提示"请输入一个数字："，输入 88，按回车键，显示下面的结果：

```
>>> = RESTART: …\Samples\ch01\sam01-03.py
请输入一个数字：88
良好
```

4. 有嵌套的判断结构

有嵌套的判断结构具有类似于下面的形式，如果分支条件满足，则进行次一级的条件判断和处理。

```
if 表达式 1:
    语句
    if 表达式 2:
        语句
    elif 表达式 3:
        语句
    else
        语句
elif 表达式 4:
    语句
else:
    语句
```

现在将前面对成绩分等级的示例进行改写，如下面的代码所示。该文件位于 Samples 目录下的 ch01 子目录中，文件名为 sam01-04.py。

```
1    sc= int(input("请输入一个数字："))
2    if sc>=60:
3        if sc>=90:
4            print("优秀")
5        elif sc>=80:
```

```
 6         print("良好")
 7     elif sc>=70:
 8         print("中等")
 9     elif sc>=60:
10         print("及格")
11   else:
12       print("不及格")
```

第 1 行用 input 函数实现一个输入提示，提示输入一个数字；第 2~12 行为有两层嵌套的判断结构，判断输入的成绩属于哪个等级。外面第 1 层嵌套判断给出的成绩是否大于或等于 60 分，如果条件满足，则用一个多分支判断结构细分及格及以上的成绩等级，这是第 2 层判断结构。最后都不满足时表示成绩不及格。

在 Python IDLE 文件脚本窗口中，在"Run"菜单中单击"Run Module"选项，则 IDLE 命令行窗口提示"请输入一个数字："，输入 88，按回车键，显示下面的结果：

```
>>> = RESTART: …\Samples\ch01\sam01-04.py
请输入一个数字：88
良好
```

下面再举一个判断闰年的例子。该文件位于 Samples 目录下的 ch01 子目录中，文件名为 sam01-05.py。闰年包括世纪闰年和普通闰年。世纪闰年可以被 400 整除，普通闰年能被 4 整除，不能被 100 整除。

```
 1   y=2020
 2   if y%400==0:    #判断是否是世纪闰年
 3       yn=True
 4   elif y%4==0:    #判断是否是普通闰年
 5       if y%100>0:
 6           yn=True
 7       else:
 8           yn=False
 9   else:
10       yn=False
11   if yn:
12       print("{0}年是闰年。".format(y))
13   else:
14       print("{0}年不是闰年。".format(y))
```

第 1 行指定用来判断的年份 2020；第 2~10 行为有两层嵌套的判断结构，判断指定年份是不是闰年。首先判断年份是不是世纪闰年，即能不能被 400 整除；如果不能，则进一步判断是不是普通闰年。判断普通闰年用到两层嵌套，先判断年份是否能被 4 整除，如果能，则进一步判断是否不能被 100 整除。最后判断的结果保存在布尔型变量 yn 中。第 11~14 行输出结果，如果 yn 的值为 True，则输出年份是闰年；否则输出年份不是闰年。

在 Python IDLE 文件脚本窗口中，在"Run"菜单中单击"Run Module"选项，则 IDLE 命令行窗口显示下面的结果：

```
>>> = RESTART: …\Samples\ch01\sam01-05.py
2020 年是闰年。
```

5. 三元操作符

简单的二分支判断结构可以用类似于下面的三元操作表达式代替。

```
b if 判断条件 else a
```

如果判断条件满足，则结果为 b，否则结果为 a。

下面用三元操作表达式判断给定的数是否大于或等于 10。该文件位于 Samples 目录下的 ch01 子目录中，文件名为 sam01-06.py。

```
1    a= int(input("请输入一个数字："))
2    print(">=10" if a>=10 else "<10")
```

第 1 行用 input 函数实现一个输入提示，提示输入一个数字；第 2 行用三元操作表达式判断输入的数是否大于或等于 10，如果是，则输出字符串">=10"，否则输出字符串"<10"。

在 Python IDLE 文件脚本窗口中，在"Run"菜单中单击"Run Module"选项，则 IDLE 命令行窗口提示"请输入一个数字："，输入 15，按回车键，显示下面的结果：

```
>>> = RESTART: …\Samples\ch01\sam01-06.py
请输入一个数字：15
>=10
```

下面用三元操作表达式求给定的三个数中的最小值。该文件位于 Samples 目录下的 ch01 子目录中，文件名为 sam01-07.py。

```
1    x,y,z = 10,30,20
2    small = (x if x < y else y)
3    small = (z if small > z else small)
4    print(small)
```

第 1 行给定三个数 10、30 和 20，分别赋给变量 x、y 和 z；第 2 行用三元操作表达式比较 x 和 y 的大小，将二者的较小值赋给变量 small；第 3 行用三元操作表达式比较 small 和 z 的大小，将二者的较小值赋给变量 small；第 4 行输出 small 的值。

在 Python IDLE 文件脚本窗口中，在"Run"菜单中单击"Run Module"选项，则 IDLE 命令行窗口显示下面的结果：

```
>>> = RESTART: …\Samples\ch01\sam01-07.py
10
```

1.11.2　循环结构——for 循环

循环结构允许重复执行一行或数行代码。

1. for 循环

使用 for 循环可以遍历指定的可迭代对象，即针对可迭代对象中的每个元素执行相同的操作。for 循环的语法结构为：

```
for 迭代变量 in 可迭代对象
    执行语句…
```

可迭代对象包括字符串、区间、列表、元组、字典、迭代器对象等。

下面对字符串应用 for 循环，逐个输出字符串中的每个字符。

```
>>> for c in "Python":
        print("当前字母: ", c)
```

输出结果为：

```
当前字母: P
当前字母: y
当前字母: t
当前字母: h
当前字母: o
当前字母: n
```

下面对区间应用 for 循环，逐个输出区间中的每个数字。

```
>>> for i in range(6):
        print("当前数字: ", i)
```

输出结果为：

```
当前数字: 0
当前数字: 1
当前数字: 2
当前数字: 3
当前数字: 4
当前数字: 5
```

下面对列表应用 for 循环，逐个输出列表中每个城市的名称。

```
>>> ads=["北京","上海","广州"]
>>> for ad in ads:
        print("当前地点: ",ad)
```

输出结果为：

```
当前地点: 北京
```

```
当前地点：上海
当前地点：广州
```

对于列表，也可以使用区间，结合列表索引来输出列表中的元素。下面通过索引输出列表中各城市的名称。

```
>>> ads=['北京','上海','广州']
>>> for index in range(len(ads)):
        print("当前地点: ",ads[index])
```

输出结果为：

```
当前地点：北京
当前地点：上海
当前地点：广州
```

下面对元组应用 for 循环，逐个输出元组中每个元素的数据。

```
>>> for x in (1,2,3):
        print(x)
```

输出结果为：

```
1
2
3
```

下面对字典应用 for 循环，逐个输出字典中各项的键、值和键值对。

```
>>> dt={"grade":5, "class":2, "id": "s195201", "name": "LinXi"}
>>> for x in dt:    #逐个输出键
        print(x)
```

输出结果为：

```
grade
class
id
name
```

```
>>> for x in dt.keys():    #逐个输出键
        print(x)
```

输出结果为：

```
grade
class
id
name
```

```
>>> for x in dt.values():    #逐个输出值
        print(x)
```

输出结果为：

```
5
2
s195201
LinXi
```

```
>>> for x in dt.items():     #逐个输出键值对
        print(x)
```

输出结果为：

```
('grade', 5)
('class', 2)
('id', 's195201')
('name', 'LinXi')
```

下面使用 for 循环对 1~10 的整数进行累加。该文件位于 Samples 目录下的 ch01 子目录中，文件名为 sam01-08.py。

```
1    sum=0
2    num=0
3    for num in range(11):
4        sum+=num
5    print(sum)
```

第 1 行给 sum 赋初值 0，该变量记录累加和；第 2 行给 num 赋初值，该变量为 for 循环的迭代变量，逐个取区间 1~10 中的数；第 3 行和第 4 行使用一个 for 循环对 1~10 各数进行累加；第 5 行输出累加和。

在 Python IDLE 文件脚本窗口中，在"Run"菜单中单击"Run Module"选项，则 IDLE 命令行窗口显示下面的结果。

```
>>> = RESTART: …\Samples\ch01\sam01-08.py
55
```

2. for...else 用法

for 循环还提供了一种 for...else 用法，else 中的语句在循环正常执行完成时执行。下面判断一个整数是个是质数。判断一个整数是合是质数的算法是，用 2 到这个整数的区间内的每个数作为除数去除该整数，如果该整数能被至少一个数整除，那么它就不是质数，否则是质数。该文件位于 Samples 目录下的 ch01 子目录中，文件名为 sam01-09.py。

```
1    n= int(input("请输入一个数字："))
```

```
2    for i in range(2,n):
3        if n%i==0:
4            print(str(n)+"不是质数")
5            break
6    else:
7        print(str(n)+"是质数")
```

第 1 行使用 input 函数输入一个整数；第 2~7 行使用一个 for...else 结构判断给定的整数是不是质数。只要出现 n 能被 2 至 n 中的某个数整除的情况就中断循环，输出它不是质数；如果遍历完后没有出现这种情况，则输出它是质数。

在 Python IDLE 文件脚本窗口中，在"Run"菜单中单击"Run Module"选项，则 IDLE 命令行窗口提示"请输入一个数字："，输入 5，按回车键，显示下面的结果：

```
>>> = RESTART: …\Samples\ch01\sam01-09.py
请输入一个数字：5
5 是质数
```

再次运行，输入 9，按回车键，显示下面的结果：

```
>>> = RESTART: …\Samples\ch01\sam01-09.py
请输入一个数字：9
9 不是质数
```

3. for 循环嵌套

下面用两层嵌套的 for 循环生成九九乘法表。该文件位于 Samples 目录下的 ch01 子目录中，文件名为 sam01-10.py。

```
1    for i in range(1,10):
2        s=""
3        for j in range(1,i+1):
4            s+=str.format("{0}*{1}={2}\t",i,j,i*j)
5        print(s)
```

第 1 行用 for 循环的迭代变量 i 在 1~9 中逐个取值，给出各乘式的第 1 个因子；第 2 行对变量 s 初始化为空字符串，该变量记录一行乘式；第 3 行用内层 for 循环的迭代变量在 1~i 之间逐个取值，作为各乘式的第 2 个因子，因为在 1~i 之间取值，最后得到的乘法表是一个下三角的形状；第 4 行用字符串对象的 format 函数格式化组装乘式，各乘式之间用制表符间隔；第 5 行输出当前行的所有乘式。最后，九九乘法表的所有乘式就是这样一行一行生成的。

在 Python IDLE 文件脚本窗口中，在"Run"菜单中单击"Run Module"选项，则 IDLE 命令行窗口显示下面的结果：

```
>>> = RESTART: …\Samples\ch01\sam01-10.py
1*1=1
```

```
2*1=2    2*2=4
3*1=3    3*2=6    3*3=9
4*1=4    4*2=8    4*3=12   4*4=16
5*1=5    5*2=10   5*3=15   5*4=20   5*5=25
6*1=6    6*2=12   6*3=18   6*4=24   6*5=30   6*6=36
7*1=7    7*2=14   7*3=21   7*4=28   7*5=35   7*6=42   7*7=49
8*1=8    8*2=16   8*3=24   8*4=32   8*5=40   8*6=48   8*7=56   8*8=64
9*1=9    9*2=18   9*3=27   9*4=36   9*5=45   9*6=54   9*7=63   9*8=72   9*9=81
```

1.11.3　循环结构——while 循环

for 循环遍历指定的可迭代对象，该对象的长度即对象中元素的个数是确定的，所以循环次数是确定的。还有一种情况，就是一直循环，直到满足指定的条件为止，此时循环次数是不确定的，事先未知。这种循环用 while 循环来实现。while 循环可有多种形式。

1. 简单的 while 循环

单行 while 循环的形式为：

```
while 判断条件:
    执行语句…
```

其中，判断条件为一个关系运算表达式或逻辑运算表达式，当满足条件时执行冒号后面的语句。

下面用简单的 while 循环求 1~10 的累加和。该文件位于 Samples 目录下的 ch01 子目录中，文件名为 sam01-11.py。

```
1    sum=0
2    num=0
3    while num<=10:   #循环累加
4        sum+=num
5        num+=1
6    print(sum)
```

第 1 行给 sum 赋初值 0，该变量记录累加和；第 2 行给 num 赋初值，该变量为 while 循环的迭代变量，逐个取区间 1~10 中的数；第 3~5 行用一个 while 循环对 1~10 各数进行累加；第 4 行进行累加计算；第 5 行对迭代变量的值加 1，取下一个值；第 6 行输出累加和。

在 Python IDLE 文件脚本窗口中，在"Run"菜单中单击"Run Module"选项，则 IDLE 命令行窗口显示下面的结果：

```
>>> = RESTART: …\Samples\ch01\sam01-11.py
55
```

2. 有分支的 while 循环

有分支的 while 循环结构中有 else 关键字，形式为：

```
while 判断条件:
    执行语句...
else:
    执行语句...
```

当判断条件满足时，执行第 1 个冒号后面的语句；当不满足时执行第 2 个冒号后面的语句。

下面改写对 1~10 累加求和的例子。当迭代变量的取值大于 10 时给出提示。当然，在实际编程时没必要这么做，这里是为了演示循环结构。该文件位于 Samples 目录下的 ch01 子目录中，文件名为 sam01-12.py。

```
1    sum=0
2    n=0
3    while(n<=10):
4        sum+=n
5        n+=1
6    else:
7        print("数字超出 0~10 的范围，计算终止。")
8    print(sum)
```

第 1~5 行实现累加求和；第 6 行和第 7 行在 n 的值大于 10 时给出提示；第 8 行输出累加和。

在 Python IDLE 文件脚本窗口中，在"Run"菜单中单击"Run Module"选项，则 IDLE 命令行窗口显示下面的结果：

```
>>> = RESTART: ...\Samples\ch01\sam01-12.py
数字超出 0~10 的范围，计算终止。
55
```

3. while 循环嵌套

下面用嵌套的 while 循环生成九九乘法表。该文件位于 Samples 目录下的 ch01 子目录中，文件名为 sam01-13.py。

```
1    i=0
2    while i<9:  #外层循环
3        j=0
4        i+=1
5        s=""
6        while j<i:  #内层循环
7            j+=1
8            s+=str.format("{0}*{1}={2}\t",i,j,i*j)  #每行求和等式
9        print(s)
```

第 1 行给变量 i 赋初值 0，变量 i 是外层循环的迭代变量；第 2~8 行生成九九乘法表，在外层循环中，迭代变量 i 的值每迭代一次加 1，直到等于 9，每次迭代都用内层循环生成乘法表中的一行；第 6~8 行为内层循环，判断条件为迭代变量 j 的值小于 i，对 j 累加，生成当前行的乘式；第 9 行输

出乘法表。

在 Python IDLE 文件脚本窗口中，在"Run"菜单中单击"Run Module"选项，则 IDLE 命令行窗口显示下面的结果：

```
>>> = RESTART: …/Samples/ch01/sam01-13.py
1*1=1
2*1=2    2*2=4
3*1=3    3*2=6    3*3=9
4*1=4    4*2=8    4*3=12   4*4=16
5*1=5    5*2=10   5*3=15   5*4=20   5*5=25
6*1=6    6*2=12   6*3=18   6*4=24   6*5=30   6*6=36
7*1=7    7*2=14   7*3=21   7*4=28   7*5=35   7*6=42   7*7=49
8*1=8    8*2=16   8*3=24   8*4=32   8*5=40   8*6=48   8*7=56   8*8=64
9*1=9    9*2=18   9*3=27   9*4=36   9*5=45   9*6=54   9*7=63   9*8=72   9*9=81
```

while 循环还可以和 for 循环嵌套，下面将内层 while 循环改写成 for 循环生成九九乘法表。该文件位于 Samples 目录下的 ch01 子目录中，文件名为 sam01-14.py。

```
1      i=0
2      while i<9:
3          j=0
4          i+=1
5          s=""
6          for j in range(1,i+1):
7              s+=str.format("{0}*{1}={2}\t",i,j,i*j)
8          print(s)
```

请大家自行解读代码，这里不再赘述。

4. 避免死循环

前面讲过，for 循环的循环次数是确定的，它的循环次数就是所用可迭代对象的长度。while 循环的循环次数则不确定，如果判断条件一直满足，则可以一直循环下去，即进入"死循环"的状态。此时，可以使用 break 语句跳出循环。在命令行窗口中出现这种情况，可以按"Ctrl+C"键终止循环。

1.11.4　其他结构

本节介绍其他几个命令语句，包括 break、continue 和 pass 语句等。

1. break 语句

break 语句用在 while 循环或 for 循环中，在必要时用于终止和跳出循环。

下面用 for 循环对给定的数据区间进行累加求和，要求累加和的大小不能超过 100；否则，使用 break 语句终止和跳出循环。该文件位于 Samples 目录下的 ch01 子目录中，文件名为

sam01-15.py。

```
1    sum=0
2    num=0
3    for num in range(100):
4        old_sum=sum
5        sum+=num
6        if sum>100:break    #当累加和大于 100 时跳出循环
7    print(num-1)
8    print(old_sum)
```

第 6 行加了一个单行判断结构，当累加和大于 100 时使用 break 语句跳出循环。第 7 行和第 8 行分别输出最后小于 100 的累加和及其对应的数字。

在 Python IDLE 文件脚本窗口中，在"Run"菜单中单击"Run Module"选项，则 IDLE 命令行窗口显示下面的结果：

```
>>> = RESTART: ...\Samples\ch01\sam01-15.py
13
91
```

也可以在 while 循环中使用 break 语句跳出循环。使用 while 循环改写上面的程序。该文件位于 Samples 目录下的 ch01 子目录中，文件名为 sam01-16.py。

```
1    sum=0
2    n=0
3    while(n<=100):
4        old_sum=sum
5        sum+=n
6        if sum>100:break    #当累加和大于 100 时跳出循环
7        n+=1
8    print(n-1)
9    print(old_sum)
```

运行该程序，输出相同的计算结果。

2. continue 语句

continue 语句与 break 语句的作用类似，都是用在循环中，用于跳出循环。不同的是，break 语句是跳出整个循环，continue 语句则是跳出本轮循环。

下面的 for 循环输出 0~4 区间内的整数，但是不输出 3。该文件位于 Samples 目录下的 ch01 子目录中，文件名为 sam01-17.py。

```
1    for i in range(5):
2        if i==3:continue
3    print(i)
```

第 2 行用了一个单行判断结构，当迭代变量取值为 3 时使用 continue 语句跳出本轮循环。

在 Python IDLE 文件脚本窗口中，在"Run"菜单中单击"Run Module"选项，则 IDLE 命令行窗口显示下面的结果：

```
>>> = RESTART: …/Samples/ch01/sam01-17.py
0
1
2
4
```

可见，整数 3 没有输出。

3. pass 语句

pass 语句是占位语句，它不做任何事情，只用于保持程序结构的完整性。在判断结构中，当判断条件满足时，如果什么也不执行，则会出错。例如，在文件或命令行中执行下面的语句会出错：

```
if a>1:  #什么也不做
```

此时将 pass 语句放在冒号后面，虽然还是什么也不做，但保证了语法上的完整性，就不会出错了。即：

```
if a>1:pass  #什么也不做
```

另外，在自定义函数时，如果定义一个空函数，也会出错。此时在函数体中放一个 pass 语句，就不会出错了。

1.12　函数

前面已经介绍了变量、表达式和流程控制，其中变量是最基本的语言元素，表达式是短语或一行语句，流程控制则用多行语句描述一个完整的逻辑。现在更进一步，介绍函数。函数实现一个相对完整的功能，这个功能被写成函数后，可以被反复调用，从而减少代码量，提高编程效率。

函数可以分为内部函数、标准模块函数、自定义函数和第三方库函数等。

1.12.1　内部函数

内部函数（或者说内置函数）是 Python 内部自带的函数。在介绍前面各节内容时，已经介绍了很多内部函数。总体来说，内部函数分为数据类型转换函数、数据操作函数、数据输入/输出函数、文件操作函数和数学计算函数等。

数据类型转换函数包括 bool、int、float、complex、str、list、tuple、dict 等，在介绍变量的数据类型时都已经介绍过，这里不再赘述。

数据操作函数包括 type、format、range、slice、len 等，除 slice 外都介绍过。slice 函数定义一个切片对象，指定切片方式。将这个切片对象作为参数传递给一个可迭代对象，实现该可迭代对象的切片。

下面创建一个列表，创建第 1 个切片对象取前 6 个元素，创建第 2 个切片对象在 2~8 范围内隔一个数取一个数，然后分别用这两个切片对象对列表进行切片。

```
>>> a=list(range(10))
>>> a
[0, 1, 2, 3, 4, 5, 6, 7, 8, 9]
>>> slice1=slice(6)    #取前 6 个元素
>>> a[slice1]
[0, 1, 2, 3, 4, 5]
>>> slice2=slice(2,9,2)   #在 2~8 范围内隔一个数取一个数
>>> a[slice2]
[2, 4, 6, 8]
```

数据输入/输出函数包括 input 和 print 函数等，前面介绍过。文件操作函数如 file 和 open，用于打开文件。

数学计算函数如表 1-19 所示。

表 1-19　数学计算函数

函　　数	说　　明	函　　数	说　　明
abs	求绝对值	round	对浮点数进行圆整
eval	计算给定的表达式	sum	求和
max	求最大值	sorted	排序
min	求最小值	filter	过滤
pow	幂运算		

下面举几个例子来说明数学计算函数的使用。

```
>>> abs(-3)    #求绝对值
3
>>> pow(3,2)    #求 3 的平方
9
>>> round(2.78)    #对 2.78 进行圆整
3
>>> a=list(range(-5,5))    #创建一个列表
>>> a
[-5, -4, -3, -2, -1, 0, 1, 2, 3, 4]
>>> max(a)    #求列表元素的最大值
4
>>> min(a)    #求列表元素的最小值
-5
```

```
>>> sum(a)      #求列表元素的和
-5
>>> sorted(a,reverse=True)    #对列表元素逆序排列
[4, 3, 2, 1, 0, -1, -2, -3, -4, -5]
>>> def filtertest(a):    #定义一个函数，过滤规则为列表中的元素值大于 0
        return a>0
>>> b=filter(filtertest,a)    #用函数定义的规则对列表 a 进行过滤
>>> list(b)     #以列表显示过滤结果
[1, 2, 3, 4]
```

1.12.2　标准模块函数

Python 内置了很多标准模块，在每个标准模块中都有很多封装好的函数，用于提供一定的功能。下面主要介绍 math 模块、cmath 模块和 random 模块，它们分别提供了数学计算、复数运算和随机数生成的功能。

1. math 模块的数学函数

math 模块提供了大量数学函数，包括一般数学操作函数、三角函数、对数指数函数、双曲函数、数论函数和角度弧度转换函数等。

在使用 math 模块的数学函数之前，需要先导入 math 模块，即：

```
>>> import math
```

使用 dir 函数，可以列出 math 模块提供的全部数学函数。

```
>>> dir(math)
['__doc__', '__loader__', '__name__', '__package__', '__spec__', 'acos',
'acosh', 'asin', 'asinh', 'atan', 'atan2', 'atanh', 'ceil', 'copysign', 'cos',
'cosh', 'degrees', 'e', 'erf', 'erfc', 'exp', 'expm1', 'fabs', 'factorial',
'floor', 'fmod', 'frexp', 'fsum', 'gamma', 'gcd', 'hypot', 'inf', 'isclose',
'isfinite', 'isinf', 'isnan', 'ldexp', 'lgamma', 'log', 'log10', 'log1p', 'log2',
'modf', 'nan', 'pi', 'pow', 'radians', 'remainder', 'sin', 'sinh', 'sqrt', 'tan',
'tanh', 'tau', 'trunc']
```

math 模块的部分数学函数说明如表 1-20 所示

表 1-20　math 模块的数学函数（部分）

函　　数	说　　明	函　　数	说　　明
math.ceil(x)	返回大于或等于 x 的最小整数	math.sqrt(x)	返回 x 的平方根
math.fabs(x)	返回 x 的绝对值	math.sin(x)	返回 x 的正弦值
math.floor(x)	返回小于或等于 x 的最大整数	math.cos(x)	返回 x 的余弦值
math.fsum(iter)	返回可迭代对象的元素的和	math.tan(x)	返回 x 的正切值
math.gcd(*ints)	返回给定的整数参数的最大公约数	math.atan(x)	返回 x 的反正切值

函　数	说　明	函　数	说　明
math.isfinite(x)	如果 x 不是无穷大或缺失值，则返回 True，否则返回 False	math.asin(x)	返回 x 的反正弦值
math.isinf(x)	如果 x 是无穷大，则返回 True，否则返回 False	math.acos(x)	返回 x 的反余弦值
math.isnan(x)	如果 x 是 NaN，则返回 True，否则返回 False	math.sinh(x)	返回 x 的双曲正弦值
math.isqrt(n)	返回 n 的整数平方根（平方根向下取整），n⩾0	math.cosh(x)	返回 x 的双曲余弦值
math.lcm(*ints)	返回给定的整数参数的最小公倍数	math.tanh(x)	返回 x 的双曲正切值
math.trunc(x)	返回 x 的截尾整数	math.asinh(x)	返回 x 的反双曲正弦值
math.exp(x)	返回 e 的 x 次幂	math.acosh(x)	返回 x 的反双曲余弦值
math.log(x[,base])	返回 x 的自然对数	math.atanh(x)	返回 x 的反双曲正切值
math.log2(x)	返回 x 以 2 为底的对数	math.dist(p,q)	返回 p 和 q 两点之间的距离
math.log10(x)	返回 x 以 10 为底的对数	math.degrees(x)	将 x 从弧度转换为角度
math.pow(x,y)	返回 x 的 y 次幂	math.radians(x)	将 x 从角度转换为弧度

2. cmath 模块的复数运算函数

使用 cmath 模块提供的函数进行复数运算。导入 cmath 模块，用 dir 函数列出该模块的所有函数。

```
>>> import cmath
>>> dir(cmath)
['__doc__', '__loader__', '__name__', '__package__', '__spec__', 'acos',
'acosh', 'asin', 'asinh', 'atan', 'atanh', 'cos', 'cosh', 'e', 'exp', 'inf',
'infj', 'isclose', 'isfinite', 'isinf', 'isnan', 'log', 'log10', 'nan', 'nanj',
'phase', 'pi', 'polar', 'rect', 'sin', 'sinh', 'sqrt', 'tan', 'tanh', 'tau']
```

大部分复数运算函数的含义与实数运算函数相同，只是参数是复数。

3. random 模块的随机数生成函数

random 模块提供了各种随机数生成函数。在使用 random 模块前，需要导入该模块，即：

```
>>> import random as rd
```

使用 random 函数生成 0~1 之间的随机数。

```
>>> rd01 = rd.random()
>>> print(rd01)
0.8929443975828429
```

使用 randrange 函数从指定序列中随机选取一个数。该函数可以指定序列起点、终点和步长。下面指定序列为 10~50，步长为 2，然后从这个序列中随机选取一个数。

```
>>> print(rd.randrange(10,50,2))
```

26

使用循环，可以连续生成随机数。下面连续生成 10 个取自该序列的随机数，并组成一个列表。

```
>>> lst=[]
>>> for i in range(10):
        lst.append(rd.randrange(10,50,2))
>>> lst
[14, 12, 46, 36, 40, 34, 18, 46, 22, 30]
```

使用 uniform 函数可以生成指定范围内满足均匀分布的随机数。下面生成 10 个 1~2 之间的满足均匀分布的随机数，组成一个列表。

```
>>> lst=[]
>>> for i in range(10):
        a=rd.uniform(1,2)
        lst.append(float("%0.3f"%a))
>>> lst
[1.59, 1.974, 1.589, 1.918, 1.904, 1.666, 1.418, 1.024, 1.429, 1.643]
```

使用 choice 函数可以从指定的可迭代对象中随机选取一个数。下面创建一个列表，然后使用 choice 函数从中随机选取一个数。

```
>>> lst = [1,2,5,6,7,8,9,10]
>>> print(rd.choice(lst))
9
```

使用 shuffle 函数可以将可迭代对象中的数据进行置乱，即随机排序。

```
>>> rd.shuffle(lst)
>>> lst
[2, 7, 5, 1, 8, 6, 10, 9]
```

使用 sample 函数可以从指定序列中随机选取指定大小的样本。下面从列表 lst 中随机选取 6 个数组成新的样本。

```
>>> samp=rd.sample(lst, 6)
>>> samp
[6, 1, 5, 2, 8, 7]
```

1.12.3　自定义函数

除了使用 Python 提供的内部函数、内部模块的函数以及第三方模块的函数，还可以自定义函数来实现一定的功能。

1. 函数定义和调用

自定义函数的语法格式为：

```
def functionname(parameters):
    "函数说明文档"
    函数体
    return [表达式]
```

其中，def 和 return 是关键字，functionname 为函数名，parameters 为参数列表。注意小括号后面有一个冒号。冒号下面第 1 行添加注释，说明函数的功能，可以使用 help 函数进行查看。函数体各语句用代码定义函数的功能。def 关键字打头，return 语句结尾，有表达式时返回函数的返回值，没有表达式时返回 None。

在函数定义好以后，可以在模块中的其他位置进行调用，在调用时指定函数名和参数，如果有返回值，则指定引用返回值的变量。

函数可以没有参数，也可以没有返回值。下面定义一个函数，用一连串的星号作为输出内容的分隔行。在定义该函数后进行 3 种运算，并在输出结果时调用该函数绘制星号分隔行来分隔各种运算结果。该文件位于 Samples 目录下的 ch01 子目录中，文件名为 sam01-18.py。

```
1    def starline():
2        "星号分隔行"
3        print("*"*40)
4        return
5
6    a=1;b=2
7    print("a={},b={}".format(1,2))
8    print("a+b={}".format(a+b))
9    starline()
10   print("a={},b={}".format(1,2))
11   print("a-b={}".format(a-b))
12   starline()
13   print("a={},b={}".format(1,2))
14   print("a*b={}".format(a*b))
15   help(starline)
```

第 1~4 行定义 starline 函数，绘制星号分隔行。第 6~8 行对两个数做加法运算，并输出运算结果。第 9 行调用 starline 函数绘制分隔行。第 10 行和第 11 行对两个数做减法运算，并输出运算结果。第 12 行调用 starline 函数绘制分隔行。第 13 行和第 14 行对两个数做乘法运算，并输出运算结果。第 15 行用 help 函数输出 starline 函数的功能说明。

在 Python IDLE 文件脚本窗口中，在"Run"菜单中单击"Run Module"选项，则 IDLE 命令行窗口显示下面的结果：

```
>>> = RESTART: …/Samples/ch01/sam01-18.py
a=1,b=2
a+b=3
```

```
********************************
a=1,b=2
a-b=-1
********************************
a=1,b=2
a*b=2
Help on function starline in module __main__:
starline()
    星号分隔行
```

可见，在函数定义好以后，可以进行重复调用，以提高编程效率。

上面定义的 starline 函数没有参数，也没有返回值。下面定义一个 mysum 函数，对给定的两个数求和。所以，该函数有两个输入参数和一个返回值。该文件位于 Samples 目录下的 ch01 子目录中，文件名为 sam01-19.py。

```
1    def mysum(a,b):
2        "求两个数的和"
3        return a+b
4
5    print("3+6={}".format(mysum(3,6)))
6    print("12+9={}".format(mysum(12,9)))
```

第 1~3 行定义 mysum 函数求和，参数 a 和 b 表示给定的两个数。第 3 行用 return 语句返回它们的和。第 5 行调用 mysum 函数，计算并输出 3 和 6 的和。第 6 行调用 mysum 函数，计算并输出 12 和 9 的和。在定义函数时指定的参数 a 和 b 称为形参，即形式参数；在调用函数时指定的与形参 a 和 b 对应的数如 3 和 6 称为实参，即真实参数。形参和实参的个数要相同。

在 Python IDLE 文件脚本窗口中，在"Run"菜单中单击"Run Module"选项，则 IDLE 命令行窗口显示下面的结果：

```
>>> = RESTART: …/Samples/ch01/sam01-19.py
3+6=9
12+9=21
```

2. 有多个返回值的情况

在前面两个例子中，函数没有返回值或者只有一个返回值。下面介绍函数有多个返回值的情况。

下面定义一个函数，指定两个参数值，返回它们的和与差。该文件位于 Samples 目录下的 ch01 子目录中，文件名为 sam01-20.py。

```
1    def mycomp(a,b):
2        c=a+b
3        d=a-b
4        return c,d
5
```

```
6    c,d=mycomp(2,3)
7    print("2+3={}".format(c))
8    print("2-3={}".format(d))
```

第 1~4 行定义 mycomp 函数，计算给定的两个值的和与差。第 4 行用 return 语句返回结果，在表示和与差的变量之间用逗号分隔。第 6 行调用 mycomp 函数，计算 2 和 3 的和与差，赋值给变量 c 和 d。第 7 行和第 8 行输出和与差。

在 Python IDLE 文件脚本窗口中，在"Run"菜单中单击"Run Module"选项，则 IDLE 命令行窗口显示下面的结果：

```
>>> = RESTART: …/Samples/ch01/sam01-20.py
2+3=5
2-3=-1
```

当函数有多个返回值时，也可以将这些返回值添加到列表中，用 return 语句返回该列表。下面改写上例。该文件位于 Samples 目录下的 ch01 子目录中，文件名为 sam01-21.py。

```
1    def mycomp(a,b):
2        data=[]
3        data.append(a+b)
4        data.append(a-b)
5        return data
6
7    data=mycomp(2,3)
8    print(data)
```

第 1~5 行定义 mycomp 函数，计算给定的两个值的和与差，并把它们添加到一个列表中。第 5 行用 return 语句返回列表。第 7 行调用 mycomp 函数，计算 2 和 3 的和与差，赋值给变量 data。第 8 行输出元素为和与差的列表。

在 Python IDLE 文件脚本窗口中，在"Run"菜单中单击"Run Module"选项，则 IDLE 命令行窗口显示下面的结果：

```
>>> = RESTART: …/Samples/ch01/sam01-21.py
[5, -1]
```

3. 默认参数

在定义函数时，对函数参数使用赋值语句可以指定该参数的默认值。下面定义 defaultpara 函数，该函数有两个参数，即 id 和 score，并指定 score 参数的默认值为 80。该文件位于 Samples 目录下的 ch01 子目录中，文件名为 sam01-22.py。

```
1    def defaultpara(id, score=80):
2        print("ID: ",id)
3        print("Score: ",score)
```

```
4        return
5
6    defaultpara("No001")
```

第 1~4 行定义 defaultpara 函数，指定 score 参数的默认值为 80，然后输出两个参数的值，没有返回值。第 6 行调用 defaultpara 函数，只指定 id 参数的值为"No001"。

在 Python IDLE 文件脚本窗口中，在"Run"菜单中单击"Run Module"选项，则 IDLE 命令行窗口显示下面的结果：

```
>>> = RESTART: …/Samples/ch01/sam01-22.py
ID:  No001
Score:  80
```

可见，在没有传入 score 参数的值时，取了默认值 80。

4. 可变参数

所谓可变参数，是指参数的个数是不确定的，可以是 0 个、1 个甚至任意多个。包含可变参数的函数的定义如下：

```
def functionname([args,] *args_tuple ):
    函数体
    return [表达式]
```

其中，[args,]定义必选参数，*args_tuple 定义可变参数。*args_tuple 是作为一个元组传递进来的。

下面定义一个函数进行求和运算，该运算的第 1 个数据是确定的，后面的数据不确定，数据个数和数据大小都不确定。该文件位于 Samples 目录下的 ch01 子目录中，文件名为 sam01-23.py。

```
1    def mysum(arg1,*vartuple):
2        sum=arg1
3        for var in vartuple:
4            sum+=var
5        return sum
6
7    a=mysum(10,10,20,30)
8    print(a)
```

第 1~5 行定义 mysum 函数，arg1 为必选参数，*vartuple 为可变参数，用一个 for 循环对确定参数传递的数据和 vartuple 元组中的数据累加求和。第 7 行调用 mysum 函数，指定参数数据，返回各数据的和。第 8 行输出和。

在 Python IDLE 文件脚本窗口中，在"Run"菜单中单击"Run Module"选项，则 IDLE 命令行窗口显示下面的结果：

```
>>> = RESTART: …/Samples/ch01/sam01-23.py
70
```

5. 参数为字典

如果参数带两个星号，则表示该参数为字典。传递字典参数的函数语法格式为：

```
def functionname([args,] **args_dict):
    "函数_文档字符串"
    函数体
    return [表达式]
```

其中，[args,]定义必选参数，**args_dict 定义字典参数。注意有两个星号。在调用函数时指定两个实参，对应于字典的键和值。

下面定义一个函数，参数为字典，功能是输出字典数据。该文件位于 Samples 目录下的 ch01 子目录中，文件名为 sam01-24.py。

```
1    def paradict(**vdict):
2        print (vdict)
3
4    paradict(id="No001",score=80)
```

第 1 行和第 2 行定义函数，参数为字典。第 4 行调用该函数，注意实参的输入方式。

在 Python IDLE 文件脚本窗口中，在"Run"菜单中单击"Run Module"选项，则 IDLE 命令行窗口显示下面的结果：

```
>>> = RESTART: …/Samples/ch01/sam01-24.py
{'id': 'No001', 'score': 80}
```

6. 传值还是传址

在 Python 中，万物皆对象。对象三要素包括对象的内存存储地址、对象的数据类型和对象的值。在函数中对象作为参数传递时，需要搞清楚函数传递的是对象的地址还是对象的值。传址和传值的主要区别在于，如果在函数体中对参数的值进行了修改，在调用该函数前后，若是按传址方式传递的，则该参数的值会改变；若是按传值方式传递的，则该参数的值不变。

所以，在 Python 中，对于不可变类型，包括字符串、元组和数字，作为函数参数时是按传值方式传递的。此时传递的是对象的值，修改的是一个复制的对象，不影响对象本身。对于可变类型，包括列表和字典，作为函数参数时是按传址方式传递的。此时传递的是对象本身，修改它后在函数外部也会受影响。

下面举例进行说明。对于不可变类型，下面的函数传递一个字符串，查看在调用该函数前后参数的值有没有变化。该文件位于 Samples 目录下的 ch01 子目录中，文件名为 sam01-25.py。

```
1    def TP(a):
```

```
2        a= "python"
3
4    b= "hello"
5    TP(b)
6    print(b)
```

第 1 行和第 2 行定义函数，修改参数的值为"python"。第 4~6 行给变量 b 赋初值"hello"，将变量 b 作为参数调用函数，修改参数的值，然后输出变量 b 的值。

在 Python IDLE 文件脚本窗口中，在"Run"菜单中单击"Run Module"选项，则 IDLE 命令行窗口显示下面的结果：

```
>>> = RESTART: …/Samples/ch01/sam01-25.py
hello
```

可见，在调用函数前后变量的值不变，参数按传值方式传递。

对于可变类型，下面的函数传递一个列表，在函数体中给列表添加一个列表元素。

```
1    def TP(lst):
2        lst.append([6,7,8,9])
3        return
4
5    lst = [1,2,3,4,5]
6    print(lst)
7    TP(lst)
8    print(lst)
```

第 1~3 行定义函数，给传入的列表添加一个列表元素。第 5 行和第 6 行创建一个列表，输出它。第 7 行和第 8 行将列表作为参数调用函数，然后输出列表。比较在调用函数前后列表是否有变化。

在 Python IDLE 文件脚本窗口中，在"Run"菜单中单击"Run Module"选项，则 IDLE 命令行窗口显示下面的结果：

```
>>> = RESTART: …/Samples/ch01/sam01-26.py
[1, 2, 3, 4, 5]
[1, 2, 3, 4, 5, [6, 7, 8, 9]]
```

可见，在调用函数前后列表发生了变化，参数按传址方式传递。

1.12.4　变量的作用范围

根据变量的作用范围，变量可分为局部变量和全局变量。局部变量是指定义在函数内部的变量，只在对应的函数内部有效。全局变量是指在函数外部创建的变量，或者是使用 global 关键字声明的变量。全局变量可以在整个程序范围内访问。

下面定义一个函数 f1，函数中变量 v 为局部变量，它的作用范围就在函数 f1 内部。该文件位于 Samples 目录下的 ch01 子目录中，文件名为 sam01-27.py。

```
1    v=10
2    print(v)
3
4    def f1():
5        v=20
6
7    f1()
8    print(v)
```

第 1 行给变量 v 赋值 10。第 2 行输出 v 的值。第 4 行和第 5 行定义函数 f1，给局部变量 v 赋值 20。第 7 行调用 f1 函数。第 8 行输出变量 v 的值。

在 Python IDLE 文件脚本窗口中，在"Run"菜单中单击"Run Module"选项，则 IDLE 命令行窗口显示下面的结果：

```
>>> = RESTART: …/Samples/ch01/sam01-27.py
10
10
```

可见，在调用 f1 函数前后变量 v 的值没有改变，即在 f1 函数中设置的变量 v 的值只在该函数内部有效。

下面在 f1 函数中使用 global 关键字将变量 v 声明为全局变量，修改它的值，然后查看它的作用范围。该文件位于 Samples 目录下的 ch01 子目录中，文件名为 sam01-28.py。

```
1    v=10
2    print(v)
3
4    def f1():
5        global v
6        v=20
7
8    def f2():
9        print(v)
10
11   f1()
12   print(v)
13   f2()
```

第 4~6 行定义函数 f1，用 global 关键字将变量 v 声明为全局变量，修改 v 的值为 20。第 8 行和第 9 行定义函数 f2，输出变量 v 的值。第 11 行调用函数 f1。第 12 行输出变量 v 的值。第 13 行调用函数 f2，输出变量 v 的值。

在 Python IDLE 文件脚本窗口中，在"Run"菜单中单击"Run Module"选项，则 IDLE 命令行窗口显示下面的结果：

```
>>> = RESTART: …/Samples/ch01/sam01-28.py
10
20
20
```

可见，由于 f1 函数中变量 v 被声明为全局变量，因此在调用 f1 函数前后 v 的值发生了改变。而且在其他函数中也可以使用全局变量。

1.12.5 匿名函数

顾名思义，匿名函数就是指没有显式命名的函数。它用更简洁的方式定义函数。在 Python 中使用 lambda 关键字创建匿名函数，语法格式为：

```
fn=lambda [arg1 [,arg2, …, argn]]: 表达式
```

其中，lambda 为关键字，在它后面声明参数，然后在冒号后面书写函数表达式。fn 可作为函数的名称使用，调用格式为：

```
v=fn(arg1 [,arg2, …, argn])
```

下面在命令行中定义一个对两个数求积的匿名函数。

```
>>> rt=lambda a,b: a*b
```

该函数有两个参数，即 a 和 b，函数表达式为 a*b。

调用该函数，计算并输出给定的两个数的积：

```
>>> print(rt(2,5))
10
```

1.13 模块

模块是一种扩展名为 py 的 Python 文件，其中可包含变量、语句和函数等。模块包括 Python 内置模块、第三方模块和自定义模块。

1.13.1 内置模块和第三方模块

前面在讲解标准模块函数时介绍了 math 模块、cmath 模块和 random 模块。它们都是 Python 内置模块，在安装 Python 软件时就在了，不需要另外安装。

除了 Python 内置模块，Python 还有很多第三方模块，如有名的 NumPy、pandas 和 Matplotlib 等。使用第三方模块，我们可以轻松地站在前人肩膀上，大幅提高工作效率。在使用第三方模块前，需要先安装它们。

1.13.2 自定义模块

除了 Python 内置的模块和第三方模块，我们还可以自己创建模块，这就是自定义模块。本节以文件方式提供的示例文件都是自定义模块文件。自定义模块在 Python IDLE 文件脚本窗口中输入和编辑。

在 Python 命令行窗口中单击"File"菜单中的"New File"选项，打开文件脚本窗口，如图 1-9 所示。在该窗口中输入变量、语句、函数和类，完成工作任务。

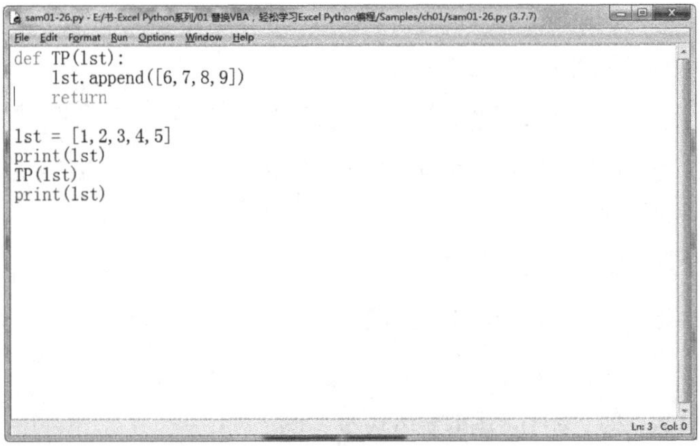

```python
def TP(lst):
    lst.append([6, 7, 8, 9])
    return

lst = [1, 2, 3, 4, 5]
print(lst)
TP(lst)
print(lst)
```

图 1-9 文件脚本窗口

自定义模块根据其代码构成，可以分为脚本式自定义模块、函数式自定义模块和类模块。

在脚本式自定义模块中没有定义函数，也没有定义类，只有由变量和语句组成的动作序列。前面在介绍流程控制时使用的示例文件都是脚本式自定义模块文件。

在函数式自定义模块中定义有函数，在其他模块中导入这种类型的模块，可以使用其中的函数。本节中与函数有关的示例文件都是函数式自定义模块文件。

类模块是一种特殊的模块，它按照面向对象的思想组织代码。按照面向对象的编程思想，通过编程解决问题时，首先将与问题相关的主体抽取出来，称为对象，然后用程序代码描述这些对象，这些代码的集合称为类。类就像印钞票的模板，有它以后就可以源源不断地创建类的实例，这些实例也称为对象，它们是现实世界中的对象基于类代码的抽象或简化。所以，面向对象编程就是用这些简化后的对象来模拟现实世界中的对象，以及模拟它们之间的关系和交互操作的。

在 Python 中使用 class 关键字定义类，基本语法格式为：

```python
class ClassName:
    statements
```

其中，ClassName 为类名，statements 为定义类的语句。

类是用代码来描述现实世界中的对象的，对象静态的特征如猫的品种、颜色、年龄等用类的属性描述，对象的行为即动态的特征，如猫的跑、跳、吃东西等用类的方法来描述。类的方法用函数进行定义。

下面创建一个 student 类，定义它的 ID 属性和 run 方法。该文件位于 Samples 目录下的 ch01 子目录中，文件名为 sam0129.py。

```
1    class student:
2        ID="No001"  #ID 属性
3
4        def __init__(self,id2):  #构造函数
5            self.ID=id2
6
7        def run(self):  #run 方法
8            print("跑起来")
9            return
10
11   st=student("No010")  #用构造函数创建类实例
12   print(st.ID)
13   st.run()
```

第 1~9 行定义一个 student 类，它有一个 ID 属性，其中第 4 行和第 5 行定义一个构造函数，使用它可以创建类实例，第 7~9 行定义 run 方法。第 11~13 行创建类实例，输出类实例的 ID 属性值，调用它的 run 方法。

在 Python IDLE 文件脚本窗口中，在 "Run" 菜单中单击 "Run Module" 选项，则 IDLE 命令行窗口显示下面的结果：

```
>>> = RESTART: …\Samples\ch01\sam0129.py
No010
跑起来
```

1.14　工程

较大的工程常常由多个模块组成，这些模块有负责计算的，有负责绘图的，有负责图形用户界面的，等等，多模块协同合作，完成比较复杂的工作任务。在一个模块中使用其他模块的函数或类，需要先导入该模块。

1.14.1　导入内置模块和第三方模块

使用内置模块中的函数和类，需要先用 import 语句导入该模块，语法格式为：

```
import module1[, module2[, … moduleN]]
```

在调用模块中的函数时，这样引用：

```
模块名.函数名
```

如果只引入模块中的某个函数，则使用 from...import 语句。

下面在一个模块中导入 math 模块，调用它的 sin 函数、cos 函数和常量 pi 计算给定 30 度角的正弦值和余弦值。该文件位于 Samples 目录下的 ch01 子目录中，文件名为 sam01-30.py。

```
1    import math
2    from math import cos
3    angle=math.pi/6
4    a=math.sin(angle)
5    b=cos(angle)
6    print(a)
7    print(b)
```

第 1 行导入 math 模块，第 2 行从 math 模块中导入 cos 函数，第 3 行用常量 pi 计算 30 度角，第 4 行用 math.sin()函数计算 30 度角的正弦值，第 5 行直接用 cos 函数计算 30 度角的余弦值，第 6 行和第 7 行分别输出正弦值和余弦值。

在 Python IDLE 文件脚本窗口中，在 "Run" 菜单中单击 "Run Module" 选项，则 IDLE 命令行窗口显示下面的结果：

```
>>> = RESTART: …\Samples\ch01\sam01-30.py
0.49999999999999994
0.8660254037844387
```

1.14.2　导入自定义模块

对于自定义模块而言，因为模块文件保存的位置不确定，直接使用 import 语句可能会导致出错。一般情况下，使用 import 语句导入模块后，Python 会按照以下顺序查找指定的模块文件。

- 当前目录，即该模块文件所在的目录。
- PYTHONPATH（环境变量）指定的目录。
- Python 默认的安装目录，即 Python 可执行文件所在的目录。

所以，只要自定义模块文件被保存在这三种目录下，就能被 Python 找到。其中用得最多的是第一种目录，即将导入和被导入的模块放在同一个目录下。

在介绍类模块时创建了 sam0129.py 文件，其包含一个 student 类。下面在相同目录下添加一个模块，它导入 sam0129 模块，并使用其中的 student 类进行编程。该文件位于 Samples 目录下的 ch01 子目录中，文件名为 sam01-31.py。

```
1    from sam0129 import student
2
```

```
3    st=student("No128")
4    print(st.ID)
5    st.run()
```

第 1 行从 sam0129 模块中导入 student 类。第 3~5 行创建类实例，输出类实例的 ID 属性值，调用它的 run 方法。

在 Python IDLE 文件脚本窗口中，在"Run"菜单中单击"Run Module"选项，则 IDLE 命令行窗口显示下面的结果：

```
>>> = RESTART: …/Samples/ch01/sam01-31.py
No010
跑起来
No128
跑起来
```

前面两个结果是 sam0129 模块中输出的。

这样，自定义模块可以通过导入其他模块来扩展自身的功能，或者说协同合作，一起把事情做好。

1.15　异常处理

在程序编写完成以后，难免会出现这样或那样的错误，如果不能捕获这些错误并进行处理，程序运行过程就会中断。本节介绍在 Python 中进行异常处理的方法。

1.15.1　常见的异常

在 Python 中常见的异常如表 1-21 所示。对于不同类型的错误，Python 给它们指定了名称。在编程过程中如果出现错误，则可以捕获该错误，判断是否是指定类型的错误并进行相应的处理。

表 1-21　Python 中常见的异常

异　　常	说　　明
ArithmeticError	算术运算引发的错误
FloatingPointError	浮点数计算错误
OverflowError	因为计算结果过大导致的溢出错误
ZeroDivisionError	除数为 0 引发的错误
AttributeError	属性引用或赋值失败导致的错误
BufferError	无法执行与缓冲区相关的操作引发的错误
ImportError	导入模块/对象失败导致的错误
ModuleNotFoundError	没有找到模块，或者在 sys.modules 中找到 None 导致的错误

续表

异　　常	说　　明
IndexError	序列中没有此索引导致的错误
KeyError	映射中没有这个键导致的错误
MemoryError	内存溢出错误
NameError	对象未声明或未初始化导致的错误
UnboundLocalError	访问未初始化的本地变量导致的错误
OSError	操作系统错误
FileExistsError	创建已存在的文件或目录导致的错误
FileNotFoundError	使用不存在的文件或目录导致的错误
InterruptedError	系统调用被输入信号中断导致的错误
IsADirectoryError	在目录上请求文件操作导致的错误
NotADirectoryError	在不是目录的对象上请求目录操作导致的错误
TimeoutError	系统函数在系统级别超时导致的错误
RuntimeError	运行时错误
SyntaxError	语法错误
SystemError	解释器发现内部错误
TypeError	对象类型错误

1.15.2　异常捕获——单分支的情况

在 Python 中使用 try...except...else...finally...这样的结构捕获异常，根据需要可以使用简单的单分支形式，也可以使用多分支、带 else 和带 finally 等形式。

首先介绍单分支的情况。单分支捕获异常的语法格式为：

```
try:
    <语句>
except:
    print("异常说明")
```

或者

```
try:
    <语句>
except <异常名>:
    print("异常说明")
```

第 1 种形式捕获所有错误，第 2 种形式捕获指定错误。其中，try 部分正常执行指定语句，except 部分捕获错误并进行相关的显示和处理。一般尽量避免使用第 1 种形式，或者在多分支情况下处理未知错误。

在下面的代码中，try 部分试图使用一个没有声明和赋值的变量，使用 except 捕获 NameError 类型的错误并输出。

```
>>> try:
        f
except NameError as e:
        print(e)
```

因为使用了没有声明的变量，所以捕获到"名称 f 未定义"的错误，即输出为：

```
name 'f' is not defined
```

1.15.3　异常捕获——多分支的情况

如果捕获到的错误可能属于几种类型，则使用多分支的形式进行处理。在多分支情况下，语法格式可以为：

```
try:
    <语句>
except (<异常名 1>, <异常名 2>, ...):
    print('异常说明')
```

下面这段代码执行除法运算，如果出现错误，则会捕获到除数为 0 的错误和变量未定义的错误，在 except 语句中用元组指定这两个错误的名称，然后输出捕获到的错误结果。

```
>>> b=0
>>> try:
        3/b
except (ZeroDivisionError,NameError) as e:
        print(e)
```

输出捕获到的错误是"除数为 0"，即：

```
division by zero
```

多分支的情况也可以写成下面的形式，按照先后顺序进行判断。

```
try:
    <语句>
except <异常名 1>:
    print("异常说明 1")
except <异常名 2>:
    print("异常说明 2")
except <异常名 3>:
    print("异常说明 3")
```

改写上面的示例代码，如下所示。

```
>>> try:
```

```
    3/0
except ZeroDivisionError as e:
    print(e)
except NameError as e:
    print(e)
```

将得到相同的输出结果：

```
division by zero
```

1.15.4 异常捕获——try...except...else...

在单分支和多分支的情况下捕获错误并进行处理，如果没有捕获到错误怎么处理呢？这就要用到本节介绍的 try...except...else...结构，如下所示。其中，else 部分在没有发现异常时进行处理。

```
try:
    <语句>
except <异常名 1>:
    print("异常说明 1")
except <异常名 2>:
    print("异常说明 2")
else:
    <语句>
```

下面的代码计算 3/2，没有捕获到错误时输出一些等号。

```
>>> b=2
>>> try:
        3/b
    except (ZeroDivisionError,NameError) as e:
        print(e)
    else:
        print("==========")
```

计算结果为 1.5，没有出错，输出一些等号。

```
1.5
==========
```

1.15.5 异常捕获——try...finally...

在 try...finally...结构中，无论是否发生异常都会执行 finally 部分的语句。其语法格式如下：

```
try:
    <语句>
finally:
    <语句>
```

在下面的示例代码中，计算 3/0，因为除数为 0，所以 except 部分会捕获到除数为 0 的错误，输出出错信息。但是即使出错，也会执行 finally 部分的语句进行处理。

```
>>> try:
        3/0
    except ZeroDivisionError as e:
        print(e)
    finally:
        print("执行 finally")
```

输出下面的结果，第 1 行是除数为 0 的出错信息，第 2 行是 finally 部分的输出结果。

```
division by zero
执行 finally
```

第 2 章
Python 文件操作

文件操作是 Python 语言的基本内容之一。本章介绍使用 Python 的 open 函数、struct 模块和 OS 模块等对文件、目录、路径等进行操作。本章主要介绍对文本文件和二进制文件的读/写操作。对于 Excel 文件，使用 OpenPyXI 包、win32com 包、xlwings 包提供的 Excel 对象进行读/写和保存操作，使用 pandas 包提供的相关方法也可以实现读/写操作（请参见第 3 章、第 4 章和第 9 章的内容）。

2.1 使用 Python 的 open 函数操作文件

使用 Python 的 open 函数可以对文本文件和二进制文件进行只读、只写、读/写和追加等操作。

2.1.1 open 函数

Python 的 open 函数按指定模式打开一个文件，并返回 file 对象。该函数的语法格式为：

```
open(file, mode='r', buffering=-1, encoding=None, errors=None, \
    newline=None, closefd=True, opener=None)
```

其中，各参数的含义如下。

- file：必需参数，指定文件路径和名称。
- mode：可选参数，指定文件打开模式，包括读、写、追加等各种模式。
- buffering：可选参数，设置缓冲（不影响结果）。
- encoding：可选参数，设置编码方式，一般使用 UTF-8。
- errors：可选参数，指定当编码和解码错误时怎么处理，适用于文本模式。
- newline：可选参数，指定在文本模式下控制一行结束的字符。

- closefd：可选参数，指定传入的 file 参数类型。
- opener：可选参数，设置自定义文件打开方式，默认时为 None。

注意：使用 open 函数打开文件操作完毕后，一定要保证关闭文件对象。关闭文件对象使用 close 函数。

使用 open 函数打开文件后会返回一个 file 对象，利用该对象的方法可以进行文件内容的读取、写入、截取和文件关闭等一系列操作，如表 2-1 所示。

表 2-1 file 对象的方法

方　　法	说　　明
close()	关闭文件
flush()	刷新文件的内部缓存，把内部缓存中的数据直接写入文件
fileno()	返回文件描述符，整型
isatty()	当文件连接到某个终端设备时返回 True，否则返回 False
next()	返回文件的下一行
read([size])	从文件中读取指定数目的字节，如果不指定大小或者指定为负数，则读取所有文本
readline([size])	读取行，包括换行符，以列表的形式返回
readlines([sizeint])	读取所有行。如果设置 sizeint 参数，则读取指定长度的字节，并且这些字节按行分割
seek(offset[, whence])	设置文件当前位置。offset 参数指定文件相对于某个位置偏移的字节数，whence 参数指定相对于哪个位置：0-从文件头开始，1-从文件当前位置开始，2-从文件尾开始
tell()	返回文件当前位置
truncate([size])	截取指定数目的字节，size 参数指定数目
write(str)	将字符串写入文件，返回值为写入字符串的长度
writelines(sequence)	向文件中写入字符串列表，列表中每个元素占一行

2.1.2　创建文本文件并写入数据

当使用 open 函数打开文件时，如果指定 mode 参数的值为表 2-2 中的值，若文件不存在，则会创建新文件。

表 2-2 写入文本文件时 mode 参数的设置

模　　式	说　　明
w	打开一个文件只用于写入。如果该文件已存在，则在打开文件时原有内容会被删除；如果该文件不存在，则会创建新文件
w+	打开一个文件用于读/写。如果该文件已存在，则打开文件，并从头开始编辑，即原有内容会被删除；如果该文件不存在，则会创建新文件

例如，下面创建一个文本文件 filetest.txt，放在 D 盘下。

```
>>> f= open("D:\\filetest.txt","w")
```

open 函数返回一个 file 对象，使用该对象的 write 方法向文件中写入数据。

```
>>> f.write("Hello Python!")
13
```

返回值 13 表示文件中字节的长度。

现在打开 D 盘下的 filetest.txt 文件，会发现什么内容也没有。使用 file 对象的 close 方法关闭文件对象。

```
>>> f.close()
```

现在打开该文件，发现刚刚写入的字符串"Hello Python!"显示出来了，如图 2-1 所示。

图 2-1　创建文本文件并写入数据

使用 open 函数打开 D 盘下已经存在的 filetest.txt 文件，模式为"w"，然后使用 file 对象的 write 方法写入一个新的字符串，最后关闭文件对象。

```
>>> f= open("D:\\filetest.txt","w")
>>> f.write("This is a test.")
>>> f.close()
```

打开文件，显示效果如图 2-2 所示。

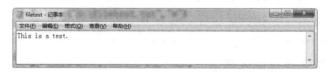

图 2-2　打开文件重新写入数据

这说明在"w"模式下，当打开已经存在的文件并重新写入数据时，文件中原来的数据会被删除。

下面使用 with 语句打开文本文件后写入数据。使用这种方法的好处是执行完后会主动关闭文件，不需要使用 file 对象的 close 方法进行关闭。

```
>>> with open ("D:\\filetest.txt","w") as f:
       f.write ("Hello Python!")
```

打开文件，发现文件原来的内容被删除，重新写入了"Hello Python!"。

使用 file 对象的 writelines 方法，可以用列表结合换行符一次写入多行数据。

```
>>> f= open("D:\\filetest.txt","w")
>>> f.writelines(["Hello Python!\n","Hello Excel!"])
>>> f.close()
```

打开文件，发现列表中的两个元素数据已经分两行写入。

下面打开文本文件后使用循环连续写入数据。其中，" \r"表示回车，"\n"表示换行。

```
>>> f= open("D:\\filetest.txt","w")
>>> for i in range(10):
        f.write("Hello Python!\r\n")
>>> f.close()
```

打开文件，发现已经连续写入了 10 行"Hello Python!"。

2.1.3　读取文本文件数据

当使用 open 函数打开文件时，如果指定 mode 参数的值为表 2-3 中的值，则读取文件的内容。

表 2-3　读取文本文件时 mode 参数的设置

模　　式	说　　明
r	以只读方式打开文件，为默认模式
r+	打开一个文件用于读/写

2.1.2 节最后使用一个 for 循环向 D 盘下的 filetest.txt 文件中写入了 10 行数据。下面使用 open 函数打开该文件，将 mode 参数的值设置为"r"，只读。然后使用 file 对象的 read 方法读取文件的内容。

```
>>> f= open("D:\\filetest.txt","r")
>>> f.read()
'Hello Python!\n\nHello Python!\n\nHello Python!\n\nHello Python!\n\nHello
Python!\n\nHello Python!\n\nHello Python!\n\nHello Python!\n\nHello Python!\n\n
Hello Python!\n\n'
```

下面使用 file 对象的 write 方法向文件中写入数据。

```
>>> f.write("This is a test.")
    Traceback (most recent call last):
        File "<pyshell#32>", line 1, in <module>
            f.write("This is a test.")
    io.UnsupportedOperation: not writable
>>> f.close()
```

可见，因为打开文件时设置 mode 参数为"r"，只读，所以试图向文件中写入数据时报错。

下面使用 file 对象的 readline 方法逐行读取数据。

```
>>> f= open("D:\\filetest.txt","r")
```

读取第 1 行数据：

```
>>> f.readline()
'Hello Python!\n'
```

读取第 2 行数据，是一个空行：

```
>>> f.readline()
'\n'
```

读取第 3 行数据的前 5 个字符：

```
>>> f.readline(5)
'Hello'
>>> f.close()
```

下面使用 file 对象的 readlines 方法读取所有行数据。

```
>>> f= open("D:\\filetest.txt","r")
>>> f.readlines()
['Hello Python!\n', '\n', 'Hello Python!\n', '\n', 'Hello Python!\n', '\n',
'Hello Python!\n', '\n', 'Hello Python!\n', '\n', 'Hello Python!\n', '\n', 'Hello
Python!\n', '\n', 'Hello Python!\n', '\n', 'Hello Python!\n', '\n', 'Hello
Python!\n', '\n']
>>> f.close()
```

2.1.4　向文本文件中追加数据

当使用 open 函数打开已经存在的文件时，如果指定 mode 参数的值为表 2-4 中的值，则可以在原有内容后面追加数据，即原来的数据保留，继续追加数据。

表 2-4　向文本文件中追加数据时 mode 参数的设置

模　式	说　明
a	打开一个文件用于追加。如果该文件已存在，则新的内容将会被写入到已有内容之后；如果该文件不存在，则会创建新文件
a+	打开一个文件用于读/写。如果该文件已存在，则新的内容将会被写入到已有内容之后；如果该文件不存在，则会创建新文件

下面打开 D 盘下的 filetest.txt 文件，设置 mode 参数的值为"a"。

```
>>> f= open("D:\\filetest.txt","a")
```

添加新行：

```
>>> f.write("This is a test.")
>>> f.close()
```

打开该文本文件，可以看到在原有内容的后面添加了新行数据，原有内容仍然保留。

2.1.5　读/写二进制文件数据

本章前面各节介绍了使用 Python 的 open 函数实现文本文件数据读/写的方法，使用该函数还可以进行二进制文件数据的读/写。很多图形、图像和视频文件都采用二进制格式读/写数据。

在实现时只需要修改 mode 参数的值即可。表 2-5 中列出了读/写二进制文件时 mode 参数的设置，可见，这些参数与文本文件设置的基本相同，只是多了一个"b"。"b"是 binary，即二进制的意思。

表 2-5　读/写二进制文件时 mode 参数的设置

模　　式	说　　明
rb	以二进制格式打开一个文件用于只读
rb+	以二进制格式打开一个文件用于读/写
wb	以二进制格式打开一个文件只用于写入。如果该文件已存在，则原有内容会被删除；如果该文件不存在，则会创建新文件
wb+	以二进制格式打开一个文件用于读/写。如果该文件已存在，则原有内容会被删除；如果该文件不存在，则会创建新文件
ab	以二进制格式打开一个文件用于追加。如果该文件已存在，则新的内容将会被写入到已有内容之后；如果该文件不存在，则会创建新文件进行写入
ab+	以二进制格式打开一个文件用于追加。如果该文件已存在，则文件指针将会被放在文件的末尾；如果该文件不存在，则会创建新文件用于读/写

二进制文件是以字节为单位存储的，所以使用 file 对象的 write 方法写入数据时，需要先将数据从字符串转换为字节流，使用 bytes 函数进行转换，指定编码方式。从二进制文件读取数据时，则需要使用 decode 方法对 read 方法读出的数据进行解码，同样要指定编码方式。

下面假设要保存一个直线段图形的数据，包括直线段的起点坐标(10,10)和终点坐标(100,200)，保存为 D 盘下的二进制文件 bftest.cad，cad 为自定义的扩展名。

```
>>> #mode 参数的值为"wb"
>>> f= open("D:\\bftest.cad","wb")
>>> #用字符串表示坐标数据，转换为字节流，写入文件
>>> #注意数据之间用空格进行了分隔
>>> f.write(bytes(("10 "+"10 "+"100 "+"200"),"utf-8"))
>>> f.close()
```

现在可以在 D 盘下找到刚刚创建的二进制文件 bftest.cad。

在打开该文件时，需要能获取到先前保存的直线段起点和终点的坐标数据，以便重新绘图。此时使用 open 函数打开文件时，将 mode 参数的值设置为"rb"，以二进制格式读取。然后使用 file 对象的 read 方法读取数据，该数据不能直接用，还需要使用 decode 方法以先前保存时指定的编码方式解码得到字符串。最后使用 split 方法从该字符串中获取直线段起点和终点的坐标数据字符串，并使用 int 函数将其转换为整型数字。

```
>>> f= open("D:\\bftest.cad","rb")
>>> ln=f.read().decode("utf-8")   #读取数据，解码
>>> f.close()
>>> dt=ln.split(" ")  #用空格分隔字符串，得到坐标数据字符串
>>> x1=int(dt[0])  #将数据字符串转换为整型数字
>>> x1
10
>>> y1=int(dt[1])
>>> y1
10
```

在得到坐标数据后，就可以使用绘图函数把直线段重新绘制出来了。这就是图形保存和打开的完整过程，实际上是图形控制点数据的保存和打开处理。

2.1.6　使用 struct 模块读取二进制文件

2.1.5 节使用 Python 的 open 函数实现了二进制文件的读/写，在使用该方法保存不同类型的数据时需要先将它们转换为字符串，再按照一定的编码方式将字符串转换为字节流进行写入；当从文件中将数据读取出来时则反过来，需要先将读取出来的数据按同样的编码方式解码成字符串，然后从字符串中获取数据。这个过程相对比较烦琐，Python 的 struct 模块对该过程进行了简化，可以比较方便地处理不同类型数据的读/写。

下面使用 struct 模块处理与 2.1.5 节相同的直线段数据的二进制文件写入和读取。在使用 struct 模块前，需要先用 import 命令导入它。

```
>>> from struct import *
```

当使用 file 对象的 write 方法写入数据时，使用 struct 模块的 pack 函数将坐标数据转换为字符串，然后写入该字符串。该函数的语法格式为：

```
pack(fmt, v1, v2, ...)
```

其中，fmt 参数指定数据类型，如整型数字用"i"表示，浮点型数字用"f"表示。按照先后次序，每个数据都要指定数据类型。

```
>>> #打开二进制文件，mode 参数的值为"wb"
>>> f=open("d:\\bftest2.cad", "wb")
>>> 写入数据，4 个坐标值都是整型数字
>>> f.write(pack("iiii",10,10,100,200))
>>> f.close()
```

现在直线段的坐标数据被保存到 D 盘下的二进制文件 bftest2.cad 中了。

在读取数据时，需要使用 struct 模块的 unpack 函数进行解包，解包得到的数据以元组方式返回。

```
>>> #打开二进制文件，mode 参数的值为"rb"
>>> f=open("d:\\bftest2.cad", "rb")
```

```
>>> #使用 unpack 函数解包数据，以元组形式返回
>>> (a,b,c,d)=unpack("iiii",f.read())
>>> print(a,b,c,d)
10 10 100 200
>>> type(a)  #a 变量的数据类型
<class 'int'>
```

与 2.1.5 节对比，可见，使用 struct 模块读/写二进制文件比直接使用 file 对象的方法读/写要方便得多。

2.2 使用 OS 模块操作文件

2.1 节使用 open 函数实现了文本文件和二进制文件的创建与数据读/写，本节介绍 OS 模块的使用。使用 OS 模块可以实现类似的文件操作，而且它还封装了一些操作目录、路径和系统的方法，使用很方便。

2.2.1 文件操作

使用 OS 模块的 open 函数可以创建文件并进行数据的写入、读取和追加等操作。该函数的语法格式为：

```
os.open(file, flags[, mode])
```

其中，file 参数是需要创建或打开的文件的名称；flags 参数的值指定对打开的文件进行哪些操作，其取值参见表 2-6，如果同时设置多个值，则用符号"｜"隔开；mode 是可选参数，指定文件的权限操作，默认值为 777。

表 2-6　flags 参数的取值

参数取值	说　　明
os.O_CREAT	创建一个新文件并打开
os.O_RDONLY	以只读的方式打开已有文件
os.O_WRONLY	以只写的方式打开已有文件
os.O_RDWR	以读/写的方式打开已有文件
os.O_APPEND	以追加的方式打开已有文件
os.O_TEXT	以文本模式打开文件
os.O_BINARY	以二进制模式打开文件
os.O_SEQUENTIAL	缓存优化，但不限制从磁盘中按序列存取
os.O_RANDOM	缓存优化，但不限制从磁盘中随机存取
os.O_TEMPORARY	与 O_CREAT 一起创建临时文件

参数取值	说　　明
os.O_NONBLOCK	打开时不阻塞
os.O_TRUNC	打开一个文件并截断它的长度为 0（必须有写权限）
os.O_EXCL	如果指定的文件存在，则返回错误
os.O_SHLOCK	自动获取共享锁
os.O_EXLOCK	自动获取独立锁
os.O_DIRECT	消除或减少缓存效果
os.O_FSYNC	同步写入
os.O_NOFOLLOW	不追踪软链接

使用 OS 模块的 write 函数向文件中写入数据，数据用字符串表示，并使用 encode 函数以指定的编码方式进行编码。最后使用 close 函数关闭文件。

下面创建新的文本文件 ostest.txt，保存在 D 盘下，用 UTF-8 编码方式写入字符串，然后关闭文件。

```
>>> #创建新的文本文件
>>> f=os.open("D:\\ostest.txt", os.O_RDWR|os.O_CREAT|os.O_TEXT)
>>> #用 UTF-8 编码方式写入字符串
>>> os.write(f,"Hello Python!".encode("utf-8"))
>>> #关闭文件
>>> os.close(f)
```

使用 OS 模块的 read 函数从文件中读取数据，并使用 decode 函数以与写入时相同的编码方式对读出的数据进行解码。read 函数的语法格式为：

```
os.read(f, n)
```

其中，f 参数表示打开的文件对象，n 参数表示从文件中读取 n 个字节的内容，如果 n 大于文件中内容的长度，则返回文件中的所有内容。当多次读取时，如果文件中的内容已经读完了，则返回空字符串。

下面以只读方式打开刚刚创建的 D 盘下的 ostest.txt 文件，读取文件中的数据并用 UTF-8 编码方式进行解码输出，然后关闭文件。

```
>>> #以只读方式打开文件
>>> f=os.open("D:\\ostest.txt", os.O_RDONLY)
>>> #读取文件中的数据并用 UTF-8 编码方式解码
>>> ct=os.read(f, 18).decode("utf-8")
>>> print(ct)  #输出数据
Hello Python!
>>> os.close(f)  #关闭文件
```

使用 remove 函数可以删除指定的文件，其语法格式为：

```
os.remove(file)
```

其中，file 参数为文件路径和名称。

使用 rename 函数更改文件名称，其语法格式为：

```
os.rename(file1, file2)
```

其中，file1 参数为源文件的路径和名称，file2 参数为改名后的文件路径和名称。

下面将 D 盘下的 ostest.txt 文件改名为 ostest2.txt。

```
>>> os.rename("D:\\ostest.txt","D:\\ostest2.txt")
```

使用 access 函数获取文件的读/写等权限。下面判断 D 盘下的 ostest2.txt 文件是否有写、读和执行的权限。当返回值为 True 时表示有相应的权限，当返回值为 False 时表示没有相应的权限。

```
>>> os.access("D:\\ostest2.txt",os.W_OK)   #写的权限
True
>>> os.access("D:\\ostest2.txt",os.R_OK)   #读的权限
True
>>> os.access("D:\\ostest2.txt",os.X_OK)   #执行的权限
True
```

2.2.2　目录操作

使用 listdir 函数返回指定目录下的所有文件和子目录，包括隐藏文件和目录，以列表形式返回。下面列出 C 盘下的所有文件和子目录。

```
>>> os.listdir("C:")
['DLLs', 'Doc', 'include', 'Lib', 'libs', 'LICENSE.txt', 'NEWS.txt',
'python.exe', 'python3.dll', 'python37.dll', 'pythonw.exe', 'pywin32-wininst.
log', 'Removepywin32.exe', 'sam0129.py', 'Scripts', 'tcl', 'test.py', 'test.
xlsx', 'test2.py', 'Tools', 'vcruntime140.dll', 'xlwings32-0.16.4.dll',
'xlwings64-0.16.4.dll', '__pycache__']
```

使用 mkdir 函数创建一个新目录。下面在 D 盘下新建一个 ostest 目录。

```
>>> os.mkdir("D:\\ostest")
```

使用 getcwd 函数获取当前工作目录。

```
>>> os.getcwd()
'D:\\'
```

使用 chdir 函数改变当前工作目录。

```
>>> os.chdir("D:\\ostest\\")
>>> os.getcwd()
'D:\\ostest'
```

现在当前工作目录已由原来的 D 盘根目录变为 D 盘下的 ostest 目录。

使用 rmdir 函数删除一个空目录，如果该目录中有文件，则需要先把所有文件删除。下面删除先前创建的 D 盘下的 ostest 目录。

```
>>> os.rmdir("D:\\ostest")
```

2.2.3　路径操作

OS 模块中有一个 path 子模块，其中提供了大量函数用于处理路径相关操作。

假设已经在 D 盘下创建了 ostest 目录，在该目录下添加了文本文件 ostest.txt。下面对路径"D:\\ostest\\ostest.txt"进行一些判断。

使用 isdir 函数判断指定路径是否为目录，如果是，则返回 True，否则返回 False。

```
>>> os.path.isdir("D:\\ostest\\ostest.txt")
False
```

使用 isfile 函数判断指定路径是否为文件，如果是，则返回 True，否则返回 False。

```
>>> os.path.isfile("D:\\ostest\\ostest.txt")
True
```

使用 exists 函数判断文件或目录是否存在，如果存在，则返回 True，否则返回 False。

```
>>> os.path.exists("D:\\ostest\\ostest.txt")
True
```

使用 basename 函数返回文件名。

```
>>> os.path.basename("D:\\ostest\\ostest.txt")
'ostest.txt'
```

使用 dirname 函数返回路径名。

```
>>> os.path.dirname("D:\\ostest\\ostest.txt")
'D:\\ostest'
```

使用 abspath 函数返回绝对目录。

```
>>> os.path.abspath("D:\\ostest\\ostest.txt")
'D:\\ostest\\ostest.txt'
```

使用 getsize 函数获取文件大小。

```
>>> os.path.getsize("D:\\ostest\\ostest.txt")
13
```

如果路径是目录，则返回值为 0。

```
>>> os.path.getsize("D:\\ostest\\")
0
```

2.2.4　系统操作

使用 OS 模块提供的函数，还可以获取系统相关信息，如环境变量、操作系统等。

使用 name 函数获取当前使用的操作系统，"nt"表示 Windows 系统，"posix"表示 Linux 或 UNIX 系统。

```
>>> os.name
'nt'
```

使用 environ 函数返回环境变量，例如：

```
>>> os.environ
environ({'ALLUSERSPROFILE': 'C:\\ProgramData', 'APPDATA': 'C:\\Users\\
Administrator\\AppData\\Roaming', …})
```

使用 sep 函数返回操作系统采用的路径分隔符。在 Windows 系统下为"\"，在 Linux 系统下为"/"。

```
>>> os.sep
'\\'
```

使用 linesep 函数返回操作系统采用的行终止符，在 Windows 系统下为"\r\n"，在 Linux 系统下为"\n"，Mac 系统使用"r"。

```
>>> os.linesep
'\r\n'
```

对象模型篇

　　Excel 脚本编程的两个核心内容，一个是脚本编程语言，另一个是对象模型。编程语言如 VBA 或 Python 提供叙事和交流的平台；对象模型则用一系列对象描述 Excel。利用对象提供的属性和方法等成员，通过编程语言可以面向对象编程，并实现对 Excel 的控制和交互。Python 提供了一系列与 Excel 有关的包，本篇选择了几个有代表性的、比较新且功能强大的包进行介绍，主要包括：

- OpenPyXl 包。
- win32com 包。
- xlwings 包。

第 3 章
Excel 对象模型：OpenPyXl 包

使用 Python 的 OpenPyXl 包，可以在计算机上没有安装 Excel 软件的情况下，通过 Python 编程来操作 Excel 对象如工作簿、工作表等，实现对 Excel 的控制和交互。本章介绍 OpenPyXl 包的使用。

3.1 OpenPyXl 包概述

本节比较与 Excel 相关的一些 Python 包，介绍 OpenPyXl 包的安装、Excel 对象模型和使用 OpenPyXl 包的一般过程。

3.1.1 Excel 相关 Python 包的比较

目前常用的与 Excel 相关的第三方 Python 包如表 3-1 所示。这些包都有各自的特点，有的小、快、灵，有的功能齐全可与 VBA 使用的模型相媲美；有的不依赖 Excel，有的必须依赖 Excel；有的工作效率一般，有的工作效率很高。

表 3-1　与 Excel 相关的第三方 Python 包

Python 包	说　　明
xlrd	支持读取.xls 和.xlsx 文件
xlwt	支持写.xls 文件
OpenPyXl	支持.xlsx/.xlsm/.xltx/.xltm 文件的读/写，支持 Excel 对象模型，不依赖 Excel
XlsxWriter	支持.xlsx 文件的写，支持 VBA
win32com	封装了 VBA 使用的所有 Excel 对象

续表

Python 包	说　　明
comtypes	封装了 VBA 使用的所有 Excel 对象
xlwings	重新封装了 win32com，支持与 VBA 混合编程，与各种数据类型进行类型转换
pandas	支持.xls、.xlsx 文件的读/写，提供进行数据处理的各种函数，处理更简洁，速度更快

在表 3-1 所示的 Python 包中，本书选择了 4 个有代表性的包进行介绍。其中，OpenPyXl 包最大的特点是可以不依赖 Excel 软件来操作 Excel 文件，也就是说，在计算机上不安装 Excel 软件也可以正常使用它。win32com 包封装了 Excel、Word 等软件的所有对象，所以 VBA 能做的，使用它基本上也能做到，功能强大的 xlwings 和 pyxll 等实际上都是对 win32com 包的二次封装。xlwings 包号称给 Excel 插上翅膀，它重新封装了 win32com 包，并且进行了很多改进和扩展，是目前呼声最高的 Excel Python 包之一。pandas 包不支持 Excel 对象模型，但是它在数据处理方面有独到之处，处理效率比其他包要高得多。所以，常常用 pandas 包做数据处理，用 OpenPyXl 或 xlwings 包进行与 Excel 对象有关的操作，如数据的读/写、Excel 单元格格式设置等。

3.1.2　OpenPyXl 包及其安装

OpenPyXl 包可以被看作是 VBA 所使用的 Excel 对象模型的轻量版。它同样提供了工作簿、工作表、单元格和图表等对象，但是功能没有那么全面，很多功能有局限性，比如用 OpenPyXl 包打开一些带格式的 Excel 文件时会丢失格式。但是 OpenPyXl 包有一个很重要的优点，就是它可以不依赖 Excel，即在计算机上不安装 Excel 的情况下也可以完成 Excel 文件的打开、编辑和保存等操作。正是因为这一点，本书单独安排一章来介绍 OpenPyXl 包的功能。

在使用 OpenPyXl 包之前，需要先进行安装。首先在 Windows 菜单的"附件"子菜单中单击"命令提示符"选项，打开 DOS 命令窗口，在提示符后面输入：

```
pip install openpyxl
```

按回车键即可进行安装。在安装成功后，显示类似于"Finished processing dependencies for openpyxl"的提示。

3.1.3　Excel 对象模型

Excel 脚本编程的主要内容包括脚本语言和 Excel 对象模型两部分。对于脚本语言，大家好理解，它提供一个叙事和交流的平台。对象模型则提供与应用程序图形用户界面相关的对象，这些对象提供属性、方法等接口，通过它们，可以用脚本语言面向这些对象编程，从而实现通过编程控制应用程序。

Excel 图形用户界面中的对话框或界面元素被抽象为 Excel 对象。在 OpenPyXl 中，Excel 工作簿被抽象为 Workbook 对象，工作表被抽象为 Worksheet 对象，单元格被抽象为 Cell 对象。这三个对象称为 OpenPyXl 的三大对象。此外，还有表示图表的 Chart 对象等。所有 Excel 对象组合在一起，构成了 Excel 对象模型。

OpenPyXl 的三大对象有着简单的包含关系：工作簿对象包含工作表对象，工作表对象包含单元格对象。所以，在使用 OpenPyXl 进行编程时，Workbook 对象、Worksheet 对象和 Cell 对象有着对应的层级引用关系。

3.1.4　使用 OpenPyXl 包的一般过程

使用 OpenPyXl 包进行编程，首先要导入 OpenPyXl 包，也可以直接导入包中需要用到的模块。下面是一段描述 OpenPyXl 包使用过程的代码。

```
>>> from openpyxl import Workbook
>>> wb = Workbook()
>>> ws = wb.create_sheet()
>>> ws["A1"] = 0
>>> ws.append([1, 2, 3])
>>> wb.save(r"d:\test.xlsx")
```

代码说明如下：

- 从 OpenPyXl 包中导入 Workbook 模块。
- 使用 Workbook 方法创建一个新的工作簿，其中包含一个名为 Sheet 的工作表。
- 使用工作簿对象的 create_sheet 方法创建一个新的工作表。该工作表自动成为当前活动工作表。
- 给 A1 单元格添加数据 0，使用工作表对象的 append 方法添加一行数据。使用列表，可以在 Excel 中快速添加一行数据。
- 使用工作簿对象的 save 方法保存数据。

3.2　工作簿对象

工作簿对象是工作表对象的父对象，是对现实办公场景中文件夹的抽象和模拟。一个工作簿中可以有一个或多个工作表。使用工作簿对象的属性和方法，可以对工作簿进行设置和操作。

3.2.1　创建、保存和关闭工作簿

在使用 OpenPyXl 包进行工作之前，需要先导入它，即：

```
>>> import openpyxl as pyxl
```

然后使用 Workbook 方法创建新的工作簿。

```
>>> wb = pyxl.Workbook()
```

也可以直接从 OpenPyXl 包中导入 Workbook 模块，即：

```
>>> from openpyxl import Workbook
>>> wb = Workbook()
```

在新创建的工作簿中会自动包含一个名为 Sheet 的工作表。

下面将工作簿的数据保存到当前工作目录下的 test.xlsx 文件中。

```
>>> wb.save("test.xlsx")
```

注意：当使用 OpenPyXl 编程时，所有操作只有在保存文件后打开它才能看到结果。

使用下面的代码可以获取当前工作目录及其路径。

```
>>> import os
>>> path=os.getcwd()
>>> path
"C:\\Users\\Administrator\\AppData\\Local\\Programs\\Python\\Python37"
```

也可以指定一个完整的路径：

```
>>> wb.save(r"D:\test.xlsx")
```

设置工作簿对象的 template 属性的值为 True，可以将当前工作簿保存为模板，模板文件的扩展名为 xltx。

```
>>> wb.template = True
>>> wb.save("temp.xltx")
```

使用工作簿对象的 close 方法关闭工作簿。

```
>>> wb.close()
```

3.2.2　打开已有的工作簿文件

使用 load_workbook 函数可以打开已经存在的工作簿文件。首先从 OpenPyXl 包中导入该函数。

```
from openpyxl import load_workbook
```

该函数的语法格式为：

```
wb=openpyxl.load_workbook(filename,read_only,keep_vba,guess_types,\
                          data_only,keep_links)
```

其中：

- Filename——string 类型，表示要打开的文件的路径和文件名。
- read_only——布尔型，表示只读。对于超大型文件，设置为只读可以节省内存。
- keep_vba——布尔型，用于带 VBA 宏的文件，其值为 True 时保留 VBA 代码。

- guess_types——布尔型，指定从工作表中读取数据时，是否做类型判断。
- data_only——布尔型，指定在包含公式的单元格中是否显示最近计算结果。
- keep_links——布尔型，指定是否保留外部链接。

该函数返回一个工作簿对象。

下面从 OpenPyXl 包中导入 load_workbook 函数，然后使用该函数打开当前工作目录下的 test.xlsx 文件。

```
>>> from openpyxl import load_workbook
>>> wb = load_workbook("test.xlsx")
```

3.3 工作表对象

工作表对象是单元格对象的父对象，它是对现实办公场景中工作表单据的抽象和模拟。使用工作表对象提供的属性和方法，可以通过编程的方式控制和操作工作表。

3.3.1 创建和删除工作表

使用工作簿对象的 create_sheet 方法创建新的工作表，该方法的语法格式为：

```
ws=wb.create_sheet(title=None, index=None)
```

其中，title 参数为字符串，表示新工作表的名称；index 参数为整数，表示新工作表插入的位置。这两个参数都是可选项。该方法返回一个工作表对象，该工作表自动成为当前活动工作表。

下面使用无参的 create_sheet 方法创建一个新的工作表。将该工作表放在当前所有工作表的后面，该工作表的名称为 Sheet 后面跟一个数字，如 Sheet1。如果继续添加，则工作表名称后面的数字连续累加。

```
>>> ws0 = wb.create_sheet()
```

也可以指定 title 参数的值，创建指定名称的工作表。下面创建一个名为 MySheet 的新工作表。

```
>>> ws1 = wb.create_sheet("MySheet")
```

默认时，创建的新工作表是放在最后面的，但是设置 index 参数的值，可以指定新工作表插入的位置。下面设置 index 参数的值为 0，表示把新工作表放在最前面。

```
>>> ws2 = wb.create_sheet("MySheet", 0)
```

当 index 参数的值为负数时，表示从后向前编号。比如下面将 index 参数的值设置为-1，表示在倒数第二的位置插入新工作表。

```
>>> ws3 = wb.create_sheet("MySheet", -1)
```

在创建工作簿时会自动添加一个名为 Sheet 的工作表。最后添加的工作表自动成为活动工作表。使用工作簿对象的 active 属性可以获取活动工作表。

```
>>> wb = Workbook()
>>> ws = wb.active
>>> ws.title
'Sheet'
```

使用工作簿对象的 remove 方法删除指定的工作表。下面从工作簿中删除 ws1 工作表。

```
>>> wb.remove(ws1)
```

也可以使用 del 命令删除工作表：

```
>>> del wb[ws1.title]
```

3.3.2　管理工作表

在创建工作表以后，需要进行管理。一般用集合管理工作表，新创建的工作表对象 worksheet 会被自动添加到集合 worksheets 中。通过索引或遍历，可以把需要操作的对象从集合中提取出来，也可以把对象从集合中删除。

使用 workbook 对象的 create_sheet 方法，创建新的 worksheet 对象，并添加到集合 worksheets 中。按照添加的顺序，每个对象都自动获得一个索引号。索引号的基数为 0。

```
>>> wb.create_sheet()
```

使用 workbook 对象的 worksheets 属性获取集合 worksheets。利用索引号，可以访问获取对应的 worksheet 对象，以备进一步操作。

```
>>> sheets=wb.worksheets
>>> sheets[0].title
'Sheet'
>>> sheets[1].title
'MySheet'
```

这段代码获取当前工作簿中的前两个工作表，输出它们的标题。

上面的 sheets 变量是一个包含所有 worksheet 对象的集合，使用 len 函数可以获取集合中 worksheet 对象的个数。

```
>>> sheets
[<Worksheet "Sheet">, <Worksheet "Sheet1">]
>>> len(sheets)
2
```

使用 workbook 对象的 remove 方法，可以把指定对象从集合中删除。

```
>>> wb.remove(ws)
```

查看集合中对象的个数：

```
>>> sheets=wb.worksheets
>>> len(sheets)
1
```

如果不知道要处理的对象的索引号，或者要对集合中的所有对象进行处理，则可以使用 for 循环。

```
>>> for sheet in wb:
        print(sheet.title)
```

这里输出集合中所有工作表对象的名称。

3.3.3　引用工作表

对工作表的引用，是指将需要处理的工作表从集合中找出来，以备后面操作。在获取集合对象以后，可以使用工作表的索引号或名称来引用工作表。

```
>>> sheets=wb.worksheets
```

使用索引号引用工作表：

```
>>> ws=sheets[0]
>>> ws.title
'Sheet'
```

使用名称引用工作表：

```
>>> ws2 = wb["Sheet"]
```

使用工作簿对象的 get_sheet_by_name 方法也可以引用工作表。

```
>>> ws3 = wb.get_sheet_by_name("Sheet")
```

如果不知道工作表的名称，只知道工作表的索引号，则可以先用工作簿对象的 sheetnames 属性获取工作簿中所有工作表的名称，根据索引号得到对应工作表的名称，然后使用该名称引用工作表。

```
>>> names = wb.sheetnames
>>> ws4 = wb[names[0]]
```

3.3.4　复制、移动工作表

使用工作簿对象的 copy_worksheet 方法复制工作表。

```
>>> from openpyxl import Workbook
>>> wb = Workbook()
>>> ws=wb.active
>>> copy_sheet1=wb.copy_worksheet(ws)
```

```
>>> copy_sheet2=wb.copy_worksheet(ws)
>>> wb.save("test.xlsx")
```

打开 test.xlsx 文件，效果如图 3-1 所示。

图 3-1　复制工作表

可见，复制源工作表后得到的新工作表被依次放在所有工作表的后面，新工作表的名称为源工作表的名称后面添加 "Copy"，再按新工作表的顺序添加累加的数字。

修改工作表的名称：

```
>>> copy_sheet1.title="NewSheet"
```

注意：使用 copy_worksheet 方法，只能将源工作表复制到本工作簿，不能复制到其他工作簿。

移动工作表，即剪切工作表，在将源工作表复制到新位置后，删除源工作表。使用工作簿对象的 move_sheet 方法移动工作表。

```
>>> wb.move_sheet(ws, offset=1)
```

该方法有两个参数，其中 ws 参数为要移动的工作表，offset 参数表示移动的位置。当 offset 参数的值大于 0 时，表示源工作表向右侧移动指定个数的位置；当其值小于 0 时，表示向左侧移动。

3.3.5　行/列操作

工作表中行/列的操作包括行和列的增加、插入、删除以及引用和遍历等。

1. 新增行

使用工作表对象的 append 方法在当前工作表的底部添加一行数据。该方法的语法格式为：

```
ws.append(iterable)
```

其中，iterable 参数为可迭代对象，它必须是 list、tuple、dict、range、generator 类型中的一种。如果是 list，则将 list 中的元素按先后顺序逐个添加到该行的单元格中。如果是 dict，则按照相应的键添加相应的值。

下面在 ws 工作表对象的底部添加两行列表数据。

```
>>> ws.append([10, 8, 21])
>>> ws.append(["唐云", 39, 65])
```

添加两行字典数据：

```
>>> ws.append({"A":"李广", "B":90, "C":87})
>>> ws.append({1: "孙琦", 2:83, 3:79})
```

添加列表和字典行数据后的效果如图 3-2 所示。

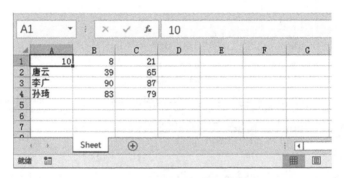

图 3-2　添加列表和字典行数据

使用循环连续添加行数据：

```
>>> for row in range(1, 10):
        ws.append(range(10,20))
```

2. 获取行/列或多行/多列

获取行和列，即引用行和列。使用行号引用行，使用列对应的字母引用列。下面获取第 10 行和第 3 列。

```
>>> row10 = ws[10]
>>> colC = ws["C"]
```

多行和多列的引用语法如下：

```
>>> rows1 = ws[5:10]
>>> cols1 = ws["C:D"]
```

3. 遍历行/列

使用 for 循环，可以遍历单行/单列或多行/多列，获取工作表中的数据。下面使用 for 循环遍历第 1 行和第 1 列，并输出其中各单元格中的数据。

```
>>> for cell in ws["1"]:    #遍历第 1 行的每个单元格
        print(cell.value)
```

```
>>> for cell in ws["A"]:       #遍历第 1 列的每个单元格
        print(cell.value)
```

下面使用嵌套的 for 循环遍历第 1~3 行和第 1~3 列，并输出其中各单元格中的数据。

```
>>> for row in ws["1:3"]:         #遍历第 1~3 行
        for cell in row:          #遍历各行的单元格
            print(cell.value)
>>> for column in ws["A:C"]:      #遍历第 1~3 列
        for cell in column:       #遍历各列的单元格
            print(cell.value)
```

4. 遍历区域数据

对于指定的区域，也可以使用 for 循环，通过遍历获取区域内各单元格中的数据。下面使用嵌套的 for 循环遍历 A1:C3 区域，输出各单元格中的数据。

```
>>> for row in ws["A1:C3"]:    #遍历区域内的行
        for cell in row:       #遍历区域内各行的单元格
            print(cell.value)
```

下面的代码将指定区域内的数据保存到列表 data 中，并输出数据。

```
>>> data = []
>>> for row in ws["A1:C3"]:
        rv = []
        for cell in row:
            rv.append(cell.value)
            data.append(rv)
>>> print(data)
```

利用工作表对象提供的如下属性，可以获取包含工作表中所有数据的最小区域。

- min_row：该最小区域的最小行号。
- min_column：该最小区域的最小列号。
- max_row：该最小区域的最大行号。
- max_column：该最小区域的最大列号。

例如，对于图 3-3 中所示的 Sheet 工作表，包含所有数据的最小区域范围为 min_row=3，max_row=9, min_column=3, max_column=7。

```
>>> wb=load_workbook("test.xlsx")
>>> ws=wb.active
>>> [ws.min_row,ws.max_row,ws.min_column,ws.max_column]
[3, 9, 3, 7]
```

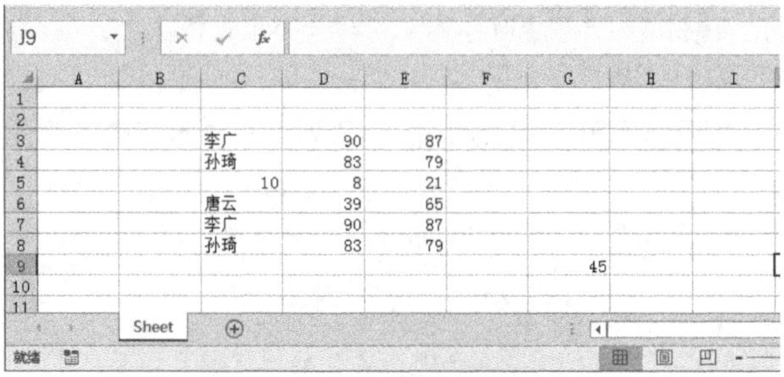

图 3-3　获取工作表中区域的边界

使用工作表对象的 iter_rows 和 iter_cols 方法，也可以遍历指定区域内的行和列。这两个方法的参数都是 min_row、max_row、min_column 和 max_column，它们的默认值都是 1。所以，不给它们赋值时，其值取 1。

下面使用工作表对象的 iter_rows 方法遍历指定区域内的行。

```
>>> for row in ws.iter_rows(min_row=3, max_col=4, max_row=5):
        line = [cell.value for cell in row]
        print (line)
```

输出结果为：

```
[None, None, '李广', 90]
[None, None, '孙琦', 83]
[None, None, 10, 8]
```

因为没有给 min_col 参数赋值，它取默认值 1，前两列的值为空。

使用工作表对象的 iter_cols 方法遍历指定区域内的列。

```
>>> for col in ws.iter_cols(min_row=3, max_col=4, max_row=5):
        line = [cell.value for cell in col]
        print (line)
```

输出结果为：

```
[None, None, None]
[None, None, None]
['李广', '孙琦', 10]
[90, 83, 8]
```

5. 遍历所有行或列

遍历工作表中的所有行，使用工作表对象的 rows 属性。

```
>>> for row in ws.rows:
        line = [cell.value for cell in row]
        print (line)
```

输出结果为：

```
[None, None, None, None, None, None, None]
[None, None, None, None, None, None, None]
[None, None, '李广', 90, 87, None, None]
[None, None, '孙琦', 83, 79, None, None]
[None, None, 10, 8, 21, None, None]
[None, None, '唐云', 39, 65, None, None]
[None, None, '李广', 90, 87, None, None]
[None, None, '孙琦', 83, 79, None, None]
[None, None, None, None, None, None, None]
[None, None, None, None, None, None, 78]
```

可见，这里取的区域，左上角单元格为 A1。

遍历工作表中的所有列，使用工作表对象的 columns 属性。

```
>>> for column in ws.columns:
        line = [cell.value for cell in column]
        print (line)
```

输出结果为：

```
[None, None, None, None, None, None, None, None, None, None]
[None, None, None, None, None, None, None, None, None, None]
[None, None, '李广', '孙琦', 10, '唐云', '李广', '孙琦', None, None]
[None, None, 90, 83, 8, 39, 90, 83, None, None]
[None, None, 87, 79, 21, 65, 87, 79, None, None]
[None, None, None, None, None, None, None, None, None, None]
[None, None, None, None, None, None, None, None, None, 78]
```

使用工作表对象的 values 属性返回各行的数据。

```
>>> for row in ws.values:
        print(row)
```

以列表的形式输出每行的数据：

```
>>> for row in ws.values:
        print(list(row))
```

6. 插入和删除行/列

使用工作表对象的 insert_rows 方法插入一行或多行。

```
>>> ws.insert_rows(5)
```

如图 3-4 所示，在第 5 行上面插入一个空行。

图 3-4　插入行

使用下面的代码，在第 5 行上面插入 3 个空行。

```
>>> ws.insert_rows(5,3)
```

使用工作表对象的 insert_cols 方法，可以进行插入列的操作。下面的代码在第 4 列左侧插入一列。

```
>>> ws.insert_cols(4)
```

在第 4 列左侧插入 3 列：

```
>>> ws.insert_cols(4,3)
```

使用 delete_rows 方法删除行，使用 delete_cols 方法删除列。下面的代码在 ws 工作表对象中删除第 5 行和第 4 列。

```
>>> ws.delete_rows(5)
>>> ws.delete_cols(4)
```

下面的代码从第 5 行开始，连续删除 3 行（包括第 5 行）；从第 4 列开始，连续删除 3 列（包括第 4 列）。

```
>>> ws.delete_rows(5,3)
>>> ws.delete_cols(4,3)
```

7. 改变行高和列宽

工作表对象的 row_dimensions 和 column_dimensions 属性分别表示行维与列维，用索引号指定某行或某列。比如 ws.row_dimensions[2]表示第 2 行，ws.column_dimensions["C"]表示 C 列。使用它们的 height 属性和 width 属性，可以分别设置或获取行高和列宽。

下面的代码将 ws 工作表对象中第 2 行的高度设置为 20。

```
>>> ws.row_dimensions[2].height = 20
```

将 C 列的宽度设置为 35：

```
>>> ws.column_dimensions["C"].width = 35
```

效果如图 3-5 所示。

图 3-5　改变行高和列宽

3.3.6　工作表对象的其他属性和方法

下面介绍工作表对象的其他一些成员。

```
>>> ws.title    #工作表的名称
'Sheet'
>>> ws.sheet_state    #可见状态
'visible'
>>> ws.dimensions    #表格中含有数据的部分的大小
'A2:G10'
>>> ws.sheet_properties    #工作表相关属性，包括 tabColor、tagname 等
<openpyxl.worksheet.properties.WorksheetProperties object>
Parameters:
codeName=None, enableFormatConditionsCalculation=None, filterMode=None,
published=None, syncHorizontal=None, syncRef=None, syncVertical=None,
transitionEvaluation=None, transitionEntry=None,
tabColor=<openpyxl.styles.colors.Color object>
Parameters:
rgb='00FFFFFF', indexed=None, auto=None, theme=None, tint=0.0, type='rgb',
outlinePr=<openpyxl.worksheet.properties.Outline object>
Parameters:
applyStyles=None, summaryBelow=True, summaryRight=True,
showOutlineSymbols=None, pageSetUpPr=
<openpyxl.worksheet.properties.PageSetupProperties object>
Parameters:
autoPageBreaks=None, fitToPage=None
>>> ws.sheet_properties.tabColor='FF0000'    #设置选项卡标签处的背景色
>>> ws.active_cell    #活动单元格
'C9'
>>> ws.selected_cell    #选中的单元格
'C9'
```

3.4 单元格对象

对单元格对象是工作表对象的子对象，使用单元格对象的属性和方法可以对单元格进行设置与修改。

3.4.1 单元格的引用和赋值

对单元格的引用，是指在工作表中找到要进行操作的单元格。实现单元格的引用有多种方式。

第 1 种方式是使用方括号，用单元格的行列坐标进行引用。

```
>>> ws["A1"]=123
>>> ws["B2"]="你好"
>>> cl=ws["A1"]
```

第 2 种方式是使用工作表对象的 cell 方法返回一个 Cell 对象，然后利用该对象的属性和方法进行操作。

```
>>> cl = ws.cell(row=4, column=2, value=10)
```

这里 cell 方法返回一个新的 Cell 对象 cl，其行号为 4，列号为 2，值为 10。

第 3 种方式是导入 cell 模块，然后使用其中的 Cell 方法返回一个 Cell 对象。

```
>>> from openpyxl.cell import cell
>>> cl=cell.Cell(worksheet=ws, row=4, column=2, value=10)
```

Cell 对象的主要属性和方法如下：

```
>>> cl=ws["C3"]
>>> cl.row     #单元格的行号
3
>>> cl.column    #单元格的列号
3
>>> cl.value     #单元格中的值
'李广'
>>> cl.coordinate     #单元格的坐标
'C3'
>>> cl.data_type     #单元格中值的数据类型
's'
>>> cl.hyperlink.ref="https:\\www.baidu.com"    #单元格的链接
>>> cl.hyperlink
<openpyxl.worksheet.hyperlink.Hyperlink object>
Parameters:
```

```
        ref='https:\\www.baidu.com', location=None, tooltip=None, display=None,
id=None
>>> h=cl.offset(row=1, column=2)      #偏移一定位置(下 1 行右 2 列)后的单元格
>>> h.value
79
```

3.4.2　引用单元格区域

给定区域左上角和右下角单元格的坐标，使用坐标引用单元格区域。

```
>>> cr=ws["A1:C4"]
>>> cr=ws["A1":"C4"]
>>> cr
((<Cell 'Sheet'.A1>, <Cell 'Sheet'.B1>, <Cell 'Sheet'.C1>), (<Cell 'Sheet'.A2>,
<Cell 'Sheet'.B2>, <Cell 'Sheet'.C2>), (<Cell 'Sheet'.A3>, <Cell 'Sheet'.B3>,
<Cell 'Sheet'.C3>), (<Cell 'Sheet'.A4>, <Cell 'Sheet'.B4>, <Cell 'Sheet'.C4>))
```

所以，采用坐标引用方式返回的是一个二维元组。使用下面的引用方式可以获取元组中元素的值。

```
>>> cr[2][2].value
'李广'
```

关于对行和列的引用，请参见 3.3.5 节的内容。

另外，可以使用 CellRange 对象表示单元格区域。

```
>>> from openpyxl.worksheet import cell_range as cr
>>> cr0=cr.CellRange(min_row=2,max_row=5,min_col=3,max_col=6)
```

CellRange 对象的主要属性和方法如下：

```
>>> cr0.bottom    #区域底部一行各单元格的坐标
[(5, 3), (5, 4), (5, 5), (5, 6)]
>>> cr0.top     #区域顶部一行各单元格的坐标
[(2, 3), (2, 4), (2, 5), (2, 6)]
>>> cr0.left    #区域左侧一列各单元格的坐标
[(2, 3), (3, 3), (4, 3), (5, 3)]
>>> cr0.right     #区域右侧一列各单元格的坐标
[(2, 6), (3, 6), (4, 6), (5, 6)]
>>> cr0.min_row    #区域最小行号
2
>>> cr0.min_col    #区域最小列号
3
>>> crU.max_row    #区域最大行号
5
>>> cr0.max_col    #区域最大列号
6
>>> cr0.size    #区域大小
{'columns': 4, 'rows': 4}
```

```
>>> cr0.bounds     #区域左上角和右下角单元格的坐标
(3, 2, 6, 5)
>>> cr0.coord      #区域左上角和右下角单元格的坐标
'C2:F5'
>>> for cell in cr0.rows:      #区域各行单元格的坐标
        cell
[(2, 3), (2, 4), (2, 5), (2, 6)]
[(3, 3), (3, 4), (3, 5), (3, 6)]
[(4, 3), (4, 4), (4, 5), (4, 6)]
[(5, 3), (5, 4), (5, 5), (5, 6)]

>>> for cell in cr0.cols:      #区域各列单元格的坐标
        cell
[(2, 3), (3, 3), (4, 3), (5, 3)]
[(2, 4), (3, 4), (4, 4), (5, 4)]
[(2, 5), (3, 5), (4, 5), (5, 5)]
[(2, 6), (3, 6), (4, 6), (5, 6)]

>>> for cell in cr0.cells:      #区域内各单元格的坐标
        cell
(2, 3)
(2, 4)
(2, 5)
(2, 6)
(3, 3)
(3, 4)
(3, 5)
(3, 6)
(4, 3)
(4, 4)
(4, 5)
(4, 6)
(5, 3)
(5, 4)
(5, 5)
(5, 6)
```

3.4.3　操作单元格区域

使用工作表对象的 move_range 方法移动指定区域。该方法的第 1 个参数表示要移动的区域；rows 参数定义上下方向的移动幅度，当值大于 0 时表示向下移动，当值小于 0 时表示向上移动；cols 参数定义左右方向的移动幅度，当值大于 0 时表示向右移动，当值小于 0 时表示向左移动。

下面的代码将 D4:F10 区域向上移动一行，向右移动两列。

```
>>> ws.move_range("D4:F10", rows=-1, cols=2)
```

使用嵌套的 for 循环遍历区域内的单元格：

```
>>> for row in ws["C3:D5"]:
        for cell in row:
            print(cell.value)
```

使用工作表对象的 merge_cells 方法可以合并单元格，使用 unmerge_cells 方法解除合并。下面的代码合并 C3:E4 区域。

```
>>> ws.merge_cells("C3:E4")
>>> wb.save("test.xlsx")
```

合并后的效果如图 3-6 所示。可见，在合并单元格时，除左上角单元格外，所有单元格都将从工作表中删除，其中的内容也被删除。

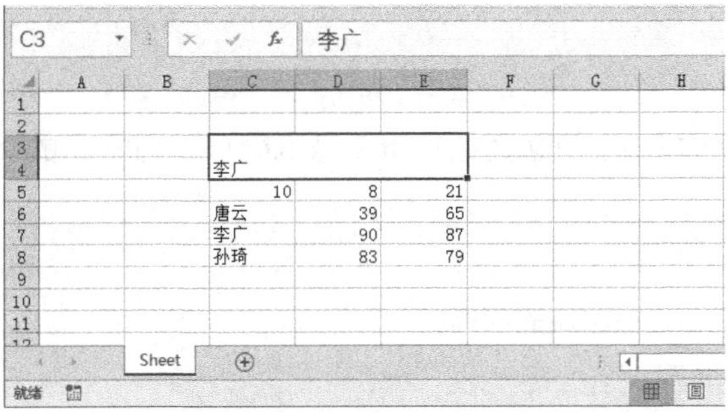

图 3-6　合并单元格

下面使用 unmerge_cells 方法解除合并。

```
>>> ws.unmerge_cells("C3:E4")
>>> wb.save("test.xlsx")
```

在解除合并以后，原来被删除的单元格得以恢复，但是其中的数据无法恢复。

当使用 merge_cells 和 unmerge_cells 方法时，也可以用参数指定区域的坐标。例如：

```
>>> ws.merge_cells(start_row=3, start_column=3, end_row=4, end_column=5)
>>> ws.unmerge_cells(start_row=3, start_column=3, end_row=4, end_column=5)
```

注意：对于没有合并过的单元格，在调用 unmerge_cells 方法时会报错。

3.4.4　设置单元格样式

OpenPyXl 使用 6 个类模块来设置单元格的样式。

- numbers，数字。
- Font，字体。

- Alignment，对齐。
- PatternFill，填充。
- Border，边框。
- Protection，保护。

在使用它们之前，必须先从 openpyxl.styles 中导入它们。

```
>>> from openpyxl.styles import numbers,Font, Alignment
>>> from openpyxl.styles import PatternFill, Border, Side, Protection
```

下面以使用 Font 类设置单元格和区域的字体为例，介绍样式的设置。

假设设置字体样式为加粗。首先导入 Font 类模块，然后创建一个定义字体加粗的 Font 对象 font。

```
>>> from openpyxl.styles import Font
>>> font = Font(bold=True)
```

设置单个单元格的字体，将上面创建的 font 对象赋给 Cell 对象 cl 的 font 属性：

```
>>> cl=ws["C3"]
>>> cl.font=font
```

遍历区域内的单元格，设置区域的字体：

```
>>> for row in ws["A1:C3"]:
        for cell in row:
            cell.font = font
```

设置第 1 行的字体：

```
>>> row = ws.row_dimensions[1]
>>> row.font = font
```

设置第 1 列的字体：

```
>>> column = ws.column_dimensions["A"]
>>> column.font = font
```

1. 设置字体

创建字体 Font 对象，可以定义字体的名称、大小、是否加粗、是否倾斜等属性。主要参数及其说明如下：

- name，字体名称。
- size，字体大小。
- color，字体颜色。
- bold，字体是否加粗。

- italic，字体是否倾斜。
- underline，下画线设置，值为"none"、"single"或"double"。
- strike，字体是否添加删除线。
- strikethrough，字体是否添加删除线。
- vertalign，上标、下标设置，值为"superscript"、"subscript"或"baseline"。

下面创建一个 Font 对象 font，用于定义 C3 单元格的字体。

```
>>> font = Font(name="Arial", size=12, bold=True, italic=True, underline=
"single", strike=False, color="FF0000")
>>> ws.cell(row=3, column=3).font=font
>>> wb.save("test.xlsx")
```

C3 单元格字体设置的效果如图 3-7 所示。

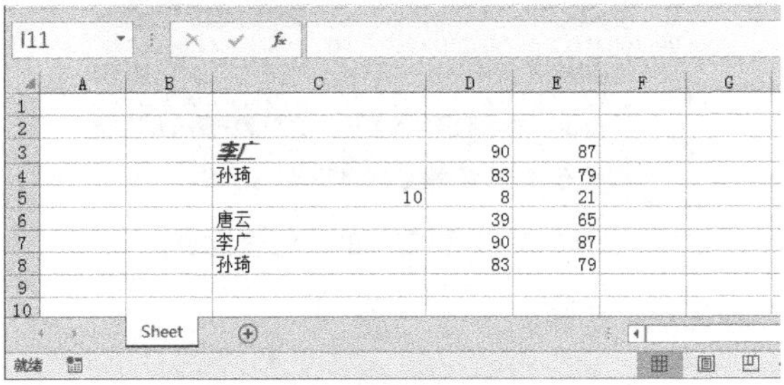

图 3-7　设置字体

2. 设置颜色

在 OpenPyXl 中设置颜色有 3 种方式，分别是设置 RGB 颜色、设置索引着色和设置主题颜色。上面在设置字体时，给 color 参数设置了一个十六进制的 RGB 值，可以是

```
>>> font = Font(color="00FF0000")
```

这里 RGB 值一共有 8 位，定义 4 个颜色分量，即透明度、红色分量、绿色分量和蓝色分量。也可以是

```
>>> font = Font(color="FF0000")
```

不定义透明度，只有 R、G、B 三个分量。

还可以使用 colors 模块中的 Color 类创建一个 Color 对象，然后利用它设置颜色。

```
>>> from openpyxl.styles.colors import Color
```

设置 RGB 颜色，使用 rgb 参数。

```
>>> c = Color(rgb="00FF00")      #RGB 颜色
>>> font = Font(color=c)
```

所谓索引着色，首先要有一张颜色查找表，表中预定义了一些颜色，如图 3-8 所示。每种颜色都有一个唯一的索引号。在进行颜色设置时，指定索引号就可以设置对应的颜色。

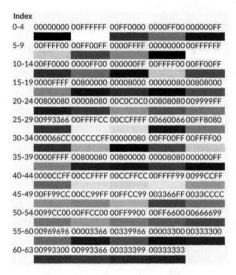

图 3-8　索引着色的颜色查找表

设置索引着色，使用 indexed 参数。

```
>>> c = Color(indexed=32)        #索引着色
>>> font = Font(color=c)
```

OpenPyXl 预定义了一些主题颜色，可以调用这些主题颜色进行着色。每个主题颜色都有编号。设置主题颜色，使用 theme 参数。

```
>>> c = Color(theme=6, tint=0.5)        #主题颜色
>>> font = Font(color=c)
```

3. 样式——设置背景填充

给单元格设置背景填充，有渐变色填充和图案填充两种方式，分别使用 GradientFill 类和 PatternFill 类进行设置。

（1）渐变色填充

使用 GradientFill 类创建 GradientFill 对象，利用该对象实现单元格的渐变色填充。创建该对象的 GradientFill 构造函数的格式为：

```
openpyxl.styles.fills.GradientFill(type="linear", degree=0, left=0,
                                   right= 0, top=0,bottom=0, stop=())
```

有两种渐变色填充类型，即线性渐变和路径渐变，type 参数的值分别为"linear"和"path"。

- 线性渐变：颜色从单元格一侧向另一侧渐变，默认时从左至右渐变。设置 degree 参数，可以改变角度。给 stop 参数设置一个颜色列表，各颜色的位置从单元格一侧向另一侧等间隔排列。颜色与颜色之间的颜色通过线性插值得到。
- 路径渐变：颜色从单元格四条边向内线性渐变，四个方向填充的宽度分别用 left、right、bottom 和 top 参数确定。它们在 0~1 之间取值，表示宽度或高度的百分比。

下面对 B2、E2 单元格和第 4 行进行线性渐变填充，对 G2 单元格进行路径渐变填充。

```
>>> from openpyxl.styles import GradientFill
>>> ws["B2"].fill=GradientFill(type="linear", degree=0, left=0, right=0,
top=0, bottom=0, stop=["FF0000","0000FF"])
>>> ws["E2"].fill=GradientFill(type="linear", degree=45, left=0, right=0,
top=0, bottom=0, stop=["FF0000","0000FF"])
>>> ws["G2"].fill = GradientFill(type="path", left=0.2, right=0.8, top=0.3,
bottom=0.7, stop=["FF0000","0000FF"])
>>> ws.row_dimensions[4].fill=GradientFill(type="linear", degree=0, left=0,
right=0, top=0, bottom=0, stop=["FF0000","00FF00"])
>>> wb.save("test.xlsx")
```

渐变色填充的效果如图 3-9 所示。

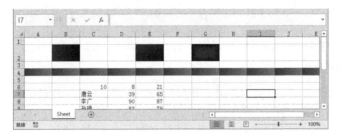

图 3-9　渐变色填充

（2）图案填充

使用 PatternFill 类创建 PatternFill 对象，利用该对象实现单元格的图案填充。创建该对象的 PatternFill 构造函数的格式为：

```
openpyxl.styles.fills.PatternFill(patternType=None,fgColor=<openpyxl.
styles.colors.Color object>
Parameters: rgb="00000000", indexed=None, auto=None, theme=None, tint=0.0,
type="rgb", bgColor=<openpyxl.styles.colors.Color object>
Parameters: rgb="00000000", indexed=None, auto=None, theme=None, tint=0.0,
type="rgb", fill_type=None, start_color=None, end_color=None)
```

其中：

- patternType、fill_type——图案填充类型，其值必须是"darkDown"、"gray0625"、

"mediumGray"、"darkHorizontal"、"lightVertical"、"darkGrid"、"lightGray"、"darkTrellis"、"darkVertical"、"lightGrid"、"solid"、"lightDown"、"lightUp"、"darkUp"、"darkGray"、"lightTrellis"、"lightHorizontal"、"gray125"、None 中的一个。

- fgColor、start_color——前景色，fgColor 的值必须为 Color 对象。
- bgColor、end_color——背景色，bgColor 的值必须为 Color 对象。

当设置 fill_type 的值为 None 时，不填充。

```
>>> from openpyxl.styles import PatternFill
>>> ws["B2"].fill=PatternFill(fill_type=None, start_color="FFFF00", end_color="000000")
```

当设置 fill_type 的值为 solid 时，进行单色填充。

```
>>> ws["C2"].fill = PatternFill(fill_type="solid", start_color="00FF00")
```

当设置 fill_type 的值为其他值时，进行图案填充。

```
>>> ws["E2"].fill=PatternFill(fill_type="lightGrid", start_color="FFFF00", end_color="000000")
```

指定第 2 列的背景色：

```
>>> fill = PatternFill(fill_type="lightTrellis",
fgColor=Color(rgb="00FF00"), bgColor=Color(rgb="0000FF"))
>>> ws.column_dimensions["B"].fill = fill
```

指定第 4 行的背景色：

```
>>> fill = PatternFill(fill_type="lightGray", fgColor=Color(rgb="FFFF00"),
bgColor=Color(rgb="0000FF"))
>>> ws.row_dimensions[4].fill = fill
```

图案填充的效果如图 3-10 所示。

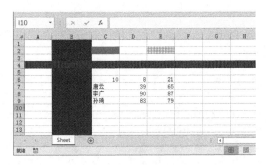

图 3-10　图案填充

4. 设置边框

使用 Border 类创建 Border 对象，利用该对象实现单元格的边框设置。创建该对象的 Border 函数的格式为：

```
openpyxl.styles.borders.Border(left=<openpyxl.styles.borders.Side object>
Parameters: style=None, color=None, right=<openpyxl.styles.borders.Side object>
Parameters: style=None, color=None, top=<openpyxl.styles.borders.Side object>
Parameters: style=None, color=None, bottom= <openpyxl.styles.borders.Side object>
Parameters: style=None, color=None, diagonal=<openpyxl.styles.borders.Side object>
Parameters: style=None, color=None, diagonal_direction=None, vertical=None,
horizontal =None, diagonalUp=False, diagonalDown=False, outline=True, start=
None, end=None)
```

其中：

- left、right、top、bottom、diagonal——定义左、右、上、下和对角的边框，为 Side 对象。
- diagonalDown、diagonalUp——布尔型，定义对角线的方向。从左上角到右下角，或者从左下角到右上角。

Side 对象，顾名思义，表示边线，即线形图形元素。它的主要属性有线型和颜色。创建该对象的 Side 构造函数的格式为：

```
openpyxl.styles.borders.Side(style=None, color=None, border_style=None)
```

其中：

- style——边线的风格，其值为"hair"、"dashed"、"mediumDashDot"、"mediumDashDotDot"、"slantDashDot"、"double"、"thick"、"mediumDashed"、"thin"、"medium"、"dashDotDot"、"dashDot"、"dotted"中的一个
- color——颜色。
- border_style——style 的别名。

所以，单元格的边框可以被看作是多条直线段的组合。

使用 Border 类设置边框，首先要导入 Border 类和 Side 类。下面的代码给 D4 单元格添加了红色边框，其中上、下边框为双线，左、右边框为单细线。

```
>>> from openpyxl.styles import Border, Side
>>> ws.cell(row=4, column=4).border = Border(left=Side(border_style="thin",
color="FF0000"), right=Side(border_style="thin", color="FF0000"), top=Side
(border_style="double", color="FF0000"), bottom=Side(border_style="double",
color="FF0000"))
```

边框设置效果如图 3-11 所示。

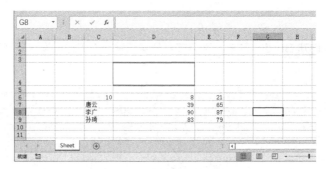

图 3-11   设置单元格的边框

5. 设置数字格式

使用 numbers 类和单元格对象的 number_format 属性可以设置数字格式。在使用 numbers 类前，需要先导入它。

```
>>> from openpyxl.styles import numbers
```

设置数字格式有两种方式，一是使用 OpenPyXl 内置的格式常数：

```
>>> ws["D2"].number_format=numbers.FORMAT_GENERAL
```

二是直接使用表示数字格式的字符串：

```
>>> ws["D6"].number_format="yy-mm-dd"
>>> ws["D8"].number_format="d-mmm-yy"
```

使用科学记数法表示数字：

```
>>> ws["D4"].number_format = '0.00E+00'
```

在各单元格中输入一些数字或日期，显示效果如图 3-12 所示。

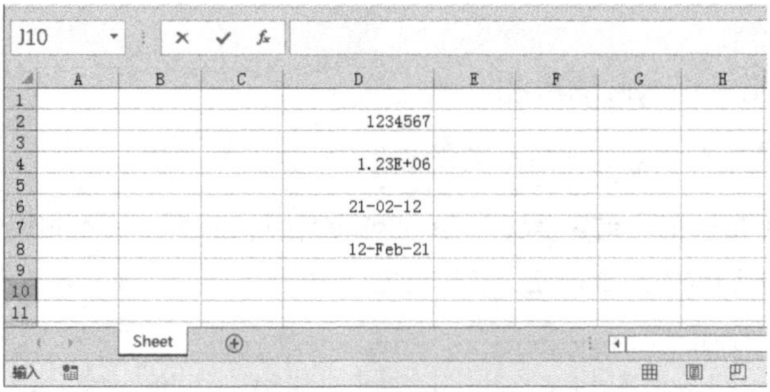

图 3-12   设置数字格式

在 OpenPyXl 中可用的格式常数和字符串如下：

- FORMAT_GENERAL="General"

- FORMAT_TEXT="@"
- FORMAT_NUMBER="0"
- FORMAT_NUMBER_00="0.00"
- FORMAT_NUMBER_COMMA_SEPARATED1="#,##0.00"
- FORMAT_NUMBER_COMMA_SEPARATED2="#,##0.00_-"
- FORMAT_PERCENTAGE="0%"
- FORMAT_PERCENTAGE_00="0.00%"
- FORMAT_DATE_YYYYMMDD2="yyyy-mm-dd"
- FORMAT_DATE_YYMMDD="yy-mm-dd"
- FORMAT_DATE_DDMMYY="dd/mm/yy"
- FORMAT_DATE_DMYSLASH="d/m/y"
- FORMAT_DATE_DMYMINUS="d-m-y"
- FORMAT_DATE_DMMINUS="d-m"
- FORMAT_DATE_MYMINUS="m-y"
- FORMAT_DATE_XLSX14="mm-dd-yy"
- FORMAT_DATE_XLSX15="d-mmm-yy"
- FORMAT_DATE_XLSX16="d-mmm"
- FORMAT_DATE_XLSX17="mmm-yy"
- FORMAT_DATE_XLSX22="m/d/yy h:mm"
- FORMAT_DATE_DATETIME="yyyy-mm-dd h:mm:ss"
- FORMAT_DATE_TIME1="h:mm AM/PM"
- FORMAT_DATE_TIME2="h:mm:ss AM/PM"
- FORMAT_DATE_TIME3="h:mm"
- FORMAT_DATE_TIME4="h:mm:ss"
- FORMAT_DATE_TIME5="mm:ss"
- FORMAT_DATE_TIME6="h:mm:ss"
- FORMAT_DATE_TIME7="i:s.S"
- FORMAT_DATE_TIME8="h:mm:ss@"
- FORMAT_DATE_TIMEDELTA="[hh]:mm:ss"
- FORMAT_DATE_YYMMDDSLASH="yy/mm/dd@"
- FORMAT_CURRENCY_USD_SIMPLE=""$"#,##0.00_-"
- FORMAT_CURRENCY_USD="$#,##0_-"
- FORMAT_CURRENCY_EUR_SIMPLE="[$EUR]#,##0.00_-"

6. 设置对齐方式

使用 Alignment 类的构造函数创建 Alignment 对象，利用该对象设置单元格中数据的对齐方式。创建该对象的 Alignment 构造函数的格式为：

```
openpyxl.styles.alignment.Alignment(horizontal=None, vertical=None,
textRotation=0, wrapText=None, shrinkToFit=None, indent=0, relativeIndent=0,
justifyLastLine=None, readingOrder=0, text_rotation=None, wrap_text=None,
shrink_to_fit=None, mergeCell=None)
```

其中：

- horizontal——水平对齐，其值必须是"general"、"center"、"justify"、"distributed"、"fill"、"right"、"centerContinuous"、"left"中的一个。

- vertical——垂直对齐，其值必须是"bottom"、"distributed"、"justify"、"center"、"top"中的一个。

- textRotation——文字旋转角度，以度为单位。其值为下面各值中的一个。

```
0, 1, 2, 3, 4, 5, 6, 7, 8, 9, 10, 11, 12, 13, 14, 15, 16, 17, 18, 19, 20,
21, 22, 23, 24, 25, 26, 27, 28, 29, 30, 31, 32, 33, 34, 35, 36, 37, 38, 39, 40,
41, 42, 43, 44, 45, 46, 47, 48, 49, 50, 51, 52, 53, 54, 55, 56, 57, 58, 59, 60,
61, 62, 63, 64, 65, 66, 67, 68, 69, 70, 71, 72, 73, 74, 75, 76, 77, 78, 79, 80,
81, 82, 83, 84, 85, 86, 87, 88, 89, 90, 91, 92, 93, 94, 95, 96, 97, 98, 99, 100,
101, 102, 103, 104, 105, 106, 107, 108, 109, 110, 111, 112, 113, 114, 115, 116,
117, 118, 119, 120, 121, 122, 123, 124, 125, 126, 127, 128, 129, 130, 131, 132,
133, 134, 135, 136, 137, 138, 139, 140, 141, 142, 143, 144, 145, 146, 147, 148,
149, 150, 151, 152, 153, 154, 155, 156, 157, 158, 159, 160, 161, 162, 163, 164,
165, 166, 167, 168, 169, 170, 171, 172, 173, 174, 175, 176, 177, 178, 179, 180
```

- wrapText——是否允许换行，布尔型。

- shrinkToFit——收缩使单元格装得下。

- indent——缩格，浮点型。

- relativeIndent——相对缩格，浮点型。

- justifyLastLine——调整最后一行，布尔型。

- readingOrder——阅读顺序，浮点型。

- text_rotation——textRotation 的别名，用于属性名称不合法、与 Python 保留字混淆或使名称更具描述性时。

- wrap_text——wrapText 的别名。

- shrink_to_fit——shrinkToFit 的别名。

- mergeCell——合并单元格。

在进行设置之前，需要先导入 Alignment 类。

```
>>> from openpyxl.styles import Alignment
```

下面设置 3 种对齐方式，并应用于 C2、C4 和 C6 单元格。

```
>>> align1=Alignment(horizontal="center", vertical="top")
>>> align2=Alignment(horizontal="right", vertical="bottom",
text_rotation=30, wrap_text=True, shrink_to_fit=True, indent=0)
>>> align3=Alignment(horizontal="center", vertical="center",
wrap_text=True, indent=3)
>>> #C2 单元格采用第 1 种对齐方式
>>> ws["C2"].alignment=align1
>>> ws["C2"].value="Python123"
>>> #C4 单元格采用第 2 种对齐方式
>>> ws["C4"].alignment=align2
>>> ws["C4"].value="Python123"
>>> #C6 单元格采用第 3 种对齐方式
>>> ws["C6"].alignment=align3
>>> ws["C6"].value="Python123"
>>> wb.save("test.xlsx")
```

对齐方式设置效果如图 3-13 所示。

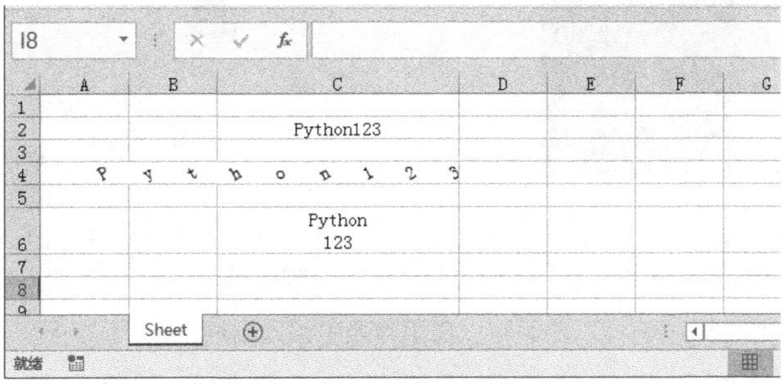

图 3-13　设置对齐方式

7.　设置保护

使用 Protection 类可以为单元格的内容设置保护。保护方式有两种，一是锁定；二是隐藏。它们分别对应于构造函数中的 locked 和 hidden 参数。

在进行保护设置之前，需要先导入 Protection 类。

```
>>> from openpyxl.styles import Protection
```

下面的代码锁定 C3 单元格。锁定以后，内容不能修改。

```
>>> ws["C3"].protection = Protection(locked=True, hidden=False)
```

3.4.5 插入图片

使用 Image 类的构造函数可以创建 Image 对象，即图片对象。下面从 OpenPyXl 包中导入 Image 类，利用它的构造函数和 D 盘下的 pic.jpg 图片文件创建 Image 对象 img，使用工作表对象 sht 的 add_image 方法将它添加到 A1 单元格中。将工作簿保存到指定文件中。

```
>>> from openpyxl.drawing.image import Image
>>> from openpyxl import Workbook
>>> wb=Workbook()
>>> sht=wb.active
>>> img_file=r"D:\pic.jpg"
>>> img=Image(img_file)   #利用图片创建 Image 对象
>>> sht.add_image(img,"A1")   #将 Image 对象添加到 A1 单元格中
>>> wb.save(r"D:\image.xlsx")
```

打开所保存的 Excel 文件，将图片插入 A1 单元格的效果如图 3-14 中左侧所示。图片大小没有变化。

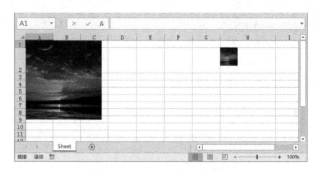

图 3-14　在工作表中插入图片

使用 Image 对象的 width 和 height 属性可以修改图片的宽度和高度。现在关闭 Excel 窗口，使用下面的代码调整单元格大小和图片大小，并将图片添加到 H2 单元格中。保存工作簿文件。

```
>>> #改变 H 列的宽度和第 2 行的高度
>>> sht.column_dimensions["H"].width=18.0
>>> sht.row_dimensions[2].height=48.0
>>> #改变图片的宽度和高度
>>> img2=Image(img_file)
>>> img2.width=46.0
>>> img2.height=46.0
>>> sht.add_image(img2,"H2")   #将图片添加到 H2 单元格中
>>> wb.save(r"D:\image.xlsx")
```

打开所保存的 Excel 文件，调整单元格大小和图片大小后的图片插入效果如图 3-14 中右侧所示。

3.4.6　插入公式

在使用 OpenPyXl 包进行编程时，可以在工作表的单元格中插入公式。下面在 C1 单元格中输入数字 10，在 C2 单元格中输入数字 20，在 C3 单元格中输入字符串"=SUM(C1:C2)"，计算 C1 和 C2 单元格中数字的和，显示在 C3 单元格中。保存工作簿文件。

```
>>> from openpyxl import Workbook
>>> wb=Workbook()
>>> sht=wb.active
>>> sht["C1"]=10
>>> sht["C2"]=20
>>> sht["C3"]="=SUM(C1:C2)"   #插入公式，求和
>>> wb.save(r"D:\test.xlsx")
```

打开所保存的 Excel 文件，显示效果如图 3-15 所示。C3 单元格中显示了 C1 和 C2 单元格中数字的和 30。

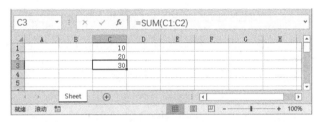

图 3-15　在工作表中插入公式

3.5　综合应用

本节介绍几个比较实用的综合实例，通过实战来加强对 OpenPyXl 包的学习和理解。

3.5.1　批量新建和删除工作表

使用 OpenPyXl 包可以批量新建和删除工作表。使用 for 循环，利用工作簿对象的 create_sheet 方法批量新建工作表。本示例的 py 文件被保存在 Samples\ch03\示例 1-1 下，文件名为 sam03-101.py。

```
1    from openpyxl import Workbook
2    import os
3    root = os.getcwd()  #获取当前工作目录
4    wb = Workbook()
5    sht=wb.active
6    for i in range(1,11): #新建10个工作表
```

```
7        wb.create_sheet()
8    wb.save(root+"\\test.xlsx")
```

第 1 行从 OpenPyXl 包中导入 Workbook 类。

第 2 行导入 os 包。

第 3 行获取本 py 文件所在的目录，即当前工作目录。

第 4 行使用 Workbook 方法创建一个新的工作簿。

第 5 行获取工作簿中的活动工作表。

第 6 行和第 7 行使用 for 循环批量新建 10 个工作表。新建工作表使用的是工作簿对象的 create_sheet 方法。

在 Python IDLE 文件脚本窗口中，在"Run"菜单中单击"Run Module"选项，批量新建 10 个工作表，如图 3-16 所示。

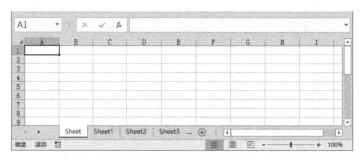

图 3-16　批量新建工作表

使用 for 循环，利用工作簿对象的 remove 方法批量删除指定工作簿中的工作表。该工作簿文件的存放路径为 Samples\ch03\示例 1-2\test.xlsx，其中共有 11 个工作表，如图 3-16 所示。本示例的 py 文件被保存在相同目录下，文件名为 sam03-102.py。

```
1    from openpyxl import load_workbook
2    import os
3    root = os.getcwd()
4    wb = load_workbook(root+"\\test.xlsx")   #打开文件
5    for i in range(10,0,-1):  #批量删除工作表
6        wb.remove(wb.worksheets[i])
7    wb.save(root+"\\test.xlsx")
```

第 1 行从 OpenPyXl 包中导入 load_workbook 函数。

第 2 行和第 3 行导入 os 包，获取当前工作目录。

第 4 行使用 load_workbook 函数打开当前工作目录下的 test.xlsx 文件，返回工作簿对象。

第 5 行和第 6 行使用 for 循环批量删除 10 个工作表。注意 range 函数的参数，范围的起始位置和终止位置是从 10 到 0 的，从大到小，步长为−1，递减。这样处理是为了在连续删除时，保持剩下的工作表在 worksheets 集合中的索引号不变。如果从 0 到 10，即从小到大迭代，那么当前面的工作表被删除以后，后面的工作表的索引号会自动减 1，发生变化，最后导致出错。

第 7 行保存删除工作表后的工作簿文件。

在 Python IDLE 文件脚本窗口中，在"Run"菜单中单击"Run Module"选项，从后往前批量删除 10 个工作表。

3.5.2　按列拆分工作表

现有各部门工作人员信息如图 3-17 中处理前的工作表所示。现在要根据第 1 列的值对工作表进行拆分，将每个部门的人员信息归总到一起组成一个新表，表的名称为该部门的名称。拆分的思路是遍历工作表的每一行，如果以部门名称命名的工作表不存在，则创建该名称的新表，添加表头，把该行数据复制到第 2 行；如果已经存在，则将该行数据追加到这个工作表中。

图 3-17　按部门拆分工作表

使用 OpenPyXl 包实现拆分的代码如下所示。数据文件的存放路径为 Samples\ch03\示例 2\各部门员工.xlsx。本示例的 py 文件被保存在相同目录下，文件名为 sam03-103.py。

```
1    from openpyxl import load_workbook
2    import os
3    root=os.getcwd()  #获取当前工作目录，即本py文件所在的目录
4    wb=load_workbook(root+"\\各部门员工.xlsx")  #打开数据文件
5    #获取"汇总"工作表
6    sht=wb["汇总"]
7    irow=sht.max_row  #获取数据行数
```

```
8     strs=[]  #新建列表，用于保存新工作表的名称
9     for i in range(2,irow+1):  #遍历每行数据
10        strt=sht.cell(row=i,column=1).value  #获取该行所属部门名称
11        if(strt not in strs):
12            #如果是新部门，则将名称添加到 strs 列表中
13            strs.append(strt)
14            sht1=wb.create_sheet(strt)  #新建工作表
15            for j in range(1,sht.max_column):  #为新工作表添加表头
16                sht1.cell(row=1,column=j).value=\
17                    sht.cell(row=1,column=j).value
18                sht1.cell(row=2,column=j).value=\  #将数据复制到新工作表的第 2 行
19                    sht.cell(row=i,column=j).value
20        else:
21            #如果是已经存在的部门名称，则直接追加数据行
22            r=wb[strt].max_row+1  #追加的位置
23            for j in range(1,sht.max_column):  #追加数据行
24                sht1.cell(row=r,column=j).value=\
25                    sht.cell(row=i,column=j).value
26
27    #删除新生成的工作表的第 1 列
28    for i in range(len(wb.worksheets)):
29        sht1=wb.worksheets[i]
30        if(sht1.title!="汇总"):
31            sht1.delete_cols(1)
32
33    wb.save(root+"\\各部门员工.xlsx")
```

第 1 行从 OpenPyXl 包中导入 load_workbook 函数。

第 2 行和第 3 行导入 os 包，获取当前工作目录。

第 4 行使用 load_workbook 函数打开当前工作目录下的数据文件，返回工作簿对象。

第 6 行和第 7 行获取 "汇总" 工作表，以及其中数据区域的行数。

第 8 行创建一个新的列表 strs，用于记录已经存在的部门工作表的名称。

第 9~25 行使用 for 循环实现工作表的拆分。第 9 行遍历 "汇总" 工作表中各数据行。

第 10 行获取数据行第 1 个单元格中的部门名称。

第 11~19 行判断当前部门名称在 strs 列表中是否存在，如果不存在，则把它添加到 strs 列表中，并创建一个以该名称命名的工作表。第 15~19 行使用 for 循环复制 "汇总" 工作表的表头到新表中，复制 "汇总" 工作表中当前行数据到新表的第 2 行。

第 20~25 行，如果当前部门名称在 strs 列表中已经存在，则把 "汇总" 工作表中当前行数据复制追加到同名工作表中。

第 28~31 行删除新生成的工作表的第 1 列，即"部门"列。

第 33 行保存修改后的工作簿文件。

在 Python IDLE 文件脚本窗口中，在"Run"菜单中单击"Run Module"选项，根据"部门"列的值对工作表进行拆分。拆分效果如图 3-17 中处理后的各工作表所示。

3.5.3　将多个工作表分别保存为工作簿

现有各部门工作人员信息如图 3-18 中处理前的工作表所示。不同部门工作人员的信息被单独放在一个工作表中，现在要将不同工作表中的数据单独保存为工作簿文件。

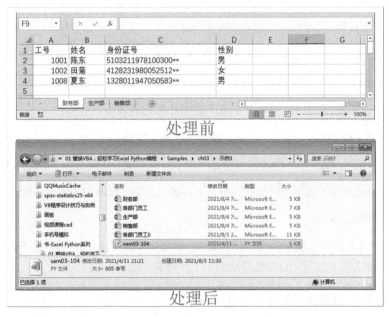

图 3-18　将多个工作表分别保存为工作簿

使用 OpenPyXl 包来实现将多个工作表分别保存为工作簿，代码如下所示。数据文件的存放路径为 Samples\ch03\示例 3\各部门员工.xlsx。本示例的 py 文件被保存在相同目录下，文件名为 sam03-104.py。

```
1    from openpyxl import load_workbook
2    from openpyxl import Workbook
3    import os
4    root = os.getcwd()
5    wb = load_workbook(root+"\\各部门员工.xlsx")    #打开数据文件
6    for sht in wb.worksheets:    #遍历每个工作表,分别保存
7        row_min=sht.min_row
```

```
8        row_max=sht.max_row
9        col_min=sht.min_column
10       col_max=sht.max_column
11       wb1=Workbook()   #新建工作簿
12       sht1=wb1.active
13       for i in range(row_min,row_max+1):   #将数据复制到新工作簿中
14          for j in range(col_min,col_max+1):
15             sht1.cell(row=i,column=j).value=\
16                sht.cell(row=i,column=j).value
17       wb1.save(root+"\\"+sht.title+".xlsx")   #保存新工作簿
18       wb1.close()
```

第 1 行和第 2 行从 OpenPyXl 包中导入 load_workbook 函数和 Workbook 类。

第 3 行和第 4 行导入 os 包，获取当前工作目录。

第 5 行使用 load_workbook 函数打开当前工作目录下的数据文件，返回工作簿对象。

第 6~16 行实现将各工作表数据单独保存为一个文件。第 6 行遍历工作簿中各工作表。

第 7~10 行获取数据区域的范围，即行和列的最小值与最大值。

第 11 行和第 12 行创建一个新工作簿，获取其中的工作表。

第 13~16 行使用嵌套的 for 循环将当前工作表中的数据复制到新工作簿的工作表中。

第 17 行将新工作簿的数据保存到文件中，文件名为原始工作簿中当前工作表的名称。

第 18 行关闭新工作簿。

在 Python IDLE 文件脚本窗口中，在 "Run" 菜单中单击 "Run Module" 选项，保存各工作表中的数据。处理效果如图 3-18 中处理后的各工作簿文件所示。

3.5.4 将多个工作表合并为一个工作表

3.5.2 节介绍了将一个工作表根据某个列的值拆分为多个工作表，这里反过来，介绍将多个工作表中的数据合并到一个工作表中。

现有各部门工作人员信息如图 3-19 中处理前的工作表所示。不同部门工作人员的信息被单独放在一个工作表中，现在要将不同工作表中的数据合并到 "汇总" 工作表中，并添加 "部门" 列，列的值为数据来源工作表的名称。

图 3-19 将多个工作表合并为一个工作表

使用 OpenPyXl 包来实现将多个工作表合并为一个工作表，代码如下所示。数据文件的存放路径为 Samples\ch03\示例 4\各部门员工.xlsx。本示例的 py 文件被保存在相同目录下，文件名为 sam03-105.py。

```
1    from openpyxl import load_workbook
2    from openpyxl import Workbook
3    import os
4    root = os.getcwd()
5    wb = load_workbook(root+"\\各部门员工.xlsx")  #打开数据文件
6    sht=wb["汇总"]
7    sht.cell(row=1,column=1).value="部门"
8    sht1=wb.worksheets[1]
9    min_col=sht1.min_column
10   max_col=sht1.max_column
11   for i in range(min_col,max_col+1):  #复制表头
12       sht.cell(row=1,column=i+1).value=sht1.\
13                     cell(row=1,column=i).value
14   #遍历除"汇总"工作表以外的每个工作表
15   for sht2 in wb.worksheets:
16       if sht2.title!= "汇总":
17           # "汇总"工作表数据区域下面第 1 个空行
18           max_row0=sht.max_row+1
19           #部门工作表的数据范围
20           min_col=sht2.min_column
21           max_col=sht2.max_column
22           min_row=sht2.min_row+1
23           max_row=sht2.max_row
24
25           #复制数据
26           n=0
27           for i in range(min_row,max_row+1):
```

```
28              n+=1
29              for j in range(min_col,max_col+1):
30                  sht.cell(row=max_row0+n-1,column=j+1).value=\
31                      sht2.cell(row=i,column=j).value
32
33          #在第 1 列添加部门名称
34          rows0=max_row-min_row+1
35          max_row1=max_row0+rows0-1
36          for i in range(max_row0,max_row1+1):
37              sht.cell(row=i,column=1).value=sht2.title
38
39   wb.save(root+"\\各部门员工.xlsx")
```

第 1 行和第 2 行从 OpenPyXl 包中导入 load_workbook 函数和 Workbook 类。

第 3 行和第 4 行导入 os 包，获取当前工作目录。

第 5 行使用 load_workbook 函数打开当前工作目录下的数据文件，返回工作簿对象。

第 7~13 行将第 1 个工作表的表头复制到"汇总"工作表第 1 行从 B1 开始的位置，并在 A1 的位置输入"部门"。

第 15~37 行将各部门工作表中的数据复制到"汇总"工作表中。第 15 行遍历每个工作表，并在第 1 列添加对应的部门名称。

第 15~31 行将各部门工作表中的数据复制到"汇总"工作表中。第 20~23 行获取部门工作表中数据区域的范围，即行和列的最小值与最大值。第 26~31 行使用 for 循环将部门工作表各单元格中的数据复制到"汇总"工作表对应的单元格中。变量 n 帮助计算新数据在"汇总"工作表中插入的行号。

第 33~37 行在"汇总"工作表的第 1 列添加部门名称。变量 rows0 和 max_row1 记录该次追加数据在"汇总"工作表中的起始行和终止行。第 36 行和第 37 行使用 for 循环将当前工作表的名称作为"部门"列的值进行添加。

第 39 行保存修改后的工作簿文件。

在 Python IDLE 文件脚本窗口中，在"Run"菜单中单击"Run Module"选项，将各工作表中的数据合并到"汇总"工作表中，并添加"部门"列。处理效果如图 3-19 中处理后的"汇总"工作表所示。

第 4 章
Excel 对象模型：win32com 和 xlwings 包

第 3 章介绍了 OpenPyXl 包，它的主要特点是可以不依赖 Excel。也就是说，在计算机不安装 Excel 的情况下，它也可以处理 Excel 数据和文件。但是相对于 VBA 所使用的对象模型，OpenPyXl 包提供的功能比较有限。也就是说，VBA 能做的很多事情用 OpenPyXl 包做不了。所以本章介绍另外两个很重要的包——win32com 和 xlwings。它们依赖 Excel，但是功能要强大得多——win32com 包只能用于 Windows 平台，xlwings 包除了能用于 Windows 平台，还能用于 Mac 平台。

4.1 win32com 和 xlwings 包概述

本节介绍 win32com 和 xlwings 包的基本情况及其安装。深入了解它们，对于 Excel Python 编程，以及后续章节的学习，甚至对于 Word、PowerPoint 等其他软件的 Python 脚本编程都是至关重要的。

4.1.1 win32com 包及其安装

顾名思义，win32com 包与 COM 组件技术有关。它实际上是将 Windows 系统下几个重要的软件如 Excel、Word、PowerPoint 等所使用的对象封装为 COM 组件，供 Python 程序调用。所以，从这个角度来讲，在 Python 中导入 win32com 包后所使用的对象模型和 VBA 所使用的实际上是同一个模型。也就是说，VBA 能做的，使用 win32com 包基本上也能做，而且二者使用的方法也基本相同。如果你对 VBA 很熟悉，那么在很短的时间内就可以掌握 win32com 包的使用。

实际上，本书介绍的重点是 xlwings 包，但是它和同样有名的 PyXll 插件都是在 win32com 包的基础上进行二次封装得到的，所以本章将 win32com 包也一并进行介绍。

安装 win32com 包，进入 SourceForge 官网的 Python for Windows Extends 页面，按以下步骤进行操作。

①单击"Files"标签。

②进入"pywin32"目录。

③选择文件夹如"Build 221"。

④选择适合自己系统的版本下载，如图 4-1 所示。比如 pywin32-221.win-amd64-py3.7.exe，表示该安装程序对应的 Python 版本是 3.7，系统版本是 64 位的。

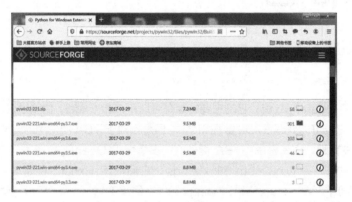

图 4-1　下载 PyWin32 安装文件

下载可执行文件以后，双击它的图标，打开安装界面，按照提示一步步安装就可以了。需要注意的是，如果计算机上安装有多个编程环境，比如 IDLE、PyCharm、Anaconda 等，请选择 PyWin32 要安装的目录进行安装，如图 4-2 所示。

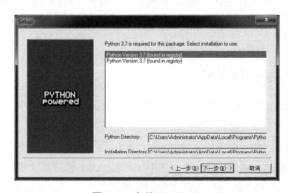

图 4-2　安装 PyWin32

安装完成以后，就可以在 Python IDLE 编程环境中进行编程了。

另外，在有的计算机上，也可以在 DOS 命令窗口中输入下面的命令进行安装。

```
python -m pip install pypiwin32
```

有时候将已经安装的 PyWin32 卸载了，重新安装时会提示类似于"PyWin32 无法卸载"的错误警告，此时在 C 盘下查找类似于下面的文件，将其删除或更改名称，其中版本号根据具体情况而异。

```
pywin32-221-py3.7.egg-info
```

然后重新安装即可。

4.1.2　xlwings 包及其安装

win32com 包的功能很强大，xlwings 包在它的基础上进行了二次封装，并且进行了功能扩展。它不仅仅实现了对 Excel 对象模型的封装，还提供了与 NumPy 数组、pandas 的 Series 和 DataFrame 等数据类型进行转换的工具。使用它还可以与 VBA 混合编程——在 VBA 编程环境中调用 Python 代码，在 Python 代码中调用 VBA 函数。

xlwings 包是我们主要要介绍的包，后面的图形图表、字典应用和正则表达式应用等章节都是结合 xlwings 包进行介绍的，所以本章介绍的内容大家要重点掌握。

在使用 xlwings 包之前，需要先安装它。在 Windows 系统下安装 xlwings 包，使用下面的安装命令。

```
pip install xlwings
```

因为 xlwings 包实际上封装了 win32com 包，所以需要安装 PyWin32，请参见 4.1.1 节的内容。

4.2　Excel 对象

本节介绍 win32com 和 xlwings 包使用的 Excel 对象模型。前面讲了，它们是对 VBA 所使用的 Excel 对象的 COM 组件的封装，所以在本质上，这两个包使用的对象模型和 VBA 使用的是一样的。

4.2.1　Excel 对象及其层次结构

win32com 和 xlwings 包使用的 Excel 对象模型如图 4-3 所示。模型包含 4 大对象，即 Application 对象、Workbook 对象、Worksheet 对象和 Range 对象，分别表示 Excel 应用本身、工作簿、工作表和单元格（区域）。Workbooks 是一个集合，包含当前 Excel 应用中所有的工作簿对象，Worksheets 集合则包含当前工作簿中所有的工作表对象。

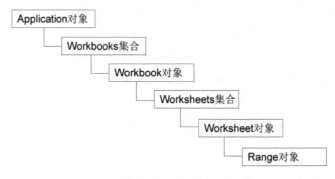

图 4-3　Excel 对象模型

4.2.2　使用 win32com 创建 Excel 对象

使用 win32com 包，首先要导入它。下面在 Python Shell 窗口中导入 win32com 包。

```
>>> import win32com.client as win32
```

创建一个 Excel 应用 app，设置其 Visible 属性的值为 True，使应用窗口可见：

```
>>> app=win32.gencache.EnsureDispatch("excel.application")
>>> app.Visible=True
```

使用 Workbooks 对象的 Add 方法创建一个工作簿对象 bk：

```
>>> bk=app.Workbooks.Add()
```

使用 Worksheets 对象的 Add 方法创建一个工作表对象 sht：

```
>>> sht=bk.Worksheets.Add()
```

设置工作表中 A1 单元格的值为 10：

```
>>> sht.Range("A1").Value=10
```

4.2.3　使用 xlwings 创建 Excel 对象

在使用 xlwings 包之前先导入它。下面在 Python Shell 窗口中导入 xlwings 包。

```
>>> import xlwings as xw
```

创建一个 Excel 应用 app：

```
>>> app=xw.App()
```

使用 books 对象的 add 方法创建一个工作簿对象 bk：

```
>>> bk=xw.books.add()
```

使用 sheets 对象的 add 方法创建一个工作表对象 sht：

```
>>> sht=bk.sheets.add()
```

设置工作表中 A1 单元格的值为 10：

```
>>> sht.range("A1").value=10
```

4.2.4　xlwings 的两种编程方式

xlwings 包将 win32com 包的一些常用功能进行了二次封装，可以使用和 win32com 不一样的语法，而对于不太常用的功能则使用 API 方式进行调用。实际上，使用 API 方式几乎可以完成所有的编程。所以 xlwings 包提供了两种编程方式，其中一种是 xlwings 方式，也就是使用封装后的语法进行编程；另一种就是 xlwings API 方式。比如要选择工作表中的 A1 单元格，可以使用这两种方式进行编程。

【xlwings】

```
>>> sht=bk.sheets(1)
>>> sht.range("A1").select()
```

【xlwings API】

```
>>> sht=bk.sheets(1)
>>> sht.api.Range("A1").Select()
```

注意：在 Python 中，变量、属性和方法的名称是区分大小写的。在 xlwings 方式下，range 属性和 select 方法都是小写的，是重新封装后的写法。在 xlwings API 方式下，在 sht 对象后引用 api，后面就可以使用 VBA 中的引用方式，Range 属性和 Select 方法的首字母都是大写的。所以使用 API 方式可以应用大多数 VBA 的编程代码，懂 VBA 编程的读者很快就能上手。当然，使用 xlwings 方式会有一些编码、效率方面的好处，有一些扩展的功能。

4.3　单元格对象

单元格对象是工作表对象的子对象，使用单元格对象的属性和方法可以对单元格进行设置和修改。

【win32com】

首先导入 win32com 包，创建一个 Excel 应用 app，设置其 Visible 属性的值为 True，使应用窗口可见。

```
>>> import win32com.client as win32
>>> app=win32.gencache.EnsureDispatch("excel.application")
```

```
>>> app.Visible=True
```

注意：此时窗口工作区显示为一个灰色的面板，添加一个工作簿对象 bk。

```
>>> bk=app.Workbooks.Add()
```

新添加的工作簿名为"工作簿 1"，其包含一个名为"Sheet1"的工作表。获取该工作表，赋给变量 sht。

```
>>> sht=bk.Worksheets(1)
```

默认时，新添加的工作表即为活动工作表，所以也可以进行如下引用。

```
>>> sht=bk.ActiveSheet
>>> sht.Name
'Sheet1'
```

【xlwings】

首先导入 xlwings 包。

```
>>> import xlwings as xw
```

然后使用 Book 方法创建一个工作簿对象 bk。

```
>>> bk=xw.Book()
```

新创建的工作簿中会自动添加一个名为"Sheet1"的工作表。获取该工作表，赋给变量 sht。

```
>>> sht=bk.sheets(1)
```

默认时，新添加的工作表即为活动工作表，所以也可以进行如下引用。

```
>>> sht= bk.sheets active
>>> sht.name
'Sheet1'
```

4.3.1　引用单元格

引用单元格，即找到单元格。这是进行后续操作的前提。下面分引用单个单元格、引用多个单元格、引用活动单元格、使用名称引用单元格和使用变量引用单元格 5 种情况进行介绍。

1. 引用单个单元格

使用工作表对象的 Range(range, api.Range)和 Cells(cells, api.Cells)属性可以引用单个单元格。当使用 xlwings 方式时，还可以使用方括号进行引用。下面引用和选择 sht 工作表对象中的 A1 单元格。

【win32com】

```
>>> sht.Range("A1").Select()
```

```
>>> sht.Cells(1, "A").Select()
>>> sht.Cells(1,1).Select()
```

【xlwings】

```
>>> sht.range("A1").select()
>>> sht.range(1,1).select()
>>> sht["A1"].select()
>>> sht.cells(1,1).select()
>>> sht.cells(1,"A").select()
```

【xlwings API】

```
>>> sht.api.Range("A1").Select()
>>> sht.api.Cells(1, "A").Select()
>>> sht.api.Cells(1,1).Select()
```

2. 引用多个单元格

使用工作表对象的 Range(range, api.Range)属性可以引用多个单元格，在引用时，将各单元格坐标组成的字符串作为参数即可。当使用 xlwings 方式时，还可以使用方括号进行引用。下面引用和选择 sht 工作表对象中的 B2、C5 和 D7 单元格。

【win32com】

```
>>> sht.Range("B2, C5, D7").Select()
```

【xlwings】

```
>>> st.range("B2, C5, D7").select()
>>> sht["B2, C5, D7"].select()
```

【xlwings API】

```
>>> sht.api.Range("B2, C5, D7").Select()
```

效果如图 4-4 所示。

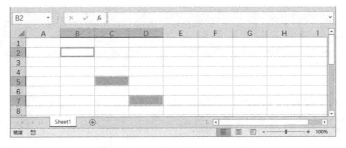

图 4-4　引用和选择多个单元格

3. 引用活动单元格

在使用 win32com 包时，使用 Application 对象的 ActiveCell 可以引用当前活动工作簿中活动工作表内的活动单元格。下面给 sht 工作表对象中的 C3 单元格添加值 3.0，然后选择它，使用 Application 对象的 ActiveCell 获取当前单元格的值。

```
>>> sht.Range("C3").Value=3.0
>>> sht.Range("C3").Select()
>>> app.ActiveCell.Value
3.0
```

如果使用 xlwings 包来实现，则首先要获取所有 Application 对象的 key 值，使用 xlwings 的 apps 属性，通过索引获取当前 Application 对象。然后给 C3 单元格赋值 3.0，选择它，使用 API 方式获取 ActiveCell 属性的值。选择一个单元格，它即成为活动单元格。

```
>>> pid=xw.apps.keys()
>>> app=xw.apps[pid[0]]
>>> sht["C3"].value=3.0
>>> sht["C3"].select()
>>> a=app.api.ActiveCell.Value
>>> a
3.0
```

4. 使用名称引用单元格

如果单元格有名称，则可以用单元格的名称进行引用。下面首先将 C3 单元格的名称设置为 test，然后使用该名称引用此单元格。

【win32com】

```
>>> cl=sht.Range("C3")
>>> cl.Name="test"
>>> sht.Range("test").Select()
```

【xlwings】

```
>>> cl=sht.cells(3,3)
>>> cl.name="test"
>>> sht.range("test").select()
```

【xlwings API】

```
>>> cl=sht.api.Range("C3")
>>> cl.Name="test"
>>> sht.api.Range("test").Select()
```

5. 使用变量引用单元格

在编程过程中，常常需要动态设置单元格的坐标，这就要用到变量。使用单元格对象的 Range

属性引用单元格时，可以将行号或列号的数字部分转换成字符串，然后组合成一个完整的坐标字符串进行引用。当使用 Cells 属性时，如果有必要则也进行相应的处理，转换数据类型即可。下面使用变量引用 C3 单元格。

【win32com】

```
>>> i=3
>>> sht.Range("C"+ str(i)).Value
>>> sht.Cells(i,i).Value
```

【xlwings】

```
>>> i=3
>>> sht.range("C"+ str(i)).value
>>> sht.cells(i,i).value
```

【xlwings API】

```
>>> i=3
>>> sht.api.Range("C"+ str(i)).Value
>>> sht.api.Cells(i,i).Value
```

4.3.2　引用整行和整列

1. 引用整行

要引用整行，在 win32com 和 xlwings API 方式下，可以使用工作表对象的 Rows 属性和 Range 属性来实现。Rows 属性有一个参数，指定要引用行的行号。当使用 Range 属性时，可以将“行号:行号”形式的字符串作为参数进行引用；或者引用该行上的任意一个单元格后，使用其 EntireRow 属性获取整行。在 xlwings 方式下，还可以使用方括号进行引用。下面引用和选择第 1 行。

【win32com】

```
>>> sht.Rows(1).Select()
>>> sht.Range("1:1").Select()
>>> sht.Range("A1").EntireRow.Select()
```

【xlwings】

```
>>> sht.range("1:1").select()
>>> sht["1:1"].select()
```

【xlwings API】

```
>>> sht.api.Rows(1).Select()
>>> sht.api.Range("1:1").Select()
>>> sht.api.Range("A1").EntireRow.Select()
```

2. 引用多行

当引用多行时，引用方法和引用单行的方法类似，只是需要指定起始行和终止行的行号，中间用冒号隔开。当使用 EntireRow 属性时，指定在连续多行上跨所有行的任意区域即可。下面引用和选择 sht 工作表对象的第 1~5 行。

【win32com】

```
>>> sht.Rows("1:5").Select()
>>> sht.Range("1:5").Select()
>>> sht.Range("A1:C5").EntireRow.Select()
```

【xlwings】

```
>>> sht.range("1:5").select()
>>> sht["1:5"].select()
>>> sht[0:5,:].select()
```

【xlwings API】

```
>>> sht.api.Rows("1:5").Select()
>>> sht.api.Range("1:5").Select()
>>> sht.api.Range("A1:C5").EntireRow.Select()
```

注意在 xlwings 方式下 sht[0:5,:]的引用方法，方括号中的第 2 个冒号是切片的用法，表示逗号前面指定的连续多行的所有列。

3. 引用整列

要引用整列，在 win32com 和 xlwings API 方式下，可以使用工作表对象的 Columns 属性和 Range 属性来实现。Columns 属性有一个参数，指定要引用列的列号，可以用数字或字母表示。当使用 Range 属性时，可以将"列号:列号"形式的字符串作为参数进行引用；或者引用该列上的任意一个单元格后，使用其 EntireColumn 属性获取整列。下面引用和选择第 1 列。

【win32com】

```
>>> sht.Columns(1).Select()
>>> sht.Columns("A").Select()
>>> sht.Range("A:A").Select()
>>> sht.Range("A1").EntireColumn.Select()
```

【xlwings】

```
>>> sht.range("A:A").select()
```

【xlwings API】

```
>>> sht.api.Columns(1).Select()
>>> sht.api.Columns("A").Select()
```

```
>>> sht.api.Range("A:A").Select()
>>> sht.api.Range("A1").EntireColumn.Select()
```

4. 引用多列

当引用多列时，引用方法和引用单列的方法类似，只是需要指定起始列和终止列的列号，中间用冒号隔开。当使用 EntireColumn 属性时，指定在连续多列上跨所有列的任意区域即可。下面引用和选择 sht 工作表对象的 B、C 列：

【win32com】

```
>>> sht.Columns("B:C").Select()
>>> sht.Range("B:C").Select()
>>> sht.Range("B1:C2").EntireColumn.Select()
```

【xlwings】

```
>>> sht.range("B:C").select()
>>> sht[:,1:3].select()
```

【xlwings API】

```
>>> sht.api.Columns("B:C").Select()
>>> sht.api.Range("B:C").Select()
>>> sht.api.Range("B1:C2").EntireColumn.Select()
```

4.3.3 引用区域

区域，指的是连续引用行和列方向上的 $m \times n$ 个单元格得到的矩形区域。单元格可被看作是大小为 1×1 的特殊区域。区域的构造有多种方法，下面分引用一般区域、引用用活动单元格构造的区域、引用偏移构造的区域、使用名称引用区域和引用区域内的单元格 5 种情况进行介绍。

1. 引用一般区域

引用一般区域，需要指定区域左上角和右下角单元格的坐标，二者之间用冒号隔开组成字符串，作为工作表对象的 Range（range）属性的唯一参数，或者各自作为字符串，作为 Range（range）属性的两个参数。在指定区域左上角和右下角单元格的坐标时，也可以使用工作表对象的 Range（range）属性或 Cells（cells）属性来获取区域。下面引用和选择 A3:C8 区域。

【win32com】

```
>>> sht.Range("A3:C8").Select()
>>> sht.Range("A3","C8").Select()
>>> sht.Range(sht.Range("A3"), sht.Range("C8")).Select()
>>> sht.Range(sht.Cells(3,1),sht.Cells(8,3)).Select()
```

【xlwings】

```
>>> sht.range("A3:C8").select()
>>> sht.range("A3","C8").select()
>>> sht.range(sht.range("A3"),sht.range("C8")).select()
>>> sht.range(sht.cells(3,1),sht.cells(8,3)).select()
>>> sht.range((3,1),(8,3)).select()
```

【xlwings API】

```
>>> sht.api.Range("A3:C8").Select()
>>> sht.api.Range("A3","C8").Select()
>>> sht.api.Range(sht.api.Range("A3"), sht.api.Range("C8")).Select()
>>> sht.api.Range(sht.api.Cells(3,1),sht.api.Cells(8,3)).Select()
```

效果如图 4-5 所示。

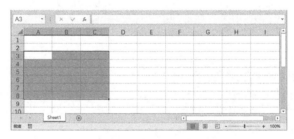

图 4-5 选择一个区域

2. 引用用活动单元格构造的区域

当区域起点或终点为活动单元格时，使用活动单元格的引用进行替换即可。下面指定要引用区域的左上角单元格为 A3，右下角单元格为活动单元格，选择它。

【win32com】

```
>>> sht.Range("A3", app.ActiveCell).Select()
```

【xlwings API】

```
>>> sht.api.Range("A3", app.api.ActiveCell).Select()
```

3. 引用偏移构造的区域

通过对已有区域进行整体偏移，可以得到一个新的区域。使用区域对象的 offset（Offset）方法进行偏移。该方法在 xlwings 方式与 win32com 和 xlwings API 方式下，在使用上有所不同。

当使用 xlwings 方式时，offset 方法可以对给定的区域进行整体平移；而当使用 win32com 和 xlwings API 方式时，Offset 方法只能对区域的左上角单元格进行平移。所以，对于后者，分别对区域的左上角和右下角单元格进行平移后，重新组合成一个区域进行选择。

另外，在 xlwings 方式和另外两种方式下，offset（Offset）方法的参数含义有所不同。

在 xlwings 方式下，只给一个参数时，表示上下方向的偏移，当值大于 0 时表示向下偏移，当值小于 0 时表示向上偏移。当给两个参数时，如果第 1 个参数的值为 0，则表示左右方向的偏移，当第 2 个参数的值大于 0 时表示向右偏移，当其值小于 0 时表示向左偏移。如果两个参数的值都不为 0，则表示上下和左右两个方向都有偏移。

在 win32com 和 xlwings API 方式下，对参数的使用有一点不同，就是基数为 1，即上面 xlwings 方式描述中值为 0 的地方应值为 1。

【win32com】

```
>>> sht.Range(sht.Range("A3").Offset(2),sht.Range("C8").Offset(2)).
Select()   #A4:C9
>>> sht.Range(sht.Range("A3").Offset(1,2),sht.Range("C8").Offset(1,2)).
Select()   #B3:D8
>>> sht.Range(sht.Range("A3").Offset(2,2),sht.Range("C8").Offset(2,2)).
Select()   #B4:D9
```

【xlwings】

```
>>> sht.range("A3:C8").offset(1).select()     #A4:C9
>>> sht.range("A3:C8").offset(0,1).select()   #B3:D8
>>> sht.range("A3:C8").offset(1,1).select()   #B4:D9
```

【xlwings API】

```
>>> sht.api.Range(sht.api.Range("A3").Offset(2),sht.api.Range("C8").
Offset(2)).Select()   #A4:C9
>>> sht.api.Range(sht.api.Range("A3").Offset(1,2),sht.api.Range("C8").
Offset(1,2)).Select()    #B3:D8
>>> sht.api.Range(sht.api.Range("A3").Offset(2,2),sht.api.Range("C8").
Offset(2,2)).Select()    #B4:D9
```

4. 使用名称引用区域

如果区域有名称，则可以使用名称引用区域。下面给 A3:C8 区域命名为 MyData，然后使用该名称引用区域。

【win32com】

```
>>> cl = sht.Range("A3:C8")
>>> cl.Name = "MyData"
>>> sht.Range("MyData").Select()
```

【xlwings】

```
>>> cl = sht.range("A3:C8")
>>> cl.name = "MyData"
```

```
>>> sht.range("MyData").select()
```

【xlwings API】

```
>>> cl = sht.api.Range("A3:C8")
>>> cl.Name = "MyData"
>>> sht.api.Range("MyData").Select()
```

5. 引用区域内的单元格

引用区域内的单元格，有坐标索引、线性索引和切片 3 种方法。

坐标索引：单元格在区域内的坐标是相对坐标，是相对于区域左上角单元格计算得到的。与前面区域偏移的计算方法相同。需要注意的是，使用 xlwings 方式与使用 win32com 和 xlwings API 方式偏移的基数不同，前者的基数为 0，后者的基数为 1。

【win32com】

```
>>> rng=sht.Range("B2:D5")
>>> rng(1,1).Select()      #以区域左上角单元格为起点进行偏移，注意基数为 1
```

【xlwings】

```
>>> rng=sht.range('B2:D5')
>>> rng[0,0].select()   #B2，注意基数为 0
```

【xlwings API】

```
>>> rng=sht.api.Range("B2:D5")
>>> rng(1,1).Select()
```

线性索引：索引参数只有一个，其值是对区域内的单元格按照先行后列的顺序进行编号得到的。

注意：当使用 xlwings 方式时，编号是从 0 开始的，如下面的格式所示。

```
0    1    2
3    4    5
```

当使用 API 方式时，编号是从 1 开始的，如下面的格式所示。

```
1    2    3
4    5    6
```

对于给定的区域 B2:D5，下面使用线性索引引用 D2 单元格。

【win32com】

```
>>> rng=sht.Range("B2:D5")
>>> rng(3).Select()
```

【xlwings】

```
>>> rng=sht.range('B2:D5')
```

```
>>> rng[2].select()
```

【xlwings API】

```
>>> rng=sht.api.Range("B2:D5")
>>> rng(3).Select()
```

当使用 xlwings 方式时，通过切片可以从区域内取出部分连续数据。

```
>>> rng=sht.range('B2:D5')
>>> rng[1:3,1:3].select()  #切片 C3:D4
>>> rng[:,2].select()     #切片 D2:D5
```

4.3.4　引用所有单元格/特殊区域/区域的集合

本节介绍所有单元格的引用、多个区域的引用、当前区域和已用区域的引用，以及区域的并和交的引用等内容。

1. 引用所有单元格

要引用工作表中的所有单元格，当使用 xlwings 方式时，可以使用工作表对象的 cells 属性；当使用 win32com 和 xlwings API 方式时，还可以通过引用所有行或所有列来实现。

【win32com】

```
>>> sht.Cells.Select()
>>> sht.Range(sht.Cells(1,1),sht.Cells(sht.Cells.Rows.Count,sht.Cells.Columns.Count)).Select()
```

引用所有行：

```
>>> sht.Rows.Select()
```

引用所有列：

```
>>> sht.Columns.Select()
```

【xlwings】

```
>>> sht.cells.select()
```

【xlwings API】

```
>>> sht.api.Cells.Select()
>>> sht.api.Range(sht.api.Cells(1,1),sht.api.Cells(sht.api.Cells.Rows.Count,sht.api.Cells.Columns.Count)).Select()
```

引用所有行：

```
>>> sht.api.Rows.Select()
```

引用所有列：

```
>>> sht.api.Columns.Select()
```

2. 引用特殊区域

这里介绍的特殊区域包括多个区域、指定单元格的当前区域和指定工作表的已用区域等。

（1）一次引用多个区域

当使用工作表对象的 Range（range）属性一次引用多个区域时，多个区域之间用逗号分隔，区域用区域左上角单元格和右下角单元格的坐标表示，坐标之间用冒号分隔。下面一次引用和选择 sht 工作表对象中的 A2、B3:C8、E2:F5 三个区域。

【win32com】

```
>>> sht.Range("A2, B3:C8, E2:F5").Select()
```

【xlwings】

```
>>> sht["A2, B3:C8, E2:F5"].select()
>>> sht.range("A2, B3:C8, E2:F5").select()
```

【xlwings API】

```
>>> sht.api.Range("A2, B3:C8, E2:F5").Select()
```

效果如图 4-6 所示。

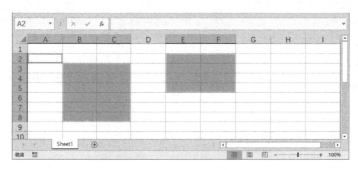

图 4-6　一次引用多个区域

（2）引用指定单元格的当前区域

这里介绍对单元格当前区域的引用。那么，什么是单元格的当前区域？比如图 4-7 中阴影部分表示的是 C3 单元格的当前区域。所以，从该单元格向上下、左右四个方向扩展，直到包含数据的矩形区域第一次被空格组成的矩形环包围，即在四个方向上都是空行或空列（在区域的范围内为空行空列，不是指整行整列是空行空列），这个区域就是该单元格的当前区域。

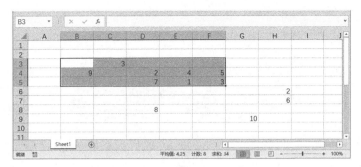

图 4-7　C3 单元格的当前区域

要引用指定单元格的当前区域，在 xlwings 方式下，使用单元格对象的 current_region 属性；在 API 方式下，使用 CurrentRegion 属性。

【win32com】

```
>>> sht.Range("C3").CurrentRegion.Select()
```

【xlwings】

```
>>> sht.range("C3").current_region.select()
```

【xlwings API】

```
>>> sht.api.Range("C3").CurrentRegion.Select()
```

（3）引用指定工作表的已用区域

工作表的已用区域，指的是工作表中包含所有数据的最小区域。要引用指定工作表的已用区域，在 xlwings 方式下，使用单元格对象的 used_range 属性；在 win32com 和 xlwings API 方式下，使用 UsedRange 属性。

【win32com】

```
>>> sht.UsedRange.Select()
```

【xlwings】

```
>>> sht.used_range.select()
```

【xlwings API】

```
>>> sht.api.UsedRange.Select()
```

对于 sht 工作表对象中指定的单元格数据，它的已用区域如图 4-8 所示。

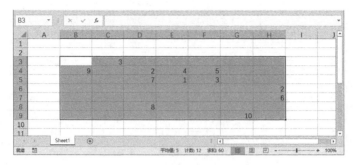

图 4-8　工作表的已用区域

3. 引用区域的集合

区域的集合运算包括区域的并运算和区域的交运算。如图 4-9 所示，两个矩形区域有部分重叠，它们的并包括全部阴影部分，它们的交为二者的重叠部分，即图中深色阴影部分。

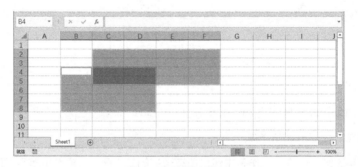

图 4-9　区域的并与交

在 win32com 和 xlwings API 方式下，使用 Application 对象的 Union 方法获取两个区域的并，使用 Intersect 方法获取两个区域的交。下面计算 B4:D8 和 C2:F5 区域的并与交。

【win32com】

```
>>> app.Union(sht.Range("B4:D8"), sht.Range("C2:F5")).Select()
>>> app.Intersect(sht.Range("B4:D8"), sht.Range("C2:F5")).Select()
```

【xlwings API】

```
>>> app.api.Union(sht.api.Range("B4:D8"),sht.api.Range("C2:F5")).Select()
>>> app.api.Intersect(sht.api.Range("B4:D8"), sht.api.Range("C2:F5")).Select()
```

4.3.5　扩展引用当前工作表中的单元格区域

前面介绍了区域的偏移，它是通过将区域整体平移来获取新的区域的。这里介绍另外一种方式，即通过对已有单元格向上下、左右扩展来获得新的区域。使用单元格对象的 Resize（resize）方法可以扩展区域。注意：在 xlwings 方式下进行扩展时，该方法的使用与在 win32com 和 xlwings API

方式下有所不同。

当使用 xlwings 方式时，使用 resize 方法可以直接得到扩展后的区域；而当使用 win32com 和 xlwings API 方式时，使用 Resize 方法只能得到原单元格扩展后位置上的单元格。所以，对于后者，首先要获取区域的右下角单元格，然后与原单元格重新组合成一个区域。

当只给一个参数时，表示上下方向的扩展，当值大于 1 时表示向下扩展，当值小于 1 时表示向上扩展。当给两个参数时，如果第 1 个参数的值为 1，则表示左右方向的扩展，当第 2 个参数的值大于 1 时表示向右扩展，当其值小于 1 时表示向左扩展。如果两个参数的值都不为 1，则表示上下和左右两个方向都有扩展。注意，使用 xlwings 方式时，参数的值必须为正整数，即只能向下或向右扩展。

下面演示通过对指定单元格 C2 进行上下、左右和行列三个方向扩展来得到新的区域，并选择它们。

【win32com】

```
>>> sht.Range("C2", sht.Range("C2").Resize(3)).Select()
>>> sht.Range("C2", sht.Range("C2").Resize(1, 3)).Select()
>>> sht.Range("C2", sht.Range("C2").Resize(3, 3)).Select()
```

【xlwings】

```
>>> sht.range("C2").resize(3).select()          #创建 C2:C4 单元格区域
>>> sht.range("C2").resize(1, 3).select()       #创建 C2:E2 单元格区域
>>> sht.range("C2").resize(3, 3).select()       #创建 C2:E4 单元格区域
```

【xlwings API】

```
>>> sht.api.Range("C2", sht.api.Range("C2").Resize(3)).Select()
>>> sht.api.Range("C2", sht.api.Range("C2").Resize(1, 3)).Select()
>>> sht.api.Range("C2", sht.api.Range("C2").Resize(3, 3)).Select()
```

从当前单元格开始创建一个 3 行 3 列的区域：

【win32com】

```
>>> sht.Range(app.ActiveCell, app.ActiveCell.Resize(3, 3)).Select()
```

【xlwings API】

```
>>> sht.api.Range(app.api.ActiveCell, app.api.ActiveCell.Resize(3, 3)).
Select()
```

当使用 xlwings 方式时，使用单元格对象的 expand 方法，还可以得到另外一种扩展结果。对于区域内的一个单元格，使用 expand 方法可以获取区域内它至右端的行区域、至底部的列区域，以及它所在的整个表格区域。

注意：该方法只向右和向下扩展。

```
>>> sht.range("C4").expand("table").select()
>>> sht.range("C4").expand().select()    #与上面的使用方式等价
>>> sht.range("C4").expand("down").select()
>>> sht.range("C4").expand("right").select()
```

使用 expand 方法对 C4 单元格进行 table 扩展后的效果如图 4-10 所示。

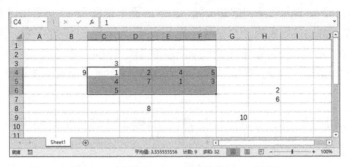

图 4-10　使用 expand 方法进行 table 扩展

4.3.6　引用末行或末列

引用末行或末列，即获取数据区域末行的行号或末列的列号。

引用末行有两种方法：一是从顶部某单元格开始从上往下找，数据区域的末行即最后一个非空行；二是从工作表的底部往上找，为数据区域内遇到的第一个非空行。这里用到单元格对象的 End（end）方法。

示例工作表如图 4-11 所示，下面使用不同方式获取数据区域末行的行号和末列的列号。注意：在 win32com 方式下，使用枚举常数的方式与在 xlwings API 方式下不同。

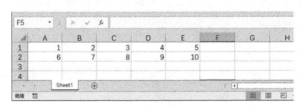

图 4-11　示例工作表

【win32com】

```
>>> from win32com.client import Dispatch,constants    #导入 constants 类
>>> sht.Range("A1").End(constants.xlDown).Row
2
>>> sht.Cells(1,1).End(constants.xlDown).Row
2
>>> sht.Range("A"+str(sht.Rows.Count)).End(constants.xlUp).Row
```

```
2
>>> sht.Cells(sht.Rows.Count,1).End(constants.xlUp).Row
2
```

【xlwings】

```
>>> sht.range("A1").end("down").row
2
>>> sht.cells(1,1).end("down").row
2
>>> sht.range("A"+str(sht.api.Rows.Count)).end("up").row
2
>>> sht.cells(sht.api.Rows.Count,1).end("up").row
2
```

【xlwings API】

```
>>> sht.api.Range("A1").End(xw.constants.Direction.xlDown).Row
2
>>> sht.api.Cells(1,1).End(xw.constants.Direction.xlDown).Row
2
>>> sht.api.Range("A"+str(sht.api.Rows.Count)).End(xw.constants.Direction.
xlUp).Row
2
>>> sht.api.Cells(sht.api.Rows.Count,1).End(xw.constants.Direction.xlUp).Row
2
```

　　下面使用 xlwings 方式及 win32com 和 xlwings API 方式来引用末列。引用末列也有两种方法：一是从左侧某单元格开始从左往右找，数据区域的末列即最后一个非空列；二是从工作表的最右端往左找，为数据区域内遇到的第一个非空列。当 end 方法的参数值为 right 时表示从左往右找，当其参数值为 left 时表示从右往左找。

【win32com】

```
>>> sht.Range("A1").End(constants.xlToRight).Column
5
>>> sht.Cells(1,1).End(constants.xlToRight).Column
5
>>> sht.Cells(1,sht.Columns.Count).End(constants.xlToLeft).Column
5
```

【xlwings】

```
>>> sht.range("A1").end("right").column
5
>>> sht.cells(1,1).end("right").column
5
>>> sht.cells(1,sht.api.Columns.Count).end("left").column
```

```
   5
```

【xlwings API】

```
>>> sht.api.Range("A1").End(xw.constants.Direction.xlToRight).Column
   5
>>> sht.api.Cells(1,1).End(xw.constants.Direction.xlToRight).Column
   5
>>> sht.api.Cells(1,sht.api.Columns.Count).End(xw.constants.Direction.
xlToLeft).Column
   5
```

4.3.7　引用特殊的单元格

所谓特殊的单元格，指的是内容为空的单元格、含有批注的单元格、含有公式的单元格等。使用单元格对象的 SpecialCells 方法，可以把这些特殊的单元格找出来。需要使用 win32com 或 xlwings API 方式，其引用格式为：

```
区域对象.SpecialCells(Type,Value)
```

该方法有两个参数，其中 Type 为必选参数，表示特殊单元格的类型，其取值如表 4-1 所示；Value 为可选参数，当 Type 的值为 xlCellTypeConstants 或 xlCellTypeFormulas 时设置必要的值。

表 4-1　SpecialCells 方法的 Type 参数取值

名　　称	值	说　　明
xlCellTypeAllFormatConditions	−4172	任意格式的单元格
xlCellTypeAllValidation	−4174	含有验证条件的单元格
xlCellTypeBlanks	4	空白单元格
xlCellTypeComments	−4144	含有注释的单元格
xlCellTypeConstants	2	含有常量的单元格
xlCellTypeFormulas	−4123	含有公式的单元格
xlCellTypeLastCell	11	所使用区域中的最后一个单元格
xlCellTypeSameFormatConditions	−4173	格式相同的单元格
xlCellTypeSameValidation	−4175	验证条件相同的单元格
xlCellTypeVisible	12	所有可见单元格

下面的例子使用 SpecialCells 方法选择 A1 单元格当前区域中的空白单元格。

【win32com】

```
>>> sht.Range("A1").CurrentRegion.SpecialCells(constants.
xlCellTypeBlanks).Select()
```

【xlwings API】

```
>>> sht.api.Range("A1").CurrentRegion.SpecialCells(xw.constants.
CellType.xlCellTypeBlanks).Select()
```

选择效果如图 4-12 所示。

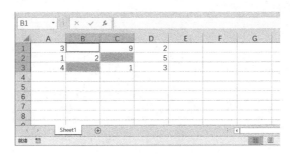

图 4-12　选择空白单元格

4.3.8　获取区域的行数、列数、左上角和右下角单元格的坐标、形状、大小

下面介绍几个与区域的维度、形状、大小等有关的量。

使用区域对象的 Rows（rows）和 Columns（columns）属性返回对象的 Count（count）属性，可以获取区域的行数和列数。下面获取 sht 工作表对象中已用区域的行数和列数（使用图 4-11 所示的工作表数据）。

【win32com】

```
>>> sht.UsedRange.Rows.Count
2
>>> sht.UsedRange.Columns.Count
5
```

【xlwings】

```
>>> sht.used_range.rows.count
2
>>> sht.used_range.columns.count
5
```

【xlwings API】

```
>>> sht.api.UsedRange.Rows.Count
2
>>> sht.api.UsedRange.Columns.Count
5
```

使用区域对象的 Row（row）和 Column（column）属性，可以获取区域左上角单元格的坐标，即其行号和列号。

【win32com】

```
>>> sht.UsedRange.Row
1
>>> sht.UsedRange.Column
1
```

【xlwings】

```
>>> sht.used_range.row
1
>>> sht.used_range.column
1
```

【xlwings API】

```
>>> sht.api.UsedRange.Row
1
>>> sht.api.UsedRange.Column
1
```

在 xlwings 方式下，使用区域对象的 last_cell 属性返回对象的 row 和 column 属性，可以获取区域右下角单元格的坐标，即其行号和列号。在 win32com 和 xlwings API 方式下，可以利用工作表的已用区域来获取区域右下角单元格的坐标。

【win32com】

```
>>> rng=sht.UsedRange
>>> rng.Rows(rng.Rows.Count).Row
2
>>> rng.Columns(rng.Columns.Count).Column
5
```

【xlwings】

```
>>> sht.used_range.last_cell.row
2
>>> sht.used_range.last_cell.column
5
```

【xlwings API】

```
>>> rng=sht.api.UsedRange
>>> rng.Rows(rng.Rows.Count).Row
2
>>> rng.Columns(rng.Columns.Count).Column
5
```

当使用 xlwings 方式时，引用区域对象的 shape 属性，可以获取区域的形状。

```
>>> sht.used_range.shape
(2, 5)
```

当使用 xlwings 方式时，引用区域对象的 size 属性，可以获取区域的大小。

```
>>> sht.used_range.size
10
```

4.3.9　插入单元格或区域

使用单元格对象的 Insert（insert）方法，可以插入单元格或区域。

在 xlwings 方式下，insert 方法的语法格式为：

```
单元格或区域对象.insert(shift=None,copy_origin="format_from_left_or_above")
```

其中：

- shift 参数——定义插入单元格或区域的方向。当值为"down"时为上下方向插入，原位置以下的数据依次往下移；当值为"right"时为左右方向插入，原位置及其右边的数据依次往右移。
- copy_origin 参数——表示插入的单元格或区域的格式与周边哪个相同。当值为"format_from_left_or_above" 时，与左侧或上边单元格或区域的格式相同；当值为"format_from_right_or_below"时，与右侧或下边单元格或区域的格式相同。

在 win32com 和 xlwings API 方式下，Insert 方法的语法格式为：

```
单元格或区域对象.Insert(Shift, CopyOrigin)
```

其中：

- Shift 参数——定义插入单元格或区域的方向。当值为 xw.constants.InsertShiftDirection.xlShiftDown 时为上下方向插入，原位置以下的数据依次往下移；当值为 xw.constants.InsertShiftDirection.xlShiftRight 时为左右方向插入，原位置及其右边的数据依次往右移。
- CopyOrigin 参数——表示插入的单元格或区域的格式与周边哪个相同。当值为 xw.constants.InsertFormatOrigin.xlFormatFromLeftOrAbove 时，与左侧或上边单元格或区域的格式相同；当值为 xw.constants.InsertFormatOrigin.xlFormatFromRightOrBelow 时，与右侧或下边单元格或区域的格式相同。

对于图 4-13 所示的工作表数据，设置 A1 单元格的背景色为绿色，在 A2 和 B4:C5 处分别插入单元格和区域。

【win32com】

```
>>> sht.Range("A1").Interior.Color=xw.utils.rgb_to_int((0, 255, 0))
>>> sht.Range("A2").Insert(Shift=constants.xlShiftDown,
CopyOrigin=constants.xlFormatFromLeftOrAbove)
>>> sht.Range("B4:C5").Insert()
```

【xlwings】

```
>>> sht.range("A1").color=(0,255,0)
>>> sht.range("A2").insert(shift="down",copy_origin="format_from_left _or_above")
>>> sht.range("B4:C5").insert()
```

【xlwings API】

```
>>> sht.api.Range("A1").Interior.Color=xw.utils.rgb_to_int((0, 255, 0))
>>> sht.api.Range("A2").Insert(Shift=xw.constants.InsertShiftDirection.
xlShiftDown, CopyOrigin=xw.constants.InsertFormatOrigin.xlFormatFromLeftOrAbove)
>>> sht.api.Range("B4:C5").Insert()
```

插入后的效果如图 4-14 所示。可见，在 A2 处插入的单元格复制了 A1 单元格的格式。按照设置，插入单元格区域后，原位置及其以下数据依次向下移动。

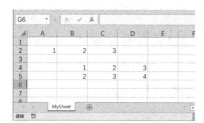

图 4-13　原工作表数据

图 4-14　插入单元格和区域后的工作表

4.3.10　选择和清除单元格

选择单元格有两种方法，即激活和选择，分别使用单元格对象的 Activate 方法（仅用于win32com 和 xlwings API 方式）和 Select（select）方法实现。

【win32com】

```
>>> sht.Range("A1:B10").Select()
>>> sht.Range("A1:B10").Activate()
```

【xlwings】

```
>>> sht.range("A1:B10").select()
```

【xlwings API】

```
>>> sht.api.Range("A1:B10").Select()
```

```
>>> sht.api.Range("A1:B10").Activate()
```

选择不连续的单元格和区域，只需引用不连续的单元格和区域，然后激活或选择即可。下面是在 xlwings 方式与 win32com 和 xlwings API 方式下的实现方法。当使用 win32com 和 xlwings API 方式时，还可以通过区域的并运算来实现。

【win32com】

```
>>> sht.Range("A1:A5,C3,E1:E5").Activate()
>>> sht.Range("A1:A5,C3,E1:E5").Select()
>>> app.Union(sht.Range("A1:A5"),sht.Range("C3"),sht.Range("E1:E5")).Select()
```

【xlwings】

```
>>> sht.range("A1:A5,C3,E1:E5").select()
```

【xlwings API】

```
>>> sht.api.Range("A1:A5,C3,E1:E5").Activate()
>>> sht.api.Range("A1:A5,C3,E1:E5").Select()
>>> pid=xw.apps.keys()
>>> app=xw.apps[pid[0]]
>>> app.api.Union(sht.api.Range("A1:A5"),sht.api.Range("C3"),
sht.api.Range("E1:E5")).Select()
```

选择效果如图 4-15 所示。

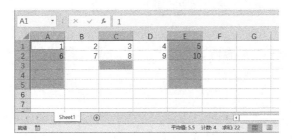

图 4-15　选择不连续的单元格和区域

清除单元格或区域中的内容有多种方法。下面使用 Clear（clear）方法清除全部内容。

【win32com】

```
>>> sht.Range("B1:B5").Clear()
```

【xlwings】

```
>>> sht.range("B1:B5").clear()
```

【xlwings API】

```
>>> sht.api.Range("B1:B5").Clear()
```

使用 ClearContents（clear_contents）方法清除正文内容。

【win32com】

```
>>> sht.Range("B1:B5").ClearContents()
```

【xlwings】

```
>>> sht.range("B1:B5").clear_contents()
```

【xlwings API】

```
>>> sht.api.Range("B1:B5").ClearContents()
```

使用 ClearComments 方法清除批注。

【win32com】

```
>>> sht.Range("B1:B5").ClearComments()
>>> sht.Range("B1:B5").ClearFormats()
```

【xlwings API】

```
>>> sht.api.Range("B1:B5").ClearComments()
>>> sht.api.Range("B1:B5").ClearFormats()
```

4.3.11　复制、粘贴、剪切和删除单元格

复制和粘贴单元格或区域的完整过程描述如下：

【win32com】

```
>>> sht.Range("A1").Select()
>>> app.Selection.Copy()
>>> sht.Range("C1").Select()
>>> sht.Paste()
```

【xlwings API】

```
>>> sht.range("A1").select()
>>> bk.selection.api.Copy()
>>> sht.range("C1").select()
>>> sht.api.Paste()
```

首先选择要复制的单元格或区域，使用 Copy 方法将数据复制到剪贴板，然后选择进行粘贴的目标单元格或区域，使用 Paste 方法进行粘贴。如果省略选择单元格或区域的步骤，则该代码可以简化为：

【win32com】

```
>>> sht.Range("A1").Copy(sht.Range("C1"))
```

【xlwings API】

```
>>> sht.api.Range("A1").Copy(sht.api.Range("C1"))
```

其中，A1 是源单元格，C1 是目标单元格。

下面将 A1 单元格的当前区域复制到左上角单元格为 A4 的目标区域。

【win32com】

```
>>> sht.Range("A1").CurrentRegion.Copy(sht.Range("A4"))
```

【xlwings API】

```
>>> sht.api.Range("A1").CurrentRegion.Copy(sht.api.Range("A4"))
```

效果如图 4-16 所示。

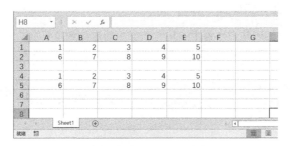

图 4-16　复制区域到指定位置

在 win32com 和 xlwings API 方式下，使用单元格对象的 PasteSpecial 方法可以进行选择性粘贴。该方法的语法格式为：

```
单元格区域对象.PasteSpecial(Paste, Operation, SkipBlanks, Transpose)
```

PasteSpecial 方法有 4 个参数。

- Paste 参数：选择性粘贴的类型。其取值如表 4-2 所示。

表 4-2　Paste 参数的取值

名　　称	值	说　　明
xlPasteAll	−4104	粘贴全部内容
xlPasteComments	−4144	粘贴批注
xlPasteFormats	−4122	粘贴复制的源格式
xlPasteFormulas	−4123	粘贴公式
xlPasteFormulasAndNumberFormats	11	粘贴公式和数字格式
xlPasteValues	−4163	粘贴值
xlPasteValuesAndNumberFormats	12	粘贴值和数字格式

- Operation 参数：粘贴时是否与原有内容进行运算及运算的类型。其取值如表 4-3 所示。

表 4-3   Operation 参数的取值

名　　称	值	说　　明
xlPasteSpecialOperationAdd	2	复制的数据将被添加到目标单元格中的值中
xlPasteSpecialOperationDivide	5	目标单元格中的值除以复制的数据
xlPasteSpecialOperationMultiply	4	复制的数据将与目标单元格中的值相乘
xlPasteSpecialOperationNone	−4142	在粘贴操作中不执行任何计算
xlPasteSpecialOperationSubtract	3	目标单元格中的值减去复制的数据

- SkipBlanks 参数：忽略空白单元格。
- Transpose 参数：对行列数据进行转置。

下面举例说明该方法的使用。

下面的代码把图 4-11 所示工作表中的第 1 行数据复制到第 4 行。

【win32com】

```
>>> sht.Range("A1:E1").Copy()
>>> sht.Range("A4:E4").PasteSpecial(Paste=constants.xlPasteValues)
```

【xlwings API】

```
>>> sht.api.Range("A1:E1").Copy()
>>> sht.api.Range("A4:E4").PasteSpecial(Paste=xw.constants.PasteType.
xlPasteValues)
```

下面的代码先给 B1 单元格添加一个批注，然后将工作表中第 1 行的批注复制到第 5 行。

【win32com】

```
>>> sht.Range("B1").AddComment("CommentTest")
>>> sht.Range("A1:E1").Copy()
>>> sht.Range("A5:E5").PasteSpecial(Paste=constants.xlPasteComments)
```

【xlwings API】

```
>>> sht.api.Range("B1").AddComment("CommentTest")
>>> sht.api.Range("A1:E1").Copy()
>>> sht.api.Range("A5:E5").PasteSpecial(Paste=xw.constants.PasteType.
xlPasteComments)
```

下面的代码先给 A2 单元格添加一些格式，包括设置背景色为绿色，字号大小为 20，字体加粗、倾斜，然后将工作表中第 2 行的格式复制到第 6 行。

【win32com】

```
>>> sht.Range("A2").Interior.Color=xw.utils.rgb_to_int((0,255,0))
>>> sht.Range("A2").Font.Size=20
>>> sht.Range("A2").Font.Bold=True
>>> sht.Range("A2").Font.Italic=True
>>> sht.Range("A2:E2").Copy()
>>> sht.Range("A6:E6").PasteSpecial(Paste=constants.xlPasteFormats)
```

【xlwings API】

```
>>> sht.range("A2").color=(0,255,0)
>>> sht.api.Range("A2").Font.Size=20
>>> sht.api.Range("A2").Font.Bold=True
>>> sht.api.Range("A2").Font.Italic=True
>>> sht.api.Range("A2:E2").Copy()
>>> sht.api.Range("A6:E6").PasteSpecial(Paste=xw.constants.PasteType.
xlPasteFormats)
```

最后得到的效果如图 4-17 所示。

图 4-17　选择性粘贴

剪切操作，实际上是在复制、粘贴以后把原来位置上的数据删除。使用单元格对象的 Cut 方法可以把源单元格的内容移动到目标单元格。下面把 A1:E1 区域的数据剪切到 A7:E7 区域。

【win32com】

```
>>> sht.Range("A1:E1").Cut(Destination=sht.Range("A7"))
```

【xlwings API】

```
>>> sht.api.Range("A1:E1").Cut(Destination=sht.api.Range("A7"))
```

参数名称 Destination 可以省略：

【win32com】

```
>>> sht.Range("A1:E1").Cut(sht.Range("A7"))
```

【xlwings API】

```
>>> sht.api.Range("A1:E1").Cut(sht.api.Range("A7"))
```

使用单元格对象的 delete（Delete）方法删除单元格或区域。

当使用 xlwings 方式时，delete 方法的语法格式为：

```
rng.delete(shift=None)
```

其中，rng 为单元格或区域对象。shift 参数的取值为"left"或"up"，当取值为"up"时，在删除单元格后，该单元格下面的单元格依次往上移；当取值为"left"时，在删除单元格后，该单元格右侧的单元格依次往左移。如果不带参数，则 Excel 会根据前面的引用情况自行判断使用哪个值。

当使用 win32com 和 xlwings API 方式时，Delete 方法的语法格式为：

```
rng.Delete(Shift)
```

其中，rng 为单元格或区域对象。当 shift 参数的取值为 xlShiftToUp 时，在删除单元格后，该单元格下面的单元格依次往上移；当取值为 xlShiftLeft 时，在删除单元格后，该单元格右侧的单元格依次往左移。如果不带参数，则 Excel 会根据前面的引用情况自行判断使用哪个值。

下面删除 A2 单元格和 C3:E5 区域。

【win32com】

```
>>> sht.Range("A2").Delete(Shift=constants.xlShiftToUp)
>>> sht.Range("C3:E5").Delete()
```

【xlwings】

```
>>> sht["A2"].delete(shift="up")
>>> sht["C3:E5"].delete()
```

【xlwings API】

```
>>> sht.api.Range("A2").Delete(Shift=xw.constants.DeleteShiftDirection.xlShiftToUp)
>>> sht.api.Range("C3:E5").Delete()
```

4.3.12　设置单元格的名称、批注和字体

使用单元格对象的 Name（name）属性可以获取或者设置单元格或区域的名称。下面给 C3 单元格设置名称"test"，然后使用该名称进行引用。

【win32com】

```
>>> cl=sht.Range("C3")
>>> cl.Name="test"
>>> sht.Range("test").Select()
```

【xlwings】

```
>>> cl=sht.cells(3,3)
>>> cl.name="test"
>>> sht.range("test").select()
```

【xlwings API】

```
>>> cl=sht.api.Range("C3")
>>> cl.Name="test"
>>> sht.api.Range("test").Select()
```

也可以给区域设置名称，并使用名称引用区域。下面给 A3:C8 区域命名为 "MyData"，然后使用该名称引用区域。

【win32com】

```
>>> cl =sht.Range("A3:C8")
>>> cl.Name = "MyData"
>>> sht.Range("MyData").Select()
```

【xlwings】

```
>>> cl =sht.range("A3:C8")
>>> cl.name ="MyData"
>>> sht.range("MyData").select()
```

【xlwings API】

```
>>> cl=sht.api.Range("A3:C8")
>>> cl.Name ="MyData"
>>> sht.api.Range("MyData").Select()
```

使用单元格对象的 AddComment 方法可以给单元格添加批注。使用该方法的 Text 属性可以设置批注的内容。

【win32com】

```
>>> sht.Range("A3").AddComment(Text="单元格批注")
```

【xlwings API】

```
>>> sht.api.Range("A3").AddComment(Text="单元格批注")
```

使用单元格对象的 Comment 属性可以获取单元格的批注。它是一个 Comment 对象，拥有与批注相关的若干属性，利用这些属性可以对批注进行设置。Comments 是工作簿中所有 Comment 对象的集合。

下面通过一个判断结构判断 A3 单元格中是否有批注。

【win32com】

```
>>> if sht.Range("A3").Comment is None:
        Print("A3 单元格中没有批注。")
    else:
        Print("A3 单元格中已有批注。")
```

【xlwings API】

```
>>> if sht.api.Range("A3").Comment is None:
        Print("A3 单元格中没有批注。")
    else:
        Print("A3 单元格中已有批注。")
```

使用 Comment 对象的 Visible 属性隐藏 A3 单元格中的批注。

【win32com】

```
>>> sht.Range("A3").Comment.Visible=False
```

【xlwings API】

```
>>> sht.api.Range("A3").Comment.Visible=False
```

使用 Comment 对象的 Delete 方法删除 A3 单元格中的批注。

【win32com】

```
>>> sht.Range("A3").Comment.Delete()
```

【xlwings API】

```
>>> sht.api.Range("A3").Comment.Delete()
```

单元格对象的 Font 属性返回一个 Font 对象。利用 Font 对象的属性和方法，可以对单元格或区域中的文本进行字体设置。

下面的代码设置 A1:E1 区域内的字体样式。

【win32com】

```
>>> sht.Range("A1:E1").Font.Name = "宋体"          #设置字体为宋体
>>> sht.Range("A1:E1").Font.ColorIndex = 3         #设置字体颜色为红色
>>> sht.Range("A1:E1").Font.Size = 20              #设置字号为 20
>>> sht.Range("A1:E1").Font.Bold = True            #设置字体加粗
>>> sht.Range("A1:E1").Font.Italic = True          #设置字体倾斜显示
>>> sht.Range("A1:E1").Font.Underline=constants.xlUnderlineStyleDouble
#给文字添加双下画线
```

【xlwings API】

```
>>> sht.api.Range("A1:E1").Font.Name = "宋体"        #设置字体为宋体
```

```
>>> sht.api.Range("A1:E1").Font.ColorIndex = 3        #设置字体颜色为红色
>>> sht.api.Range("A1:E1").Font.Size = 20             #设置字号为20
>>> sht.api.Range("A1:E1").Font.Bold = True           #设置字体加粗
>>> sht.api.Range("A1:E1").Font.Italic = True         #设置字体倾斜显示
>>> sht.api.Range("A1:E1").Font.Underline=xw.constants.UnderlineStyle.
xlUnderlineStyleDouble        #给文字添加双下画线
```

设置效果如图 4-18 所示。

图 4-18　单元格区域中的字体设置

关于下画线样式的设置，参见表 4-4。

表 4-4　下画线样式的设置

名　　称	值	说　　明
xlUnderlineStyleDouble	-4119	粗双下画线
xlUnderlineStyleDoubleAccounting	5	紧靠在一起的两条细下画线
xlUnderlineStyleNone	-4142	无下画线
xlUnderlineStyleSingle	2	单下画线
xlUnderlineStyleSingleAccounting	4	不支持

关于字体颜色的设置，有如下 3 种设置方法。

第 1 种方法是设置为 RGB 颜色，即用红色分量、绿色分量和蓝色分量来定义颜色。可以使用 Font 对象的 Color 属性进行设置。如果习惯于指定 RGB 分量来设置颜色，则可以使用 xlwings.utils 模块中的 rgb_to_int 方法，将类似于(255,0,0)的 RGB 分量指定转换为整型值，然后设置给 Color 属性。

【win32com】

```
>>> sht.Range("A3:E3").Font.Color =xw.utils.rgb_to_int((0, 0, 255))
```

【xlwings API】

```
>>> sht.api.Range("A3:E3").Font.Color =xw.utils.rgb_to_int((0, 0, 255))
```

也可以直接将一个表示颜色的整数，也就是 xw.utils.rgb_to_int()函数的结果赋给 Color 属性。

【win32com】

```
>>> sht.Range("A3:E3").Font.Color =16711680  #或用 0x0000FF
```

【xlwings API】

```
>>> sht.api.Range("A3:E3").Font.Color =16711680  #或用 0x0000FF
```

第 2 种方法是使用索引着色。此时需要有一张颜色查找表，如图 4-19 所示。其中预定义了很多颜色，而且每种颜色都有一个唯一的索引号。在进行索引着色时，将某个索引号指定给 Font 对象的 ColorIndex 属性就可以了。

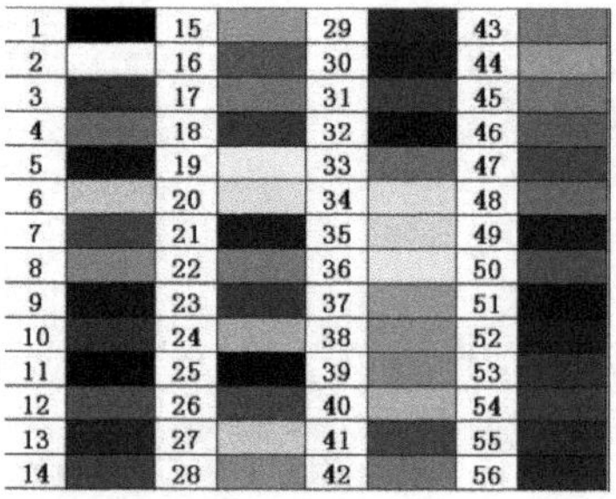

图 4-19　索引着色的颜色查找表

下面将 A1:E1 区域内的字体颜色设置为红色。

【win32com】

```
>>> sht.Range("A1:E1").Font.ColorIndex = 3
```

【xlwings API】

```
>>> sht.api.Range("A1:E1").Font.ColorIndex = 3
```

第 3 种方法是使用主题颜色。系统预定义了很多主题颜色，可以便捷地使用它们进行字体着色。每个主题颜色都有对应的整数编号，将必要的编号指定给 Font 对象的 ThemeColor 属性即可。

下面将 A3:E3 区域内的字体颜色设置为淡蓝色。

【win32com】

```
>>> sht.Range("A3:E3").Font.ThemeColor =5
```

【xlwings API】

```
>>> sht.api.Range("A3:E3").Font.ThemeColor =5
```

4.3.13　设置单元格的对齐方式、背景色和边框

单元格内容的对齐，有水平方向的对齐和垂直方向的对齐，分别使用单元格对象的 HorizontalAlignment 和 VerticalAlignment 属性设置。

HorizontalAlignment 属性的取值参见表 4-5，VerticalAlignment 属性的取值参见表 4-6。

表 4-5　HorizontalAlignment 属性的取值

名　称	值	说　明
xlHAlignCenter	−4108	居中对齐
xlHAlignCenterAcrossSelection	7	跨列居中对齐
xlHAlignDistributed	−4117	分散对齐
xlHAlignFill	5	填充
xlHAlignGeneral	1	按数据类型对齐
xlHAlignJustify	−4130	两端对齐
xlHAlignLeft	−4131	左对齐
xlHAlignRight	−4152	右对齐

表 4-6　VerticalAlignment 属性的取值

名　称	值	说　明
xlVAlignBottom	−4107	底对齐
xlVAlignCenter	−4108	居中对齐
xlVAlignDistributed	−4117	分散对齐
xlVAlignJustify	−4130	两端对齐
xlVAlignTop	−4160	顶对齐

下面设置 C3 单元格中的内容水平居中对齐和垂直居中对齐。

【win32com】

```
>>> sht.Range("C3").HorizontalAlignment=constants.xlHAlignCenter
>>> sht.Range("C3").VerticalAlignment=constants.xlVAlignCenter
```

【xlwings API】

```
>>> sht.api.Range("C3").HorizontalAlignment=xw.constants.HAlign.
xlHAlignCenter
>>> sht.api.Range("C3").VerticalAlignment=xw.constants.VAlign.
xlVAlignCenter
```

当使用 xlwings 方式时，可以直接给单元格对象的 color 属性赋值。颜色可以用(R,G,B)形式的 RGB 颜色设置，其中 R、G、B 各分量从 0~255 中取值。

当使用 win32com 和 xlwings API 方式时，可以使用单元格对象的 Interior 属性设置背景色。该属性返回一个 Interior 对象，使用该对象的 Color、ColorIndex 和 ThemeColor 属性，可以用 RGB 着色、索引着色和主题颜色着色等不同的方法对单元格进行着色。

下面是一些例子。

【win32com】

```
>>> sht.Range("A1:E1").Interior.Color=xw.utils.rgb_to_int((0, 255, 0))
>>> sht.Range("A1:E1").Interior.Color=65280
>>> sht.Range("A1:E1").Interior.ColorIndex=6
>>> sht.Range("A1:E1").Interior.ThemeColor=5
```

【xlwings】

```
>>> sht.range("A1:E1").color=(210, 67, 9)
>>> sht["A:A, B2, C5, D7:E9"].color=(100,200,150)
```

【xlwings API】

```
>>> sht.api.Range("A1:E1").Interior.Color=xw.utils.rgb_to_int((0, 255, 0))
>>> sht.api.Range("A1:E1").Interior.Color=65280
>>> sht.api.Range("A1:E1").Interior.ColorIndex=6
>>> sht.api.Range("A1:E1").Interior.ThemeColor=5
```

可以使用单元格或区域对象的 Borders 属性设置边框。该属性返回一个 Borders 对象，使用该对象的属性和方法可以设置边框的颜色、线型和线宽等。

下面的代码对 B2 的当前区域设置边框。

【win32com】

```
>>> sht.Range("B2").CurrentRegion.Borders.LineStyle=constants.xlContinuous
>>> sht.Range("B2").CurrentRegion.Borders.ColorIndex = 3
>>> sht.Range("B2").CurrentRegion.Borders.Weight=constants.xlThick
```

【xlwings API】

```
>>> sht.api.Range("B2").CurrentRegion.Borders.LineStyle=xw.constants.
LineStyle.xlContinuous
>>> sht.api.Range("B2").CurrentRegion.Borders.ColorIndex=3
>>> sht.api.Range("B2").CurrentRegion.Borders.Weight=xw.constants.
BorderWeight.xlThick
```

边框设置效果如图 4-20 所示。

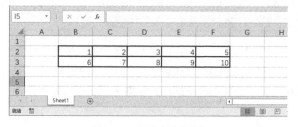

图 4-20　边框设置效果

4.4　工作表对象

单元格是包含在工作表中的，所以工作表对象是单元格对象的父对象，它是对现实办公场景中工作表单据的抽象和模拟。使用工作表对象提供的属性和方法，可以通过编程的方式控制和操作工作表。

4.4.1　相关对象介绍

与工作表有关的对象，在 win32com 和 xlwings API 方式下主要有 Worksheet、Worksheets、Sheet 和 Sheets 等，在 xlwings 方式下只有 sheet 和 sheets。复数形式的类表示集合，所有单数形式的对象都在对应集合中存储和管理。

Worksheet 和 Sheet 都表示工作表，它们有什么区别呢？在 Excel 主界面中，右键单击工作表名称选项卡，在弹出的快捷菜单中单击"插入…"选项，如图 4-21 所示。打开如图 4-22 所示的对话框，在该对话框中选择一种工作表类型，单击"确定"按钮，可以插入一个新的工作表。

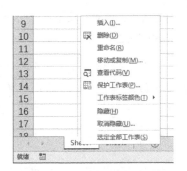

图 4-21　工作表选项卡右键菜单　　　　图 4-22　选择一种工作表类型

从图 4-22 中可以看出，在 win32com 和 xlwings API 方式下，工作表主要有 4 种类型，即普通工作表、图表工作表、宏工作表和对话框工作表。最常用的工作表类型是普通工作表。所以，上面提到的 Worksheet 对象和 Sheet 对象之间的区别就在于：Worksheet 对象表示普通工作表，Worksheets 集合对象中保存的是所有普通工作表；而 Sheet 对象可以是 4 种工作表类型中的任何一种，Sheets 集合对象中包含所有类型的工作表。在 xlwings 方式下则没有这种区分，sheet 对象和 sheets 集合对象都是针对普通工作表的。

4.4.2　创建和引用工作表

使用集合对象的 add（Add）方法可以创建新的工作表。在 xlwings 方式下，使用 sheets 对象的 add 方法创建；在 win32com 和 xlwings API 方式下，使用 Worksheets 对象或 Sheets 对象的 Add 方法创建。

新创建的工作表被自动存放到集合中进行存储，按照存放的先后顺序，每个工作表都有一个索引号。当需要对集合中的某个工作表进行操作时，首先要把它从集合中找出来，这个查找的操作就是工作表的引用。可以使用索引号或工作表的名称进行引用。

1. xlwings 方式

使用 sheets 对象的 add 方法创建工作表，其语法格式如下：

```
bk.sheets.add(name=None, before=None, after=None)
```

其中，bk 表示指定的工作簿。该方法有 3 个参数：

- name——新工作表的名称。如果不指定，则会使用 Sheet 加数字的方式自动命名。数字按照添加顺序自动累加。
- before——指定在该工作表之前插入新表。
- after——指定在该工作表之后插入新表。

默认时，新创建的工作表自动成为活动工作表。

下面使用不带参数的 add 方法在 bk 工作簿中插入一个新的普通工作表。注意：在 xlwings 方式下，默认时，使用 add 方法创建的新工作表在所有已有工作表的后面。

```
>>> bk.sheets.add()
```

使用 before 参数和 after 参数可以给新创建的工作表指定位置。例如，新创建的工作表 sht 在已有的第 2 个工作表之前插入：

```
>>> bk.sheets.add(before=bk.sheets(2))
```

新创建的工作表 sht 在已有的第 2 个工作表之后插入：

```
>>> bk.sheets.add(after=bk.sheets(2))
```

新创建的工作表被自动存放到集合中进行存储，并且每个工作表都有一个唯一的索引号。可以使用索引号对工作表进行引用。在 xlwings 方式下，可以使用方括号进行引用，也可以使用圆括号进行引用。前者引用的基数为 0，即集合中第 1 个工作表对象的索引号为 0；后者引用的基数为 1，即集合中第 1 个工作表对象的索引号为 1。

```
>>> bk.sheets[0]
<Sheet [test.xlsx]MySheet>
>>> bk.sheets(1)
<Sheet [test.xlsx]MySheet>
```

还可以使用工作表的名称进行引用。

```
>>> sht=bk.sheets["Sheet1"]
```

```
>>> sht.name="MySheet"
```

2. win32com 和 xlwings API 方式

使用 Worksheets 对象的 Add 方法创建新的工作表，其语法格式为：

【win32com】

```
>>> import win32com.client as win32
```

【xlwings API】

```
>>> bk.api.WorkSheets.Add(Before, After, Count, Type)
```

其中，bk 表示指定的工作簿。Add 方法有 4 个参数，皆为可选：

- Before——指定在该工作表之前插入新表。
- After——指定在该工作表之后插入新表。
- Count——插入工作表的个数。
- Type——插入工作表的类型。

可见，在 API 方式下，可以指定工作表的类型，也可以一次插入多个工作表。

Type 参数的取值如表 4-7 所示。

表 4-7　Type 参数的取值

名　　称	值	说　　明
xlChart	-4109	图表工作表
xlDialogSheet	-4116	对话框工作表
xlExcel4IntlMacroSheet	4	Excel 4 国际宏工作表
xlExcel4MacroSheet	3	Excel 4 宏工作表
xlWorksheet	-4167	普通工作表

下面使用不带参数的 Add 方法创建新的普通工作表。此时创建的工作表被自动添加到所有工作表的最前面。注意，在 xlwings 方式下是放在最后面的，与此不同。默认时，新工作表的名称为 Sheet 后面添加数字的形式，例如 Sheet2、Sheet3 等。数字的大小是从 2 开始连续累加的。

【win32com】

```
>>> bk.Worksheets.Add()
```

【xlwings API】

```
>>> bk.api.Worksheets.Add()
```

新工作表在第 2 个工作表之前插入：

【win32com】

```
>>> bk.Worksheets.Add (Before=bk.Worksheets(2))
```

【xlwings API】

```
>>> bk.api.Worksheets.Add (Before=bk.api.Worksheets(2))
```

一次插入 3 个工作表，放在最前面。注意，在这 3 个工作表中，后生成的工作表始终在最前面插入。

【win32com】

```
>>> bk.Worksheets.Add(Count=3)
```

【xlwings API】

```
>>> bk.api.Worksheets.Add(Count=3)
```

下面指定新工作表的类型，创建一个新的图表工作表。

【win32com】

```
>>> bk.Worksheets.Add(Type=constants.xlChart)
```

【xlwings API】

```
>>> bk.api.Worksheets.Add(Type=xw.constants.SheetType.xlChart)
```

也可以使用参数进行设置。

【win32com】

```
>>> bk.Worksheets.Add (Before=bk.Worksheets(2), Count=3)
```

【xlwings API】

```
>>> bk.api.Worksheets.Add (Before=bk.api.Worksheets(2), Count=3)
```

在创建新的工作表后，可以使用工作表对象的 Name 属性修改工作表的名称。

【win32com】

```
>>> sht=bk.Worksheets.Add()
>>> sht.Name= "MySheet"
```

【xlwings API】

```
>>> sht=bk.api.Worksheets.Add()
>>> sht.Name= "MySheet"
```

使用 Sheets 对象的 Add 方法创建新的工作表，在语法上与使用 Worksheets.Add()完全相同。

【win32com】

```
>>> sht=bk.Sheets.Add()
>>> sht=bk.Sheets.Add (Before=bk.Worksheets(2))
>>> sht=bk.Sheets.Add(Count=3)
>>> sht=bk.Sheets.Add(Type=constants.xlChart)
```

【xlwings API】

```
>>> sht=bk.api.Sheets.Add()
>>> sht=bk.api.Sheets.Add (Before=bk.api.Worksheets(2))
>>> sht=bk.api.Sheets.Add(Count=3)
>>> sht=bk.api.Sheets.Add(Type=xw.constants.SheetType.xlChart)
```

使用索引号和名称两种方式引用工作表。

```
>>> sht=Worksheets(1)
>>> sht=Worksheets("Sheet1")
```

4.4.3　激活、复制、移动和删除工作表

使用工作表对象的 activate（Activate）方法或 select（Select）方法可以激活指定的工作表，激活以后的工作表就是活动工作表。

在 xlwings 方式下，使用工作表对象的 activate 方法或 select 方法激活第 2 个工作表；在 win32com 和 xlwings API 方式下，使用工作表对象的 Activate 方法或 Select 方法激活。

【win32com】

```
>>> bk.Worksheets(2).Activate()
>>> bk.Worksheets(2).Select()
```

【xlwings】

```
>>> bk.sheets[1].activate()
>>> bk.sheets[1].select()
```

【xlwings API】

```
>>> bk.api.Worksheets(2).Activate()
>>> bk.api.Worksheets(2).Select()
```

激活以后的工作表，就成为当前工作簿中的活动工作表。在 xlwings 方式下，使用 sheets 对象的 active 属性获取当前活动工作表；在 win32com 和 xlwings API 方式下，使用 ActiveSheet 引用活动工作表。注意：在 win32com 方式下，引用的是 Application 对象的 ActiveSheet 属性；在 xlwings API 方式下，使用的是工作簿对象的 ActiveSheet 属性。

【win32com】

```
>>> app.ActiveSheet.Name
'Sheet1'
```

【xlwings】

```
>>> bk.sheets.active.name
'Sheet1'
```

【xlwings API】

```
>>> bk.api.ActiveSheet.Name
'Sheet1'
```

复制工作表，在 win32com 和 xlwings API 方式下使用 Copy 方法。

使用不带参数的 Copy 方法，会复制一个工作表并在新工作簿中打开。

【win32com】

```
>>> bk.Sheets("Sheet1").Copy()
```

【xlwings API】

```
>>> bk.api.Sheets("Sheet1").Copy()
```

在使用 Copy 方法时也可以指定位置参数，确定将生成的新工作表放在指定工作表的前面或后面。注意：参数名称区分大小写。

【win32com】

```
>>> bk.Sheets("Sheet1").Copy(Before=bk.Sheets("Sheet2"))
>>> bk.Sheets("Sheet1").Copy(After=bk.Sheets("Sheet2"))
```

【xlwings API】

```
>>> bk.api.Sheets("Sheet1").Copy(Before=bk.api.Sheets("Sheet2"))
>>> bk.api.Sheets("Sheet1").Copy(After=bk.api.Sheets("Sheet2"))
```

也可以跨工作簿复制工作表。假设 bk2 是另一个工作簿，将当前工作簿 bk 中的第 1 个工作表复制到 bk2 工作簿中第 2 个工作表的前面或后面。

【win32com】

```
>>> bk.Sheets("Sheet1").Copy(Before=bk2.Sheets("Sheet2"))
>>> bk.Sheets("Sheet1").Copy(After=bk2.Sheets("Sheet2"))
```

【xlwings API】

```
>>> bk.api.Sheets("Sheet1").Copy(Before=bk2.api.Sheets("Sheet2"))
>>> bk.api.Sheets("Sheet1").Copy(After=bk2.api.Sheets("Sheet2"))
```

移动工作表与复制工作表类似，使用工作表对象的 Move 方法。

使用不带参数的 Move 方法，会创建一个新的工作簿并将指定的工作表移动到该工作簿中打开。

【win32com】

```
>>> bk.Sheets("Sheet1").Move()
```

【xlwings API】

```
>>> bk.api.Sheets("Sheet1").Move()
```

在使用 Move 方法时也可以指定位置参数，确定将工作表移动到指定工作表的前面或后面。

【win32com】

```
>>> bk.Sheets("Sheet1").Move(Before=bk.Sheets("Sheet3"))
>>> bk.Sheets("Sheet1").Move(After=bk.Sheets("Sheet3"))
```

【xlwings API】

```
>>> bk.api.Sheets("Sheet1").Move(Before=bk.api.Sheets("Sheet3"))
>>> bk.api.Sheets("Sheet1").Move(After=bk.api.Sheets("Sheet3"))
```

也可以跨工作簿移动工作表，只需在设置位置参数时指定目标工作簿对象即可。

【win32com】

```
>>> bk.Sheets("Sheet1").Move(Before=bk2.Sheets("Sheet2"))
```

【xlwings API】

```
>>> bk.api.Sheets("Sheet1").Move(Before=bk2.api.Sheets("Sheet2"))
```

使用列表可以同时移动多个工作表。下面将 Sheet2 和 Sheet3 工作表移动到 Sheet1 工作表的前面。

【win32com】

```
>>> bk.Sheets(["Sheet2", "Sheet3"]).Move(Before=bk.Sheets(1))
```

【xlwings API】

```
>>> bk.api.Sheets(["Sheet2", "Sheet3"]).Move(Before=bk.api.Sheets(1))
```

删除工作表可以使用 sheets 对象的 Delete 方法。使用列表可以一次删除多个工作表。

【win32com】

```
>>> bk.Sheets("Sheet1").Delete()
>>> bk.Sheets(["Sheet2", "Sheet3"]).Delete()
```

【xlwings】

```
>>> bk.sheets("Sheet1").delete()
>>> bk.sheets(["Sheet2", "Sheet3"]).delete()
```

【xlwings API】

```
>>> bk.api.Sheets("Sheet1").Delete()
>>> bk.api.Sheets(["Sheet2", "Sheet3"]).Delete()
```

4.4.4 隐藏和显示工作表

通过设置工作表对象的 visible（Visible）属性，可以隐藏或显示工作表。

在 xlwings 方式下，设置工作表对象的 visible 属性的值为 False 或 0，隐藏工作表；设置为 True 或 1，显示工作表。下面隐藏 bk 工作簿中的 Sheet1 工作表。

```
>>> bk.sheets("Sheet1").visible = False
>>> bk.sheets("Sheet1").visible = 0
```

在 win32com 和 xlwings API 方式下，使用工作表对象的 Visible 属性显示或隐藏工作表。下面 3 行代码的作用一样，用于隐藏 bk 工作簿中的 Sheet1 工作表。

【win32com】

```
>>> bk.Sheets("Sheet1").Visible = False
>>> bk.Sheets("Sheet1").Visible = constants.xlSheetHidden
>>> bk.Sheets("Sheet1").Visible = 0
```

【xlwings API】

```
>>> bk.api.Sheets("Sheet1").Visible = False
>>> bk.api.Sheets("Sheet1").Visible = xw.constants.SheetVisibility .xlSheetHidden
>>> bk.api.Sheets("Sheet1").Visible = 0
```

对于使用这种方法隐藏的工作表，在图 4-21 所示的快捷菜单中单击"取消隐藏…"选项，在打开的对话框中可以找到对应的工作表名称，选择它可以取消隐藏。

当使用 win32com 和 xlwings API 方式时，还有一种隐藏叫作深度隐藏。深度隐藏的工作表，无法通过菜单取消隐藏，只能通过在属性窗口中设置或者用代码取消隐藏。使用下面的代码对工作表进行深度隐藏。

【win32com】

```
>>> bk.Sheets("Sheet1").Visible=constants.xlSheetVeryHidden
>>> bk.Sheets("Sheet1").Visible=2
```

【xlwings API】

```
>>> bk.api.Sheets("Sheet1").Visible=xw.constants.SheetVisibility.
xlSheetVeryHidden
>>> bk.api.Sheets("Sheet1").Visible=2
```

无论以何种方式隐藏了工作表，都可以使用下面代码中的任意一句显示它。

【win32com】

```
>>> bk.Sheets("Sheet1").Visible = True
>>> bk.Sheets("Sheet1").Visible = constants.xlSheetVisible
>>> bk.Sheets("Sheet1").Visible = 1
```

```
>>> bk.Sheets("Sheet1").Visible = -1
```

【xlwings】

```
>>> bk.sheets("Sheet1").visible = True
>>> bk.sheets("Sheet1").visible = 1
```

【xlwings API】

```
>>> bk.api.Sheets("Sheet1").Visible = True
>>> bk.api.Sheets("Sheet1").Visible = xw.constants.SheetVisibility.
xlSheetVisible
>>> bk.api.Sheets("Sheet1").Visible = 1
>>> bk.api.Sheets("Sheet1").Visible = -1
```

4.4.5　选择行和列

选择单行，要先引用这一行，然后使用 Select 方法选择即可。下面选择第 1 行。

【win32com】

```
>>> sht.Rows(1) .Select()
>>> sht.Range("1:1").Select()
>>> sht.Range("A1").EntireRow.Select()
```

【xlwings】

```
>>> sht["1:1"].select()
```

【xlwings API】

```
 >>> sht.api.Rows(1) .Select()
 >>> sht.api.Range("1:1").Select()
 >>> sht.api.Range("a1").EntireRow.Select()
```

选择多行，要先引用这些行，然后使用 Select 方法选择。下面选择第 1~5 行。

【win32com】

```
>>> sht.Rows("1:5").Select()
>>> sht.Range("1:5").Select()
>>> sht.Range("A1:A5").EntireRow.Select()
```

【xlwings】

```
>>> sht["1:5"].select()
>>> sht[0:5,:].select()
```

【xlwings API】

```
>>> sht.api.Rows("1:5").Select()
>>> sht.api.Range("1:5").Select()
```

```
>>> sht.api.Range("A1:A5").EntireRow.Select()
```

选择不连续的行，要先引用这些不连续的行，然后使用 Select 方法选择。下面选择第 1~5 行和第 7~10 行。

【win32com】

```
>>> sht.Range("1:5,7:10").Select()
```

【xlwings】

```
>>> sht.range("1:5,7:10").select()
```

【xlwings API】

```
>>> sht.api.Range("1:5,7:10").Select()
```

选择单列，要先引用这一列，然后使用 Select 方法选择即可。下面选择第 1 列。

【win32com】

```
>>> sht.Columns(1).Select()
>>> sht.Columns("A").Select()
>>> sht.Range("A:A").Select()
>>> sht.Range("A1").EntireColumn.Select()
```

【xlwings】

```
>>> sht.range("A:A").select()
```

【xlwings API】

```
>>> sht.api.Columns(1).Select()
>>> sht.api.Columns("A").Select()
>>> sht.api.Range("A:A").Select()
>>> sht.api.Range("A1").EntireColumn.Select()
```

选择多列，要先引用这些列，然后使用 Select 方法选择。下面选择 B、C 列。

【win32com】

```
>>> sht.Columns("B:C").Select()
>>> sht.Range("B:C").Select()
>>> sht.Range("B1:C2").EntireColumn.Select()
```

【xlwings】

```
>>> sht.range("B:C").select()
>>> sht[:,1:3].select()
```

【xlwings API】

```
>>> sht.api.Columns("B:C").Select()
>>> sht.api.Range("B:C").Select()
```

```
>>> sht.api.Range("B1:C2").EntireColumn.Select()
```

选择不连续的列，要先引用这些不连续的列，然后使用 Select 方法选择。下面选择 C~E 列和 G~I 列。

【win32com】

```
>>> sht.Range("C:E,G:I").Select()
```

【xlwings】

```
>>> sht.range("C:E,G:I").select()
```

【xlwings API】

```
>>> sht.api.Range("C:E,G:I").Select()
```

4.4.6　复制、剪切行和列

在 win32com 和 xlwings API 方式下，引用行和列后，分别使用单元格对象的 Copy 方法和 Cut 方法来复制、剪切行和列。

在进行复制时，首先使用 Copy 方法将源数据复制到剪贴板，选择要粘贴的目标位置，然后使用工作表对象的 Paste 方法进行粘贴。下面将第 2 行的内容复制到第 7 行。

【win32com】

```
>>> sht.Rows("2:2").Copy()
>>> sht.Range("A7").Select()
>>> sht.Paste()
```

【xlwings API】

```
>>> sht.api.Rows("2:2").Copy()
>>> sht.api.Range("A7").Select()
>>> sht.api.Paste()
```

在进行剪切时，首先使用 Cut 方法将源数据剪切到剪贴板，选择要粘贴的目标位置，然后使用工作表对象的 Paste 方法进行粘贴。剪切与复制的区别在于，剪切后源数据就清空了，而复制不会清空源数据。剪切相当于移动操作。下面将第 2 行的内容剪切到第 7 行。

【win32com】

```
>>> sht.Rows("2:2").Cut()
>>> sht.Range("A7").Select()
>>> sht.Paste()
```

【xlwings API】

```
>>> sht.api.Rows("2:2").Cut()
>>> sht.api.Range("A7").Select()
```

```
>>> sht.api.Paste()
```

也可以一次剪切多行。首先选择这些行，然后使用 Selection 对象的 Cut 方法进行剪切。注意：在 win32com 和 xlwings API 方式下，获取 Selection 对象的方法不一样。下面将第 2 行和第 3 行的内容剪切到第 7 行和第 8 行。

【win32com】

```
>>> sht.Rows ("2:3").Select()
>>> app.Selection.Cut()
>>> sht.Range("A7").Select()
>>> sht.Paste()
```

【xlwings API】

```
>>> sht.api.Rows ("2:3").Select()
>>> bk.selection.api.Cut()
>>> sht.api.Range("A7").Select()
>>> sht.api.Paste()
```

列的复制、剪切与行的复制、剪切类似，只是引用的是列。下面将 A 列的内容复制到 E 列。

【win32com】

```
>>> sht.Columns("A:A").Copy()
>>> sht.Range("E1").Select()
>>> sht.Paste()
```

【xlwings API】

```
>>> sht.api.Columns("A:A").Copy()
>>> sht.api.Range("E1").Select()
>>> sht.api.Paste()
```

将第 1 列的内容剪切到第 5 列：

【win32com】

```
>>> sht.Columns("A:A").Cut()
>>> sht.Range("E1").Select()
>>> sht.Paste()
```

【xlwings API】

```
>>> sht.api.Columns("A:A").Cut()
>>> sht.api.Range("E1").Select()
>>> sht.api.Paste()
```

将 B、C 列的内容剪切到 F、G 列：

【win32com】

```
>>> sht.Columns("B:C").Select()
>>> app.Selection.Cut()
>>> sht.Range("F1").Select()
>>> sht.Paste()
```

【xlwings API】

```
>>> sht.api.Columns("B:C").Select()
>>> bk.selection.api.Cut()
>>> sht.api.Range("F1").Select()
>>> sht.api.Paste()
```

4.4.7　插入行和列

4.3.9 节介绍了使用单元格对象的 Insert（insert）方法插入单元格或区域，引用行或列后，调用同样的方法，可以实现插入行或列。

对于图 4-23 所示的工作表数据，定义第 2 行的格式，设置 A2 单元格的背景色为绿色，C2 为蓝色，E2 为红色，在第 3 行的上面插入行，复制第 2 行的格式。编写代码如下：

【win32com】

```
>>> sht.Range("A2").Interior.Color=xw.utils.rgb_to_int((0, 255, 0))
>>> sht.Range("C2").Interior.Color=xw.utils.rgb_to_int((0, 0, 255))
>>> sht.Range("E2").Interior.Color=xw.utils.rgb_to_int((255, 0, 0))
>>> sht.Rows(3).Insert(Shift=constants.xlShiftDown,
CopyOrigin=constants.xlFormatFromLeftOrAbove)
```

【xlwings】

```
>>> sht.range("A2").color=(0,255,0)
>>> sht.range("C2").color=(0,0,255)
>>> sht.range("E2").color=(255,0,0)
>>> sht["3:3"].insert(shift="down",copy_origin="format_from_left_or_above")
```

【xlwings API】

```
>>> sht.api.Range("A2").Interior.Color=xw.utils.rgb_to_int((0, 255, 0))
>>> sht.api.Range("C2").Interior.Color=xw.utils.rgb_to_int((0, 0, 255))
>>> sht.api.Range("E2").Interior.Color=xw.utils.rgb_to_int((255, 0, 0))
>>> sht.api.Rows(3).Insert(Shift=xw.constants.InsertShiftDirection.
xlShiftDown,CopyOrigin=xw.constants.InsertFormatOrigin.xlFormatFromLeftOrAbove)
```

定义第 2 行的格式并在第 3 行的上面插入行后的效果如图 4-24 所示。插入的第 3 行复制了第 2 行的格式，原来位置的行及以下数据依次往下移。

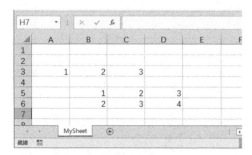

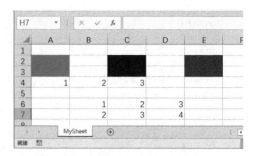

图 4-23　原工作表数据　　　　　　图 4-24　定义格式并插入行后的工作表

使用循环，可以连续插入多行。下面在第 3 行的上面插入 4 个空白行。

【win32com】

```
>>> for i in range(4):
        sht.Rows(3).Insert()
```

【xlwings API】

```
>>> for i in range(4):
        sht.api.Rows(3).Insert()
```

下面在活动工作表中先选择一行，然后在该行的上面插入一个空白行。

【win32com】

```
>>> bk.ActiveSheet.Rows(app.Selection.Row).Insert()
```

【xlwings API】

```
>>> bk.sheets.active.api.Rows(bk.selection.row).Insert()
```

在实际应用中，通常需要遍历多行，在其中找到满足条件的行，然后在它的上面插入空白行。下面遍历 sht 工作表对象中第 3 列的各行，找到值为"雷婷"的单元格，在它所在行的上面插入一行。

【win32com】

```
>>> for i in range(10,2,-1):
        if sht.Cells(i, 3).Value == '雷婷':
            sht.Cells(i, 3).EntireRow.Insert()
```

【xlwings API】

```
>>> for i in range(10,2,-1):
        if sht.cells(i, 3).value == '雷婷':
            sht.api.Cells(i, 3).EntireRow.Insert()
```

插入列的操作与插入行的操作基本相同，只是区域的引用方式和 Insert（insert）方法的参数设置不一样。

【win32com】

```
>>> sht.Columns(2).Insert()
```

【xlwings】

```
>>> sht['B:B'].insert()
```

【xlwings API】

```
>>> sht.api.Columns(2).Insert()
```

使用循环，可以连续插入多列。

【win32com】

```
>>> for i in range(1,3):
        sht.Cells(1, 2).Select()
        app.Selection.EntireColumn.Insert()
```

【xlwings API】

```
    >>> for i in range(1,3):
            sht.cells(1, 2).select()
            bk.selection.api.EntireColumn.Insert()
```

使用循环隔列插入列，可以将循环时计数变量的步长设置为 2，或者在循环体中对单元格进行引用时间隔引用列。下面使用第 2 种方法隔列插入列。

【win32com】

```
>>> for i in range(1,9):
        sht.Cells(1, 2*i).Select()
        app.Selection.EntireColumn.Insert()
```

【xlwings API】

```
>>> for i in range(1,9):
        sht.cells(1, 2*i).select()
        bk.selection.api.EntireColumn.Insert()
```

4.4.8　删除行和列

引用行或列后，使用工作表对象的 Delete（delete）方法可以删除行或列。该方法在 4.3.11 节中有详细的介绍，请参阅。

1. 删除单行单列、多行多列、不连续的行和列

单行单列、多行多列和不连续的行和列的删除，请参见 4.4.5 节中行和列选择的内容，其引用方式相同，把 Select（select）方法换成 Delete（delete）方法即可，这里不再赘述。

2. 删除空行

删除空行有多种方法，下面介绍两种。

第 1 种方法是使用 4.3.7 节介绍的 SpecialCells 方法，先找到空格，然后删除空格所在的行。

【win32com】

```
>>> sht.Columns("A:A").SpecialCells(constants.xlCellTypeBlanks).EntireRow.
Delete()
```

【xlwings API】

```
>>> sht.api.Columns("A:A").SpecialCells(xw.constants.CellType.
xlCellTypeBlanks).EntireRow.Delete()
```

第 2 种方法是使用工作表函数，这里用到后面要介绍的 Application 对象，使用该对象的 WorksheetFunction 属性，继续引用其 CountA 方法。该方法的参数为工作表的行，如果行为空行，则返回 0。据此可以删除所有空行。

【win32com】

```
>>> a= sht.UsedRange.Rows.Count
>>> for i in range(a,1,-1):
        if app.WorksheetFunction.CountA(sht.Rows(i))==0:
            sht.Rows(i).Delete()
```

【xlwings API】

```
>>> a= sht.used_range.rows.count
>>> for i in range(a,1,-1):
        if app.api.WorksheetFunction.CountA(sht.api.Rows(i))==0:
            sht.api.Rows(i).Delete()
```

3. 删除重复行

删除重复行，首先要把重复行找出来。使用工作表函数 COUNTIF 可以找出重复行。例如图 4-25 中第 1 列是给定的数据，在 B1 单元格中添加公式"=COUNTIF($A$1:$A$7,A1)"，下拉填充，结果如图中第 2 列所示，列中每个数据都表示左侧数据重复的次数，大于 1 的即表示有重复。据此可以找出重复行。

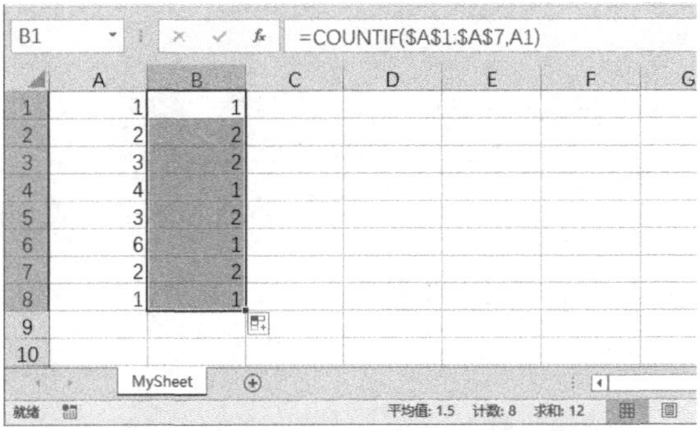

图 4-25　使用 COUNTIF 函数查找重复行

编写如下代码，使用 COUNTIF 函数对工作表中第 1 列数据进行判断，如果返回值大于 1，则表示为重复行，删除。

【win32com】

```
>>> a=sht.Cells(sht.Rows.Count, 1).End(constants.xlUp).Row
>>> for i in range(a,1,-1):
        if app.WorksheetFunction.CountIf(sht.Columns(1), sht.Cells (i,1))>1:
            sht.Rows(i).Delete()
```

【xlwings API】

```
>>> a=sht.cells(sht.api.Rows.Count, 1).end("up").row
>>> for i in range(a,1,-1):
        if app.api.WorksheetFunction.CountIf(sht.api.Columns(1), sht. api.
Cells(i,1))>1:
            sht.api.Rows(i).Delete()
```

4.4.9　设置行高和列宽

在 win32com 和 xlwings API 方式下，使用单元格对象的 RowHeight 属性设置和获取行高，使用 ColumnWidth 属性设置和获取列宽。

下面设置第 3 行的行高为 30，第 5 行的行高为 40，最后设置所有行的行高为 30。

【win32com】

```
>>> sht.Rows(3).RowHeight = 30
>>> sht.Range("C5").EntireRow.RowHeight = 40
>>> sht.Range("C5").RowHeight = 40
>>> sht.Cells.RowHeight = 30
```

【xlwings API】

```
>>> sht.api.Rows(3).RowHeight = 30
>>> sht.api.Range("C5").EntireRow.RowHeight = 40
>>> sht.api.Range("C5").RowHeight = 40
>>> sht.api.Cells.RowHeight = 30
```

下面设置第 2 列的列宽为 20，第 4 列的列宽为 15，最后设置所有列的列宽为 10。

【win32com】

```
>>> sht.Columns(2).ColumnWidth = 20
>>> sht.Range("C4").ColumnWidth = 15
>>> sht.Range("C4").EntireColumn.ColumnWidth = 15
>>> sht.Cells.ColumnWidth = 10
```

【xlwings API】

```
>>> sht.api.Columns(2).ColumnWidth = 20
>>> sht.api.Range("C4").ColumnWidth = 15
>>> sht.api.Range("C4").EntireColumn.ColumnWidth = 15
>>> sht.api.Cells.ColumnWidth = 10
```

在 xlwings 方式下，使用工作表对象的 autofit 方法，将在整个工作表中自动调整行、列或两者的高度和宽度。该方法的语法格式为：

```
sht.autofit(axis=None)
```

其中，sht 为需要设置的工作表。当 axis 参数的值为"rows"或"r"时，自动调整行；当其值为"columns"或"c"时，自动调整列。当不带参数时，自动调整行和列。

```
>>> sht.autofit("c")
```

如图 4-26 和图 4-27 所示为自动调整工作表列宽前后的效果。

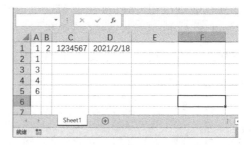

图 4-26　自动调整列宽前的工作表　　　　图 4-27　自动调整列宽后的工作表

4.5　工作簿对象

工作簿对象是工作表对象的父对象，是对现实办公场景中文件夹的抽象和模拟。一个工作簿中可以有一个或多个工作表。使用工作簿对象的属性和方法，可以对工作簿进行设置和操作。

与工作簿有关的对象，在 win32com 和 xlwings API 方式下主要有 Workbook、Workbooks 和 ActiveWorkbook 等；在 xlwings 方式下有 Book 和 books。复数形式的类表示集合，所有单数形式的对象都在对应集合中存储和管理。ActiveWorkbook 表示当前活动工作簿。

4.5.1　创建和打开工作簿

可以使用 xlwings 方式及 win32com 和 xlwings API 方式创建和打开工作簿。

在 xlwings 方式下，使用 books 对象的 add 方法，或者使用 xlwings 的 Book 方法创建工作簿。在创建 application 对象时，也会创建一个工作簿。在 win32com 和 xlwings API 方式下，使用 Workbooks 对象的 Add 方法创建工作簿。

【win32com】

```
>>> import win32com.client as win32
>>> app=win32.gencache.EnsureDispatch("excel.application")
>>> app.Visible=True
>>> bk=app.Workbooks.Add()
```

【xlwings】

```
>>> import xlwings as xw
>>> bk=xw.books.add()
```

或者

```
>>> bk=xw.Book()
```

或者

```
>>> app=xw.App()
>>> bk=xw.books.active
```

【xlwings API】

```
>>> import xlwings as xw
>>> app=xw.App()
>>> bk=app.api.Workbooks.Add()
```

在 win32com 方式下，在创建 Application 对象时，默认应用窗口是不可见的，将它的 Visible 属性的值设置为 True，使之可见。

在 xlwings API 方式下，在创建 application 对象时，创建了一个工作簿，使用 Workbooks.Add 方法又创建了一个工作簿，实际上创建了两个工作簿。可以用下面的代码引用前一步创建的工作簿。

```
>>> bk=app.api.Workbooks(1)
```

在创建一个新的工作簿后，这个新的工作簿自动成为活动工作簿。在 xlwings 方式下，使用 books 对象的 active 属性获取当前活动工作簿。

```
>>> bk=xw.books.active
>>> bk.name
'工作簿 1'
```

在 win32com 和 xlwings API 方式下，使用 ActiveWorkbook 对象引用活动工作簿。

```
>>> app.api.ActiveWorkbook.Name
'工作簿 1'
```

在 win32com 和 xlwings API 方式下，可以在新建工作簿的同时指定工作簿中工作表的类型。在指定工作表类型时，可以直接指定，也可以指定一个文件，在新建的工作簿中工作表的类型与该文件中的相同。

【win32com】

```
>>> bk=app.Workbooks.Add(constants.xlWBATChart)
>>> bk=app.Workbooks.Add(r"C:\1.xlsx")
```

【xlwings API】

```
>>> bk=app.api.Workbooks.Add(xw.constants.WBATemplate.xlWBATChart)
>>> bk=app.api.Workbooks.Add(r"C:\1.xlsx")
```

工作表类型参数的取值有 4 个，即 xlWBATWorksheet、xlWBATChart、xlWBATExcel4MacroSheet 和 xlWBATExcel4IntlMacroSheet，分别表示普通工作表、图表工作表、宏工作表和国际宏工作表。

对于已经存在的工作簿文件，在 xlwings 方式下，使用 books 对象的 open 方法打开；在 win32com 和 xlwings API 方式下，使用 Workbooks 对象的 Open 方法打开。如果工作簿文件尚未打开，则打开并返回。如果它已经打开，则不会引发异常，只是返回工作簿对象。open（Open）方法的参数是一个字符串，指定完整的路径名和文件名。如果只指定文件名，则在当前工作目录中查找该文件。

【win32com】

```
>>> bk=app.Workbooks.Open(r"C:\1.xlsx")
```

【xlwings】

```
>>> xw.books.open(r"C:/1.xlsx")
```

```
<Book [1.xls]>
```

也可以使用 Book 对象打开 Excel 文件：

```
>>> xw.Book(r"C:/1.xlsx")
<Book [1.xls]>
```

【xlwings API】

```
>>> bk=app.api.Workbooks.Open(r"C:\1.xlsx")
```

4.5.2　引用、激活、保存和关闭工作簿

在 xlwings 方式下，book 对象是 books 集合的成员，可以直接使用 book 对象在 books 集合中的索引号进行引用。

```
>>> import xlwings as xw
>>> xw.books[0]
<Book [工作簿 1]>
```

也可以使用圆括号进行引用，例如：

```
>>> xw.books(1)
<Book [工作簿 1]>
```

注意：当使用方括号引用时基数为 0，当使用圆括号引用时基数为 1。

如果有多个 Excel 应用同时打开，则可以使用工作簿的名称进行引用。

下面创建一个新的 Excel 应用，引用其中名称为"工作簿 1"的工作簿。

```
>>> app = xw.App()
>>> app.books["工作簿 1"]
```

如果已经存在多个 Excel 应用，则可以使用 xw.apps.keys() 获取它们的 PID，通过 PID 索引得到所需要的应用，然后使用该应用的 books 属性建立对工作簿的引用。

```
>>> pid=xw.apps.keys()
>>> pid
[3672, 4056]
>>> app=xw.apps[pid[0]]
>>> app.books[0]
<Book [工作簿 1]>
```

使用 activate 方法激活工作簿。

```
>>> xw.books(1).activate()
```

使用 books 对象的 active 属性返回活动工作簿。

```
>>> xw.books.active.name
'工作簿 1'
```

使用 save 方法保存工作簿。

```
>>> bk.save()
>>> bk.save(r'C:\path\to\new_file_name.xlsx')
```

使用 close 方法关闭工作簿而不保存。

```
>>> bk.close()
```

在 win32com 和 xlwings API 方式下，也可以使用索引号和名称引用工作簿。

【win32com】

```
>>> bk=app.Workbooks(1)
>>> bk=app.Workbooks("工作簿 1")
```

【xlwings API】

```
>>> bk=app.api.Workbooks(1)
>>> bk=app.api.Workbooks("工作簿 1")
```

使用 Activate 方法激活工作簿。

【win32com】

```
>>> app.Workbooks(1).Activate()
```

【xlwings API】

```
>>> app.api.Workbooks(1).Activate()
```

使用 ActiveWorkbook 对象引用活动工作簿。

【win32com】

```
>>> app.ActiveWorkbook.Name
'工作簿 1'
```

【xlwings API】

```
>>> app.api.ActiveWorkbook.Name
'工作簿 1'
```

保存对工作簿的更改，调用 Workbooks 对象的 Save 方法。

【win32com】

```
>>> bk=app.Workbooks(1)
>>> bk.Save()
```

【xlwings API】

```
>>> bk=app.api.Workbooks(1)
>>> bk.Save()
```

如果想将文件另存为一个新的文件，或者第一次保存一个新建的工作簿，就用 SaveAs 方法，其参数指定文件保存的路径及文件名。如果省略路径，则默认将文件保存在当前工作目录中。

【win32com】

```
>>> bk=app.Workbooks(1)
>>> bk.SaveAs(r"D:\test.xlsx")
```

【xlwings API】

```
>>> bk=app.api.Workbooks(1)
>>> bk.SaveAs(r"D:\test.xlsx")
```

使用 SaveAs 方法将工作簿另存为新文件后，将自动关闭原文件，然后打开新文件。如果希望继续保留原文件而不打开新文件，则可以使用 SaveCopyAs 方法。

【win32com】

```
>>> bk=app.Workbooks(1)
>>> bk.SaveCopyAs(r"D:\test.xlsx")
```

【xlwings API】

```
>>> bk=app.api.Workbooks(1)
>>> bk.SaveCopyAs(r"D:\test.xlsx")
```

使用 Workbooks 对象的 Close 方法关闭工作簿。如果不带参数，则关闭所有打开的工作簿。

【win32com】

```
>>> app.Workbooks(1).Close()
```

【xlwings API】

```
>>> app.api.Workbooks(1).Close()
```

4.6　Excel 应用对象

与 Excel 应用相关的对象包括 Application（App）对象和 Apps 对象，其中 Application（App）对象表示 Excel 应用本身，是 Workbook（Book）、Worksheet（Sheet/sheet）、Range 等其他对象的根对象。Apps 对象是集合，对打开的多个 App 对象进行存储和管理。

4.6.1　Application（App）对象和 Apps 对象

当使用 win32com 包时，使用下面的代码创建 Application 对象。

```
>>> import win32com.client as win32
>>> app=win32.gencache.EnsureDispatch('excel.application')
```

当使用 xlwings 包时，使用顶级函数 App()创建 App 对象。

```
>>> import xlwings as xw
>>> app = xw.App()
>>> app2 = xw.App()
```

查看 app 中工作簿的个数。

【win32com】

```
>>> app.Workbooks.Count
```

【xlwings】

```
>>> app.books.count
```

【xlwings API】

```
>>> app.api.Workbooks.Count
```

在 xlwings 方式下，激活应用 app2，使之成为当前应用。

```
>>> app2.activate()
```

查看当前活动工作簿中的活动工作表的 A1 单元格中的值。

```
>>> app.range("A1").value
```

给当前活动工作簿中的活动工作表的 C3 单元格赋值 10，然后选择它，返回当前应用中所选中对象的值。

```
>>> app.range("C3").value=10
>>> app.range("C3").select()
>>> app.selection.value
10.0
```

apps 对象是所有 app 对象的集合。

```
>>> import xlwings as xw
>>> xw.apps
```

使用 add 方法创建一个新的应用，这个新的应用自动成为活动应用。

```
>>> xw.apps.add()
```

使用 active 属性返回活动应用。

```
>>> xw.apps.active
```

使用 count 属性返回应用的个数。

```
>>> xw.apps.count
2
```

每个 Excel 应用都有一个唯一的 PID 值，可使用它对应用集合进行索引。使用 keys 方法获取所有应用的 PID 值，以列表的形式返回。

```
>>> pid=xw.apps.keys()
>>> pid
[3672, 4056]
```

然后可以使用 PID 值引用单个应用。下面获取第一个应用的标题。

```
>>> xw.apps[pid[0]].api.Caption
'工作簿 1 - Excel'
```

在 xlwings 方式下，App 对象没有 Caption 属性，采用的是 API 的用法。

使用 kill 方法，强制 Excel 应用通过终止其进程退出。

```
>>> app.kill()
```

使用 quit 方法，退出应用而不保存任何工作簿。

```
>>> app.quit()
```

4.6.2　定义位置、大小、标题、可见性和状态属性

每个 Excel 应用都是一个 Excel 图形窗口，可以使用 API 调用的方式获取与窗口相关的一些属性。

在 API 方式下，Left 属性和 Top 属性的值定义窗口左上角点的横坐标和纵坐标，即定义窗口的位置。

【win32com】

```
>>> app.Left
66.25
>>> app.Top
21.0
```

【xlwings API】

```
>>> app.api.Left
66.25
>>> app.api.Top
21.0
```

Width 属性和 Height 属性的值定义窗口的宽度和高度，即定义窗口的大小。

【win32com】

```
>>> app.Width
635.25
```

```
>>> app.Height
390.0
```

【xlwings API】

```
>>> app.api.Width
635.25
>>> app.api.Height
390.0
```

使用 Caption 属性的值定义窗口的标题。

【win32com】

```
>>> app.Caption
'工作簿 1 - Excel'
```

【xlwings API】

```
>>> app.api.Caption
'工作簿 1 - Excel'
```

使用 Visible 属性返回或设置窗口的可见性。当该属性的值为 True 时，窗口可见；当其值为 False 时，窗口不可见。

【win32com】

```
>>> app.Visible
True
```

【xlwings API】

```
>>> app.api.Visible
True
```

使用 WindowState 属性定义窗口的显示状态，包括 3 种状态，即窗口最小化、窗口最大化和窗口正常显示，其常数分别对应于 xlMinimized、xlMaximized 和 xlNormal，对应的值分别为 -4140、-4137 和 -4143。

【win32com】

```
>>> app.WindowState
-4143
```

【xlwings API】

```
>>> app.api.WindowState
-4143
```

下面设置窗口最大化。

【win32com】

```
>>> app.WindowState=constants.xlMaximized
```

【xlwings API】

```
>>> app.api.WindowState=xw.constants.WindowState.xlMaximized
```

4.6.3　定义其他常用属性

下面介绍几个比较常用且很有用的属性，包括 ScreenUpdating（screen_updating）、DisplayAlerts（display_alerts）和 WorksheetFunction 属性。

1. 刷新界面

Excel 为用户提供了非常漂亮的图形用户界面，它相当于一个功能强大的虚拟办公环境。从编程的角度来讲，我们需要知道的是，这个漂亮的界面是由图形组成的，是"画"出来的。而且，当使用鼠标和键盘进行单击、移动、按下、释放等每一个动作时，这个界面都会刷新，即所谓的重画。如果对工作表、单元格进行频繁的操作，就会频繁地重画整个界面。

重画是需要时间的。所以，如果能关闭这个重画的动作，就能显著提高脚本的运行速度。这就是 ScreenUpdating（screen_updating）属性的意义所在。

当设置 ScreenUpdating（screen_updating）的值为 False 时，关闭刷新界面的动作，此后对工作表、单元格所做的任何改变都不会在界面上显示出来，直到设置 ScreenUpdating（screen_updating）属性的值为 True。

【win32com】

```
>>> app.ScreenUpdating=False
```

【xlwings】

```
>>> app.screen_updating=False
```

注意：在操作完成以后，要记得将该属性的值设置为 True。

2. 显示警告

编写程序不是一蹴而就的事情，而是需要不断地调试，不断地发现错误、改正错误。即使没有错误了，也会有不完美的地方。此时，程序运行时可能会弹出一些对话框，给出一些提示或者警告。这会中断程序的运行，需要进行人工干预，将其关闭以后，程序才会继续运行。所以，这对于我们追求的自动化操作是一大威胁，使得自动化处理不再流畅。

这样的提示或警告并不是程序出错导致的，不会影响程序的结果。使用 DisplayAlerts（display_alerts）属性，设置它的值为 False 时，可以禁止弹出这些对话框，从而保障程序流畅地运行。当然，当任务处理完以后，还需要将该属性的值设置为 True。

【win32com】

```
>>> app.DisplayAlerts=False
```

【xlwings】

```
>>> app.display_alerts=False
```

3. 调用工作表函数

Excel 的工作表函数功能非常强大，在编写脚本时，如果能够调用它们进行处理，将事半功倍。

利用 WorksheetFunction 属性可以调用工作表函数，轻松完成很多任务。

对于图 4-28 所示工作表中的数据，可以使用工作表函数 CountIf 统计其中大于 8 的数据的个数。

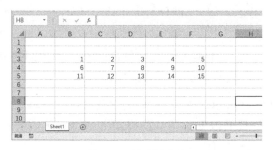

图 4-28　给定的数据

编写代码如下：

【win32com】

```
>>> app.WorksheetFunction.CountIf(app.Range("B2:F5"),">8")
7.0
```

【xlwings API】

```
>>> app.api.WorksheetFunction.CountIf(app.api.Range("B2:F5"),">8")
7.0
```

输出结果为 7.0，表示在工作表给定范围内大于 8 的数据的个数为 7。

4.7　数据读/写

在不同应用程序之间进行混合编程时，数据交换是一个很重要的问题。我们要入乡随俗，在哪山唱哪歌。使用 Python 处理 Excel 数据时，需要先将 Excel 数据按 Python 的要求来保存。同样，将 Python 数据显示到 Excel 工作表中，也要按照 Excel 的要求来做。

4.7.1　Excel 工作表与 Python 列表之间的数据读/写

Excel 工作表与 Python 列表之间的数据读/写，包括将 Excel 数据读取到 Python 列表中和将 Python 列表数据写入 Excel 工作表中。

1.　将 Excel 数据读取到 Python 列表中

对于图 4-29 所示工作表中的行数据，将它们读取到 Python 列表中。

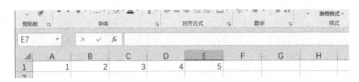

图 4-29　Excel 数据

实现代码如下：

【win32com】

```
>>> import win32com.client as win32
>>> app=win32.gencache.EnsureDispatch("excel.application")
>>> app.Visible=True
>>> bk=app.Workbooks.Add()
>>> sht=bk.Worksheets(1)
>>> lst=sht.Range("A1:E1").Value    #从工作表中读取数据
>>> lst
((1.0, 2.0, 3.0, 4.0, 5.0),)
>>> list(lst[0])
[(1.0, 2.0, 3.0, 4.0, 5.0)]
```

【xlwings】

```
>>> import xlwings as xw
>>> bk=xw.Book()
>>> sht=bk.sheets(1)
>>> lst=sht.range("A1:E1").value    #从工作表中读取数据
>>> lst
[1.0, 2.0, 3.0, 4.0, 5.0]
```

【xlwings API】

```
>>> import xlwings as xw
>>> bk=xw.Book()
>>> sht=bk.api.Sheets(1)
```

```
>>> ls=sht.Range("A1:E1").Value  #从工作表中读取数据
>>> lst
((1.0, 2.0, 3.0, 4.0, 5.0),)
>>> list(lst[0])
[(1.0, 2.0, 3.0, 4.0, 5.0)]
```

当使用 win32com 和 xlwings API 方式时，首先得到的是元组，要使用 list 函数转换成列表。

如果 Excel 数据是列数据，比如第 1 列中前 5 个数为 1, 3, 5, 7, 9，使用 xlwings 方式与使用 win32com 和 xlwings API 方式处理得到的结果完全不同。

【win32com】

```
>>> lst=sht.Range("A1:A5").Value
>>> lst
((1.0,), (3.0,), (5.0,), (7.0,), (9.0,))
>>> lst2=[]
>>> for i in range(len(lst)):
        lst2.append(list(lst[i]))
>>> lst2
[[1.0], [3.0], [5.0], [7.0], [9.0]]
```

【xlwings】

```
>>> lst=sht.range("A1:A5").value
>>> lst
[1.0, 2.0, 3.0, 4.0, 5.0]
```

【xlwings API】

```
>>> lst=sht.api.Range("A1:A5").Value
>>> lst
((1.0,), (3.0,), (5.0,), (7.0,), (9.0,))
>>> lst2=[]
>>> for i in range(len(lst)):
        lst2.append(list(lst[i]))
>>> lst2
[[1.0], [3.0], [5.0], [7.0], [9.0]]
```

可见，当使用 xlwings 方式时，引用列数据得到的仍然是一维列表；当使用 win32com 和 xlwings API 方式时，得到的是二维元组。使用 for 循环把二维元组转换为二维列表或一维列表。下面转换为一维列表。

```
>>> lst3=[]
>>> for i in range(len(lst)):
        lst3.append(list(lst[i][0]))
>>> lst3
[1.0, 3.0, 5.0, 7.0, 9.0]
```

2. 将 Python 列表数据写入 Excel 工作表中

将 Python 列表数据写入 Excel 工作表中，在 xlwings 方式下，指定区域的第 1 个单元格写入即可；在 win32com 和 xlwings API 方式下，需要指定整个区域。下面把一维列表行数据写入 Excel 工作表 sht 中。

【win32com】

```
>>> import win32com.client as win32
>>> app=win32.gencache.EnsureDispatch("excel.application")
>>> app.Visible=True
>>> bk=app.Workbooks.Add()
>>> sht=bk.Worksheets(1)
>>> lst=[1,2,3,4,5]
>>> sht.Range("A3:E3").Value=lst    #将 Python 列表数据写入 Excel 工作表中
```

【xlwings】

```
>>> import xlwings as xw
>>> bk=xw.Book()
>>> sht=bk.sheets(1)
>>> lst=[1,2,3,4,5]
>>> sht.range("A1").value=lst    #将 Python 列表数据写入 Excel 工作表中
```

【xlwings API】

```
>>> import xlwings as xw
>>> bk=xw.Book()
>>> sht=bk.sheets(1)
>>> lst=[1,2,3,4,5]
>>> sht.api.Range("A3:E3").Value=lst    #将 Python 列表数据写入 Excel 工作表中
```

结果如图 4-30 所示。

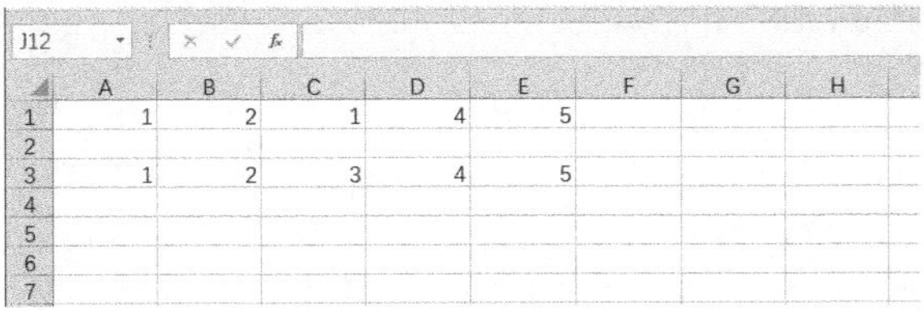

图 4-30　将 Python 列表数据写入 Excel 工作表中

如果希望将 Python 列表数据写入 Excel 工作表中的某列，则分两种情况：一种是列表数据为二维列数据，可直接写入；另一种是列表数据为一维行数据，在写入时进行转置。

【win32com】

```
>>> import win32com.client as win32
```

```
>>> app=win32.gencache.EnsureDispatch("excel.application")
>>> app.Visible=True
>>> bk=app.Workbooks.Add()
>>> sht=bk.Worksheets(1)
>>> lst=[[1],[2],[3],[4],[5]]
>>> sht.Range("C1:C5").Value=lst    #直接写入
```

或者

```
>>> import win32com.client as win32
>>> app=win32.gencache.EnsureDispatch("excel.application")
>>> app.Visible=True
>>> bk=app.Workbooks.Add()
>>> sht=bk.Worksheets(1)
>>> lst=[1,2,3,4,5]
>>> sht.Range("E1:E5").Value=app.WorksheetFunction.Transpose(lst)    #转置
```

【xlwings】

```
>>> import xlwings as xw
>>> bk=xw.Book()
>>> sht=bk.sheets(1)
>>> lst=[[1],[2],[3],[4],[5]]
>>> sht.range("C1").value=lst    #直接写入
```

或者

```
>>> import xlwings as xw
>>> bk=xw.Book()
>>> sht=bk.sheets(1)
>>> lst=[1,2,3,4,5]
>>> sht.range("E1").options(transpose=True).value=lst    #转置
```

【xlwings API】

```
>>> import xlwings as xw
>>> app=xw.App()
>>> bk=app.books(1)
>>> sht=bk.sheets(1)
>>> lst=[[1],[2],[3],[4],[5]]
>>> sht.api.Range("C1:C5").Value=lst    #直接写入
```

或者

```
>>> import xlwings as xw
>>> app=xw.App()
>>> bk=app.books(1)
>>> sht=bk.sheets(1)
>>> lst=[1,2,3,4,5]
```

```
>>> sht.api.Range("E1:E5").Value=app.api.WorksheetFunction.Transpose(lst)
#转置
```

结果如图 4-31 所示。

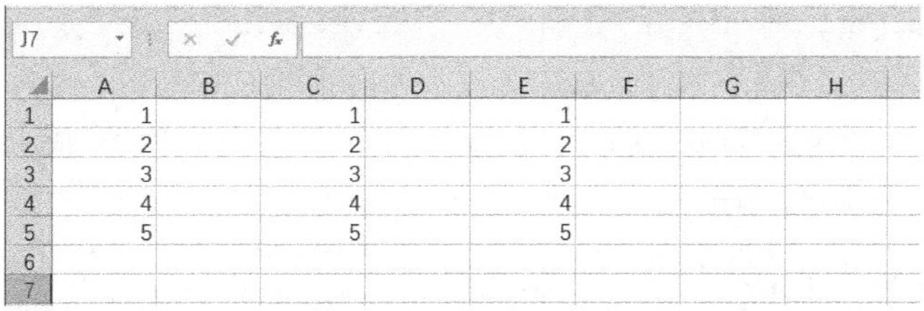

图 4-31　将 Python 列数据写入 Excel 工作表中

将二维列表数据写入 Excel 工作表区域中，当使用 xlwings 方式时，可以使用选项工具将 expand 参数的值设置为"table"，指定目标区域左上角的单元格即可写入。当使用 win32com 和 xlwings API 方式时，需要指定满足大小要求的单元格区域。

【win32com】

```
>>> sht.Range("A5:B6").Value=[[1,2],[3,4]]
```

【xlwings】

```
>>> sht.range("A5:B6").value=[[1,2],[3,4]]
>>> sht.range("A1").options(expand="table").value=[[1,2],[3,4]]
```

【xlwings API】

```
>>> sht.api.Range("A5:B6").Value=[[1,2],[3,4]]
```

4.7.2　Excel 工作表与 Python 字典之间的数据读/写

使用 xlwings 包提供的字典转换器，可以轻松实现 Excel 工作表与 Python 字典之间的数据读/写操作。比如将图 4-32 所示工作表中的 A1:B2 和 A4:B5 区域内的数据转换为字典。A4:B5 区域内的数据是行方向的，使用 transpose 参数设置它的值为 True。

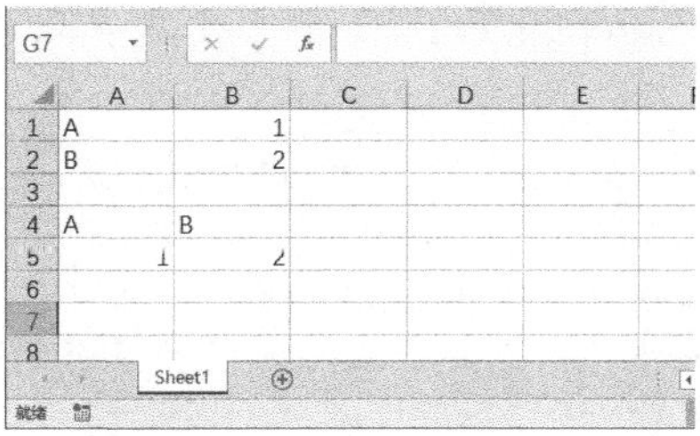

图 4-32　Excel 工作表数据

编写代码如下：

```
>>> sht=xw.sheets.active
>>> sht.range("A1:B2").options(dict).value
{'A': 1.0, 'B': 2.0}
>>> sht.range("A4:B5").options(dict, transpose=True).value
{'A': 1.0, 'B': 2.0}
```

也可以反过来，将给定的字典数据写入 Excel 工作表中。对于下面代码中的字典 dic，写入列和写入行后的效果如图 4-32 所示。

```
>>> dic={ "a": 1.0, "b": 2.0}
>>> sht.range("A1:B2").options(dict).value=dic
>>> sht.range("A4:B5").options(dict, transpose=True).value=dic
```

4.7.3 Excel 工作表与 Python DataFrame 之间的数据读/写

使用 xlwings 包可以实现将 Excel 工作表数据转换为 Python DataFrame 数据类型，也可以将一个或多个 DataFrame 类型数据写入 Excel 工作表中。这部分内容将在 9.3.4 节中详细介绍，请参阅。

4.8 综合应用

本节介绍几个比较实用的综合实例，通过实战来加强对 win32com 和 xlwings 包的学习与理解。

4.8.1 批量新建和删除工作表

使用 win32com 和 xlwings 包可以批量新建和删除工作表。

1. 批量新建工作表

【win32com】

在 win32com 方式下，使用 for 循环，利用 Worksheets 对象的 Add 方法可以批量新建工作表。本示例的 py 文件被保存在 Samples\ch04\示例 1-1 路径下，文件名为 sam04-101.py。

```
1    import win32com.client as win32
2    app=win32.gencache.EnsureDispatch("excel.application")
3    app.Visible=True
4    bk=app.Workbooks.Add()
5    for i in range(1,11):
6        bk.Worksheets.Add(After=bk.Worksheets(bk.Worksheets.Count))
```

第 1 行导入 win32com 包，别名为 win32。

第 2 行和第 3 行创建 Excel 应用对象 app，设置其 Visible 属性的值为 True，使之可见。

第 4 行使用 Workbooks 对象的 Add 方法创建工作簿对象 bk。

第 5 行和第 6 行使用一个 for 循环批量新建 10 个工作表。新建工作表使用的是 Worksheets 对象的 Add 方法，并使用 After 参数定义新建的工作表在已有工作表的最后面。

在 Python IDLE 文件脚本窗口中，在"Run"菜单中单击"Run Module"选项，批量新建 10 个工作表，如图 4-33 所示。

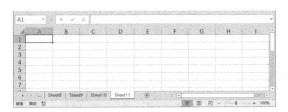

图 4-33　批量新建工作表

【xlwings】

在 xlwings API 方式下，使用 for 循环，利用 Worksheets 对象的 Add 方法可以批量新建工作表。本示例的 py 文件被保存在 Samples\ch04\示例 1-1 路径下，文件名为 sam04-102.py。

```
1    import xlwings as xw
2    app=xw.App()
3    bk=app.books(1)
4    for i in range(1,11):
5        bk.api.Worksheets.Add(After=bk.api.Worksheets(bk.api.Worksheets.Count))
```

第 1 行导入 xlwings 包，别名为 xw。

第 2 行和第 3 行创建 Excel 应用对象和工作簿对象。

第 4 行和第 5 行使用一个 for 循环批量新建 10 个工作表，新建的工作表在所有工作表的最后面。

在 Python IDLE 文件脚本窗口中，在"Run"菜单中单击"Run Module"选项，批量新建 10 个工作表，如图 4-33 所示。

2. 批量删除工作表

【win32com】

在 win32com 方式下，使用 for 循环，利用 Sheets 对象的 Delete 方法可以批量删除指定工作簿中的工作表。该工作簿文件的存放路径为 Samples\ch04\示例 1-2\test01.xlsx，其中共有 11 个工作表，编号为 1~11，从前往后依次排列。本示例的 py 文件被保存在相同目录下，文件名为 sam04-103.py。

```
1    import win32com.client as win32
2    import os
3    app=win32.gencache.EnsureDispatch("excel.application")
4    app.Visible=True
5    root = os.getcwd()
6    bk=app.Workbooks.Open(root+r"/test01.xlsx")
7    app.DisplayAlerts=False
8    for i in range(11,1,-1):
9        bk.Sheets(i).Delete()
10   app.DisplayAlerts=True
```

第 1 行和第 2 行导入 win32com 包和 os 包。

第 3 行和第 4 行创建 Excel 应用对象并使之可见。

第 5 行获取本 py 文件所在的目录，即当前工作目录。

第 6 行使用 Workbooks 对象的 Open 方法打开同一个目录下的 test01.xlsx 文件，返回工作簿对象。

第 7 行设置 Excel 应用对象 app 的 DisplayAlerts 属性的值为 False。这样设置以后，后面删除工作表时就不会弹出提示信息对话框了，可以实现连续删除。

第 8 行和第 9 行使用一个 for 循环实现批量删除 10 个工作表。注意 range 函数的参数，范围的起始位置和终止位置是从 11 到 1，从大到小，步长为-1，递减。这样处理是为了在连续删除时剩下的工作表在 Sheets 集合中的索引号不变。如果从 1 到 11，即从小到大迭代，那么把前面的工作表删除以后，后面的工作表的索引号会自动减 1，发生变化，最后会导致出错。

第 10 行将 app 的 DisplayAlerts 属性的值恢复为 True。

在 Python IDLE 文件脚本窗口中，在"Run"菜单中单击"Run Module"选项，从后往前批量删除 10 个工作表。

【xlwings】

在 xlwings 方式下，使用 for 循环，利用 Sheets 对象的 Delete 方法可以批量删除指定工作簿中的工作表。该工作簿文件的存放路径为 Samples\ch04\示例 1-2\test01.xlsx，其中共有 11 个工作表，编号为 1~11，从前往后依次排列。本示例的 py 文件被保存在相同目录下，文件名为 sam04-104.py。

```
1    import xlwings as xw
2    import os
3    root=os.getcwd()
4    app=xw.App(visible=True, add_book=False)
5    bk=app.books.open(fullname=root+r"\test01.xlsx",read_only=False)
6    app.display_alerts=False
```

```
7    for i in range(11,1,-1):
8        bk.api.Sheets(i).Delete()
9    app.display_alerts=True
```

第 1 行和第 2 行导入 xlwings 包和 os 包。

第 3 行获取本 py 文件所在的目录，即当前工作目录。

第 4 行创建 Excel 应用对象，设置 visible 参数的值为 True，使应用对象可见；设置 add_book 参数的值为 False，不添加工作簿。

第 5 行使用 books 对象的 open 方法打开当前工作目录下的 test01.xlsx 文件，返回工作簿对象。设置 read_only 参数的值为 False，可写，即可以在删除工作表后保存工作簿文件。

第 6 行设置 Excel 应用对象 app 的 display_alerts 属性的值为 False，后面在删除工作表时不会弹出提示信息对话框。

第 7 行和第 8 行使用一个 for 循环实现批量删除 10 个工作表。

第 9 行将 app 的 display_alerts 属性的值恢复为 True。

在 Python IDLE 文件脚本窗口中，在"Run"菜单中单击"Run Module"选项，从后往前批量删除 10 个工作表。

4.8.2　按列拆分工作表

现有各部门工作人员信息如图 4-34 中拆分前的工作表所示。现在要根据第 1 列的值对工作表进行拆分，将每个部门的人员信息归总到一起组成一个新表，表的名称为该部门的名称。拆分的思路是遍历工作表的每一行，如果以部门名称命名的工作表不存在，则创建该名称的新表；如果已经存在，则将该行数据追加到这个工作表中。

图 4-34　按部门拆分工作表

下面使用 win32com 和 xlwings 包进行拆分。

【win32com】

使用 win32com 包实现拆分的代码如下所示。数据文件的存放路径为 Samples\ch04\示例 2\各部门员工.xlsx。本示例的 py 文件被保存在相同目录下，文件名为 sam04-105.py。

```
1    import win32com.client as win32
2    from win32com.client import Dispatch,constants
3    import os
4    app=win32.gencache.EnsureDispatch("excel.application")
5    app.Visible=True
6    root = os.getcwd()  #获取当前工作目录，即本py文件所在的目录
7    bk=app.Workbooks.Open(root+r"/各部门员工.xlsx")  #打开数据文件
8    app.ScreenUpdating=False
9    app.DisplayAlerts=False
10   sht=bk.Worksheets(1)  #获取"汇总"工作表
11   irow=sht.Range("A"+str(sht.Rows.Count)).End(constants.xlUp).Row
12   strs=[]  #创建空列表，用于保存新工作表的名称
13   #遍历数据表的每一行
14   for i in range(2,irow+1):
15       sht2=bk.Worksheets("汇总")
16       strt=sht2.Range("A"+str(i)).Text  #获取该行所属部门名称
17       if(strt not in strs):
18           #如果是新部门，则将名称添加到strs列表中，复制表头和数据
19           strs.append(strt)
20           bk.Worksheets.Add(After=bk.Worksheets(bk.Worksheets.Count))
21           bk.ActiveSheet.Name = strt
22           bk.Worksheets("汇总").Rows(1).Copy(bk.ActiveSheet.Rows(1))
23           bk.Worksheets("汇总").Rows(i).Copy(bk.ActiveSheet.Rows(2))
24       else:
25           #如果是已经存在的部门工作表的名称，则直接追加数据行
26           bk.Worksheets(strt).Select()
27           r=bk.ActiveSheet.Range("A"+\
28                   str(bk.ActiveSheet.Rows.Count)).\
29                   End(constants.xlUp).Row + 1
30           bk.Worksheets("汇总").Rows(i).Copy(bk.ActiveSheet.Rows(r))
31
32   #删除新生成的工作表的第1列
33   for i in range(1,bk.Worksheets.Count+1):
34       bk.Worksheets(i).Columns(1).Delete()
35
36   app.ScreenUpdating=True
37   app.DisplayAlerts=True
```

第 1~3 行导入 win32com 包、win32com 包中的 constants 模块和 os 包。当设置对象方法的

参数为枚举值时需要使用 constants 模块。

第 4 行和第 5 行创建 Excel 应用对象并使之可见。

第 6 行获取 py 文件所在的目录，即当前工作目录。

第 7 行打开数据文件。

第 8 行和第 9 行设置 Excel 应用对象的 ScreenUpdating 和 DisplayAlerts 属性的值都为 False，取消窗口重画和提示、警告信息对话框的显示。

第 10 行和第 11 行获取工作簿中的第 1 个工作表，获取该工作表中数据区域的行数。

第 12 行创建空列表 strs，列表中的元素对应于已经存在的部门工作表的名称。

第 14~30 行遍历数据表中各行，实现对工作表按部门取值进行拆分。

第 15 行获取"汇总"工作表。

第 16 行获取当前行第 1 个单元格中的文本，即部门名称。

第 17~30 行判断刚刚获取的部门名称是否被包含在 strs 列表中，如果是，就创建新表添加数据；如果否，则将该行数据追加到与部门名称同名的工作表中。

第 19~23 行向 strs 列表中追加部门名称，添加工作表到所有工作表的末尾，工作表名称为部门名称。将"汇总"工作表的表头复制到新表的第 1 行，将该行数据复制到新表的第 2 行。

第 25~30 行计算与部门名称同名的工作表中数据区域的下一行行号，将"汇总"工作表中当前行的数据复制过来。

第 33 行和第 34 行使用 for 循环删除新生成的工作表的第 1 列，即"部门"列。

第 36 行和第 37 行恢复 Excel 应用对象的 ScreenUpdating 和 DisplayAlerts 属性的值都为 True。

在 Python IDLE 文件脚本窗口中，在"Run"菜单中单击"Run Module"选项，进行工作表拆分。拆分效果如图 4-34 中拆分后的各工作表所示。

【xlwings】

使用 xlwings 包实现拆分的代码如下所示。数据文件的存放路径为 Samples\ch04\示例 2\各部门员工.xlsx。本示例的 py 文件被保存在相同目录下，文件名为 sam04-106.py。

```
1    import xlwings as xw
2    from xlwings.constants import Direction
3    import os
4    root = os.getcwd()  #获取当前工作目录，即本 py 文件所在的目录
5    app=xw.App(visible=True, add_book=False)
```

```
6    bk=app.books.open(fullname=root+r"\各部门员工.xlsx",read_only=False)
7    app.screen_updating=False
8    app.display_alerts=False
9    sht=bk.sheets(1)  #获取"汇总"工作表
10   irow=sht.api.Range("A"+str(sht.api.Rows.Count)).End(Direction.xlUp).Row
11   strs=[]
12   #遍历数据表的每一行
13   for i in range(2,irow+1):
14       sht2=bk.api.Worksheets("汇总")
15       strt=sht2.Range("A"+str(i)).Text  #获取该行所属部门名称
16       if(strt not in strs):
17           #如果是新部门，则添加名称到 strs 列表中，复制表头和数据
18           strs.append(strt)
19           bk.api.Worksheets.Add(After=bk.api.Worksheets(bk.api.Worksheets.Count))
20           bk.api.ActiveSheet.Name = strt
21           bk.api.Worksheets("汇总").Rows(1).Copy(bk.api.ActiveSheet.Rows(1))
22           bk.api.Worksheets("汇总").Rows(i).Copy(bk.api.ActiveSheet.Rows(2))
23       else:
24           #如果是已经存在的部门工作表的名称，则直接追加数据行
25           bk.api.Worksheets(strt).Select()
26           r=bk.api.ActiveSheet.Range("A"+\
27               str(bk.api.ActiveSheet.Rows.Count)).\
28               End(Direction.xlUp).Row + 1
29           bk.api.Worksheets("汇总").Rows(i).\
30               Copy(bk.api.ActiveSheet.Rows(r))
31
32   #删除新生成的工作表的第 1 列
33   for i in range(1,bk.api.Worksheets.Count+1):
34       bk.api.Worksheets(i).Columns(1).Delete()
35
36   app.screen_updating=True
37   app.display_alerts=True
```

第 1~3 行导入 xlwings 包、xlwings.constants 模块中的 Direction 类和 os 包。

第 4 行获取 py 文件所在的目录，即当前工作目录。

第 5 行创建 Excel 应用对象，设置 visible 参数的值为 True，使应用对象可见；设置 add_book 参数的值为 False，不添加工作簿。

第 6 行使用 books 对象的 open 方法打开当前工作目录下的"各部门员工.xlsx"文件，返回工作簿对象。设置 read_only 参数的值为 False，可写，即可以在添加工作表后保存工作簿文件。

第 7 行和第 8 行设置 Excel 应用对象 app 的 screen_updating 和 display_alerts 属性的值都为 False，取消窗口重画和提示、警告信息对话框的显示。

第 9 行和第 10 行获取工作簿中的第 1 个工作表，获取该工作表中数据区域的行数。

第 11 行创建空列表 strs，列表中的元素对应于已经存在的部门工作表的名称。

第 12~30 行遍历数据表中各行，实现对工作表按部门取值进行拆分。

第 14 行获取"汇总"工作表。

第 15 行获取当前行第 1 个单元格中的文本，即部门名称。

第 16~30 行判断刚刚获取的部门名称是否被包含在 strs 列表中，如果是，就创建新表添加数据；如果否，则将该行数据追加到与部门名称同名的工作表中。

第 18~22 行向 strs 列表中追加部门名称，添加工作表到所有工作表的末尾，工作表名称为部门名称。将"汇总"工作表的表头复制到新表的第 1 行，将该行数据复制到新表的第 2 行。

第 25~30 行计算与部门名称同名的工作表中数据区域的下一行行号，将"汇总"工作表中当前行的数据复制过来。

第 33 行和第 34 行使用 for 循环删除新生成的工作表的第 1 列，即"部门"列。

第 36 行和第 37 行恢复 Excel 应用对象的 ScreenUpdating 和 DisplayAlerts 属性的值都为 True。

在 Python IDLE 文件脚本窗口中，在"Run"菜单中单击"Run Module"选项，进行工作表拆分。拆分效果如图 4-34 中拆分后的各工作表所示。

4.8.3　将多个工作表分别保存为工作簿

现有各部门工作人员信息如图 4-35 中处理前的工作表所示。不同部门工作人员的信息被单独放在一个工作表中，现在要将不同工作表中的数据单独保存为工作簿文件。

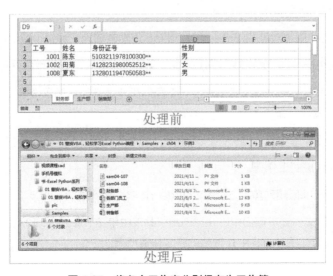

图 4-35　将多个工作表分别保存为工作簿

下面使用 win32com 和 xlwings 包将各工作表数据单独保存为工作簿文件。

【win32com】

使用 win32com 包实现的代码如下所示。数据文件的存放路径为 Samples\ch04\示例 3\各部门员工.xlsx。本示例的 py 文件被保存在相同目录下，文件名为 sam04-107.py。

```
1    import win32com.client as win32
2    import os
3    app=win32.gencache.EnsureDispatch("excel.application")
4    app.Visible=True
5    root = os.getcwd()
6    bk=app.Workbooks.Open(root+r"/各部门员工.xlsx")  #打开数据文件
7
8    app.ScreenUpdating=False
9    #遍历每个工作表，分别保存
10   for sht in bk.Worksheets:
11       sht.Copy()
12       app.ActiveWorkbook.SaveAs(root+"\\"+sht.Name+".xlsx", 51)
13       app.ActiveWorkbook.Close()
14
15   app.ScreenUpdating=True
```

第 1 行和第 2 行导入 win32com 和 os 包。

第 3 行和第 4 行创建 Excel 应用对象并使之可见。

第 5 行获取 py 文件所在的目录，即当前工作目录。

第 6 行打开当前工作目录下的数据文件。

第 8 行设置 Excel 应用对象的 ScreenUpdating 属性的值为 False，取消窗口重画。

第 10~13 行使用一个 for 循环遍历各工作表，实现各工作表数据的单独保存。

第 11 行使用不带参数的 Copy 方法创建一个新的工作簿并将原始工作表中的数据复制过来。新创建的工作簿即为活动工作簿。

第 12 行把活动工作簿中的数据保存到文件中，文件名为原始工作表的名称。

第 13 行关闭新生成的工作簿。

第 15 行恢复 Excel 应用对象的 ScreenUpdating 属性的值为 True。

在 Python IDLE 文件脚本窗口中，在"Run"菜单中单击"Run Module"选项，保存各工作表中的数据。处理效果如图 4-35 中处理后的各工作簿所示。

【xlwings】

使用 xlwings 包实现的代码如下所示。数据文件的存放路径为 Samples\ch04\示例 3\各部门员工.xlsx。本示例的 py 文件被保存在相同目录下，文件名为 sam04-108.py。

```
1    import xlwings as xw
2    import os
3    root = os.getcwd()
4    app=xw.App(visible=True, add_book=False)
5    bk=app.books.open(fullname=root+r"\各部门员工.xlsx",read_only=False)
6    app.screen_updating=False
7    for sht in bk.api.Worksheets:   #遍历每个工作表，分别保存
8        sht.Copy()
9        app.api.ActiveWorkbook.SaveAs(root+"\\"+sht.Name+".xlsx", 51)
10       app.api.ActiveWorkbook.Close()
11
12   app.screen_updating=True
```

第 1 行和第 2 行导入 xlwings 和 os 包。

第 3 行获取 py 文件所在的目录，即当前工作目录。

第 4 行创建 Excel 应用对象，设置 visible 参数的值为 True，使应用对象可见；设置 add_book 参数的值为 False，不添加工作簿。

第 5 行使用 books 对象的 open 方法打开当前工作目录下的"各部门员工.xlsx"文件，返回工作簿对象。设置 read_only 参数的值为 False，可写，即可以在添加工作表后保存工作簿文件。

第 6 行设置 Excel 应用对象 app 的 screen_updating 属性的值为 False，取消窗口重画。

第 7~10 行使用一个 for 循环遍历各工作表，实现各工作表数据的单独保存。

第 8 行使用不带参数的 Copy 方法创建一个新的工作簿并将原始工作表中的数据复制过来。新创建的工作簿即为活动工作簿。

第 9 行把活动工作簿中的数据保存到文件中，文件名为原始工作表的名称。

第 10 行关闭新生成的工作簿。

第 12 行恢复 Excel 应用对象的 screen_updating 属性的值为 True。

在 Python IDLE 文件脚本窗口中，在"Run"菜单中单击"Run Module"选项，保存各工作表中的数据。处理效果如图 4-35 中处理后的各工作簿所示。

4.8.4　将多个工作表合并为一个工作表

4.8.2 节介绍了将一个工作表根据某个列的值拆分为多个工作表，这里反过来，介绍将多个工作

表中的数据合并到一个工作表中。

现有各部门工作人员信息如图 4-36 中合并前的工作表所示。不同部门工作人员的信息被单独放在一个工作表中，现在要将不同工作表中的数据合并到"汇总"工作表中，并添加"部门"列，列的值为数据来源工作表的名称。

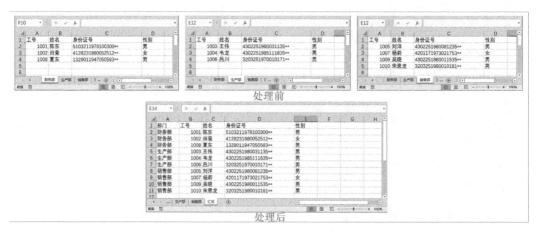

图 4-36　将多个工作表合并为一个工作表

下面使用 win32com 和 xlwings 包将各工作表数据合并到"汇总"工作表中。

【win32com】

使用 win32com 包实现的代码如下所示。数据文件的存放路径为 Samples\ch04\示例 4\各部门员工.xlsx。本示例的 py 文件被保存在相同目录下，文件名为 sam04-109.py。

```
1   import win32com.client as win32
2   from win32com.client import Dispatch,constants
3   import os
4   app=win32.gencache.EnsureDispatch("excel.application")
5   app.Visible=True
6   root=os.getcwd()
7   bk=app.Workbooks.Open(root+r"/各部门员工.xlsx")  #打开数据文件
8   sht= bk.Worksheets("汇总")
9   #清空"汇总"工作表
10  sht.Cells.Clear()
11  #复制表头
12  sht.Range("A1").Value = "部门"
13  bk.Worksheets(1).Range("A1:D1").Copy(sht.Range("B1"))
14  #遍历除"汇总"工作表以外的每个工作表，复制数据
15  for shtt in bk.Worksheets:
16    if shtt.Name!="汇总":
17        rngt=shtt.Range("A2",shtt.Cells(shtt.\
```

```
18              Range("A"+str(shtt.Rows.Count)).\
19              End(constants.xlUp).Row,4))
20      row=sht.Range("A1").CurrentRegion.Rows.Count+1
21      rngt.Copy(sht.Cells(row,2))   #复制数据
22      #在第 1 列添加部门名称
23      rt=sht.Range("A"+str(sht.Rows.Count)).\
24          End(constants.xlUp).Row+1
25      row2=shtt.Range("A1").CurrentRegion.Rows.Count-1
26      rt2=rt+row2
27      for i in range(rt,rt2):
28          sht.Cells(i,1).Value=shtt.Name
```

第 1~3 行导入 win32com 包、win32com 包的 constants 模块和 os 包。

第 4 行和第 5 行创建 Excel 应用对象并使之可见。

第 6 行获取 py 文件所在的目录，即当前工作目录。

第 7 行打开当前工作目录下的数据文件。

第 8 行获取"汇总"工作表。

第 10 行清空"汇总"工作表。

第 12 行和第 13 行将第 1 个工作表的表头复制到"汇总"工作表的 B1~E1 单元格中，在 A1 单元格中添加"部门"。

第 15~28 行使用一个 for 循环遍历各工作表，将各部门工作表的数据复制到"汇总"工作表中，并在第 1 列添加对应的部门名称。

第 17~21 行将各部门工作表的数据复制到"汇总"工作表中。第 17~19 行实为一行，用斜杠表示续行。该行获取源工作表的数据区域。第 20 行获取"汇总"工作表中当前数据区域的行数，将行数加 1 即为追加数据的起始位置。第 21 行使用 Copy 方法将源数据复制到"汇总"工作表中。

第 23~28 行在"汇总"工作表的第 1 列添加部门名称。rt 和 rt2 变量记录该次追加数据在"汇总"工作表中的起始行和终止行。第 27 行和第 28 行使用 for 循环将当前工作表的名称作为"部门"列的值进行添加。

在 Python IDLE 文件脚本窗口中，在"Run"菜单中单击"Run Module"选项，将各工作表中的数据合并到"汇总"工作表中，并添加"部门"列。处理效果如图 4-36 中合并后的"汇总"工作表所示。

【xlwings】

使用 xlwings 包实现的代码如下所示。数据文件的存放路径为 Samples\ch04\示例 4\各部门员工.xlsx。本示例的 py 文件被保存在相同目录下，文件名为 sam04-110.py。

```
1    import xlwings as xw
2    from xlwings.constants import Direction
3    import os
4    root = os.getcwd()
5    app=xw.App(visible=True, add_book=False)
6    bk=app.books.open(fullname=root+r"\各部门员工.xlsx",read_only=False)
7    sht= bk.api.Worksheets("汇总")
8    #清空"汇总"工作表
9    sht.Cells.Clear()
10   #复制表头
11   sht.Range("A1").Value = "部门"
12   bk.api.Worksheets(1).Range("A1:D1").Copy(sht.Range("B1"))
13   #遍历除"汇总"工作表以外的每个工作表
14   for shtt in bk.api.Worksheets:
15       if shtt.Name!= "汇总":
16           rngt=shtt.Range("A2",shtt.Cells(shtt.\
17               Range("A"+str(shtt.Rows.Count)).\
18               End(Direction.xlUp).Row,4))
19           row=sht.Range("A1").CurrentRegion.Rows.Count+1
20           rngt.Copy(sht.Cells(row,2))   #复制数据
21           #在第 1 列添加部门名称
22           rt=sht.Range("A"+str(sht.Rows.Count)).\
23               End(Direction.xlUp).Row + 1
24           row2=shtt.Range("A1").CurrentRegion.Rows.Count-1
25           rt2=rt+row2
26           for i in range(rt,rt2):
27               sht.Cells(i,1).Value=shtt.Name
```

第 1~3 行导入 xlwings 包、xlwings.constants 模块的 Direction 类和 os 包。

第 4 行获取 py 文件所在的目录，即当前工作目录。

第 5 行创建 Excel 应用对象，设置 visible 参数的值为 True，使应用对象可见；设置 add_book 参数的值为 False，不添加工作簿。

第 6 行使用 books 对象的 open 方法打开当前工作目录下的"各部门员工.xlsx"文件，返回工作簿对象。设置 read_only 参数的值为 False，可写，即可以在添加工作表后保存工作簿文件。

第 7 行获取"汇总"工作表。

第 9 行清空"汇总"工作表。

第 11 行和第 12 行将第 1 个工作表的表头复制到"汇总"工作表的 B1~E1 单元格中，在 A1 单元格中添加"部门"。

第 14~27 行使用一个 for 循环遍历各工作表，将各部门工作表的数据复制到"汇总"工作表中，

并在第 1 列添加对应的部门名称。

第 16~20 行将各部门工作表的数据复制到"汇总"工作表中。第 16~18 行实为一行，用斜杠表示续行。该行获取源工作表的数据区域。第 19 行获取"汇总"工作表中当前数据区域的行数，将行数加 1 即为追加数据的起始位置。第 20 行使用 Copy 方法将源数据复制到"汇总"工作表中。

第 22~27 行在"汇总"工作表的第 1 列添加部门名称。rt 和 rt2 变量记录该次追加数据在"汇总"工作表中的起始行和终止行。第 26 行和第 27 行使用 for 循环将当前工作表的名称作为"部门"列的值进行添加。

在 Python IDLE 文件脚本窗口中，在"Run"菜单中单击"Run Module"选项，将各工作表中的数据合并到"汇总"工作表中，并添加"部门"列。处理效果如图 4-36 中合并后的"汇总"工作表所示。

图形图表篇

作为优秀的办公和数据分析软件，Excel 提供了强大的图形和图表绘制功能。本篇结合 xlwings 包介绍如何使用 Python 绘制 Excel 图形和图表，主要内容包括：

- Excel 图形绘制。
- Excel 图表绘制。

第 5 章
使用 Python 绘制 Excel 图形

Excel 提供了很多类型的图表，不管是哪种图表，它都是由点、线、面和文本等这样一些基本的图形元素组合而成的。这些基本图形元素的创建和属性设置，就是本章要介绍的主要内容。学完本章内容以后，大家不仅会对基本图形元素、文本框、标注等本身有较为深入的了解，而且对于深入理解图表、编辑图表子对象的属性也很有帮助（见第 6 章介绍）。如果有必要，则也可以使用这些基本的图形元素定制自己的图表类型。

使用 Python 提供的 win32com、comtypes 和 xlwings 等包，可以实现使用 Python 绘制 Excel 图形。本章主要结合 xlwings 包进行介绍，所以在学习本章内容之前，需要先熟练掌握第 4 章介绍的关于 xlwings 包的知识。多义线、多边形和曲线部分都用到了 comtypes 包。

5.1 创建图形

本节介绍 Excel 提供的基本图形元素的创建，包括点、直线段、矩形、椭圆形、多义线、多边形、贝塞尔曲线、标签、文本框、标注、自选图形、图表、艺术字等。

在 Excel 对象模型中，使用 Shape 对象表示图形，Shapes 对象作为集合对所有图形进行保存和管理。通过编程创建图形的过程，就是创建 Shape 对象并利用其本身及与之相关的一系列对象的属性和方法进行编程的过程。

5.1.1 点

Shapes 对象没有提供专门用于绘制点的方法，但是它提供的自选图形中有若干特殊的图形类型可以用来表示点，比如星形、矩形、圆形、菱形等，这些自选图形可以使用 Shapes 对象的

AddShape 方法创建。该方法的语法格式为：

```
sht.api.Shapes.AddShape(Type, Left, Top, Width, Height)
```

这里采用的是 xlwings 包的 API 方式。sht 表示一个工作表对象。各参数说明如表 5-1 所示。该方法返回一个 Shape 对象。

表 5-1　AddShape 方法的参数说明

名　　称	必需/可选	数据类型	说　　明
Type	必需	MsoAutoShapeType	指定要创建的自选图形的类型
Left	必需	Single	自选图形边框左上角相对于文档左上角的位置（以磅为单位）
Top	必需	Single	自选图形边框左上角相对于文档顶部的位置（以磅为单位）
Width	必需	Single	自选图形边框的宽度（以磅为单位）
Height	必需	Single	自选图形边框的高度（以磅为单位）

其中，Type 参数的取值为 msoAutoShapeType 枚举类型，可以有很多选择。表 5-2 中列出了一些星形点对应的常数和值。

表 5-2　AddShape 方法的 Type 参数中星形点的取值

名　　称	值	说　　明
msoShape10pointStar	149	十角星
msoShape12pointStar	150	十二角星
msoShape16pointStar	94	十六角星
msoShape24pointStar	95	二十四角星
msoShape32pointStar	96	三十二角星
msoShape4pointStar	91	四角星
msoShape5pointStar	92	五角星
msoShape6pointStar	147	六角星

下面分别创建一个用五角星、十二角星和三十二角星表示的点。

```
>>> import xlwings as xw  #导入 xlwings 包
>>> bk=xw.Book()  #新建工作簿
>>> sht=bk.sheets(1)  #获取第 1 个工作表
>>> sht.api.Shapes.AddShape(92,180,80,10,10)  #在指定位置添加点
>>> sht.api.Shapes.AddShape(150,150,40,15,15)
>>> sht.api.Shapes.AddShape(96,80,80,3,3)
```

效果如图 5-1 所示。

也可以用矩形和圆表示点，在 5.1.3 节中进行介绍。

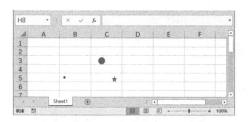

图 5-1　星形点

5.1.2　直线段

使用 Shapes 对象的 AddLine 方法可以创建直线段。该方法的语法格式为：

```
sht.api.Shapes.AddLine(BeginX, BeginY, EndX, EndY)
```

其中，sht 表示一个工作表对象。BeginX 和 BeginY 参数分别表示起点的横坐标和纵坐标，EndX 和 EndY 参数分别表示终点的横坐标和纵坐标。该方法返回一个表示直线段的 Shape 对象。

下面在 sht 工作表对象中添加一个起点为(10,10)、终点为(250,250)的直线段，并设置该直线段的线型为圆点线，颜色为红色，线宽为 5。关于直线段的属性编辑，在 5.2.3 节中有比较详细的介绍。

```
>>> shp=sht.api.Shapes.AddLine(10,10,250,250)  #创建直线段 Shape 对象
>>> ln=shp.Line  #获取线形对象
>>> ln.DashStyle=3  #设置线形对象的属性：线型、颜色和线宽
>>> ln.ForeColor.RGB=xw.utils.rgb_to_int((255, 0, 0))
>>> ln.Weight=5
```

生成的直线段效果如图 5-2 所示。

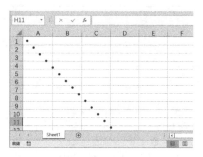

图 5-2　直线段

5.1.3　矩形、圆角矩形、椭圆形和圆形

使用 Shapes 对象的 AddShape 方法可以创建矩形、圆角矩形、椭圆形和圆形。该方法在 5.1.1 节中进行了介绍，它实际上是通过创建自选图形的方法来创建的。该方法与以上几种图形有关的 Type 参数的取值如表 5-3 所示。其中，圆形是特殊的椭圆形，即横轴和纵轴相等的椭圆形。

表 5-3　AddShape 方法与矩形、圆角矩形、椭圆形有关的 Type 参数的取值

名　称	值	说　明
msoShapeRectangle	1	矩形
msoShapeRoundedRectangle	5	圆角矩形
msoShapeOval	9	椭圆形

默认时，生成的矩形和圆形都是实心的，是矩形面和圆形面。设置它们的 Fill 属性返回对象的 Visible 属性的值为 False，可以生成线形的矩形和圆形。

本示例向 sht 工作表对象中添加矩形、圆角矩形、椭圆形和圆形，它们皆为实心的面。

```
>>> sht.api.Shapes.AddShape(1, 50, 50, 100, 200)    #矩形区域
>>> sht.api.Shapes.AddShape(5, 100, 100, 100, 200)   #圆角矩形区域
>>> sht.api.Shapes.AddShape(9, 150, 150, 100, 200)   #椭圆形区域
>>> sht.api.Shapes.AddShape(9, 200, 200, 100, 100)   #圆形区域
```

效果如图 5-3 所示。

下面生成没有填充的线形的矩形、圆角矩形、椭圆形和圆形。

```
>>> shp1=sht.api.Shapes.AddShape(1, 50, 50, 100, 200)   #矩形
>>> shp1.Fill.Visible = False
>>> shp2=sht.api.Shapes.AddShape(5, 100, 100, 100, 200)   #圆角矩形
>>> shp2.Fill.Visible = False
>>> shp3=sht.api.Shapes.AddShape(9, 150, 150, 100, 200)   #椭圆形
>>> shp3.Fill.Visible = False
>>> shp4=sht.api.Shapes.AddShape(9, 200, 200, 100, 100)   #圆形
>>> shp4.Fill.Visible = False
```

效果如图 5-4 所示。

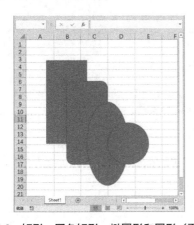
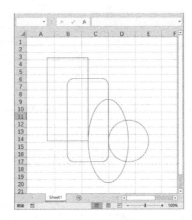

图 5-3　矩形、圆角矩形、椭圆形和圆形（面）　　图 5-4　矩形、圆角矩形、椭圆形和圆形（线）

5.1.4　多义线和多边形

使用 Shapes 对象的 AddPolyline 方法可以创建多义线和多边形。该方法的语法格式为：

```
sht.api.Shapes.AddPolyline(SafeArrayOfPoints)
```

其中，sht 表示一个工作表对象。SafeArrayOfPoints 参数指定多义线或多边形的顶点坐标。该方法返回一个表示多义线或多边形的 Shape 对象。

各顶点用其横坐标和纵坐标对表示，全部顶点用一个二维列表表示。例如：

```
pts=[[10,10],[20,30],[30,50],[50,80],[10,10]]
```

本示例使用 xlwings 包向工作表中添加一个四边形。由于起点和终点的坐标相同，因此，该四边形既是闭合的又是填充的。

```
>>> pts=[[10,10],[20,30],[30,50],[50,80],[10,10]]
>>> sht.api.Shapes.AddPolyline(pts)
```

结果返回下面的出错信息：

```
pywintypes.com_error: (-2147352567, '发生意外。', (0, None, '指定参数的数据类
型不正确。', None, 0, -2146827284), None)
```

可见，使用 xlwings 包绘制多义线、多边形，以及 5.1.5 节介绍的曲线存在问题。我们使用另一个 Python 包 comtypes 来实现。该包与 win32com 和 xlwings 类似，都是基于 COM 机制的。

首先，在 DOS 命令窗口中使用 pip 命令安装 comtypes 包：

```
pip install comtypes
```

然后在 Python IDLE 窗口中输入：

```
>>> #从 comtypes 包中导入 CreateObject 函数
>>> from comtypes.client import CreateObject
>>> app2=CreateObject("Excel.Application")  #创建 Excel 应用
>>> app2.Visible=True  #应用窗口可见
>>> bk2=app2.Workbooks.Add()  #添加工作簿
>>> sht2=bk2.Sheets(1)  #获取第 1 个工作表
>>> pts=[[10,10], [50,150],[90,80], [70,30], [10,10]]  #多边形顶点
>>> sht2.Shapes.AddPolyline(pts)  #添加多边形区域
```

生成如图 5-5 所示的多边形区域。

如果只生成多边形线条，则设置表示多边形区域的 Shape 对象的 Fill 属性返回对象的 Visible 属性的值为 False。

```
>>> pts=[[10,10], [50,150],[90,80], [70,30], [10,10]]
>>> shp=sht2.Shapes.AddPolyline(pts)
>>> shp.Fill.Visible=False  #多边形
```

生成如图 5-6 所示的多边形。

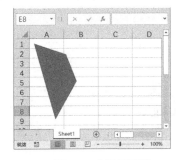
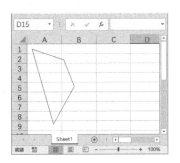

图 5-5　多边形区域　　　　　　　　图 5-6　多边形

5.1.5　曲线

使用 Shapes 对象的 AddCurve 方法可以创建曲线。该方法的语法格式为：

```
sht.api.Shapes.AddCurve(SafeArrayOfPoints)
```

其中，sht 表示一个工作表对象。SafeArrayOfPoints 参数指定贝塞尔曲线顶点和控制点的坐标。指定的点数始终为 $3n + 1$，其中 n 为曲线的线段条数。该方法返回一个表示贝塞尔曲线的 Shape 对象。

各顶点用其横坐标和纵坐标对表示，全部顶点用一个二维列表表示。例如：

```
pts=[[0,0],[72,72],[100,40],[20,50],[90,120],[60,30],[150,90]]
```

下面的示例向 sht 工作表对象中添加贝塞尔曲线。与 5.1.4 节的示例相同，这里使用 comtypes 包进行绘制。

```
>>> from comtypes.client import CreateObject
>>> app2=CreateObject("Excel.Application")
>>> app2.Visible=True
>>> bk2=app2.Workbooks.Add()
>>> sht2=bk2.Sheets(1)
>>> pts=[[0,0],[72,72],[100,40],[20,50],[90,120],[60,30],[150,90]]    #顶点
>>> sht2.Shapes.AddCurve(pts)    #添加贝塞尔曲线
```

生成如图 5-7 所示的贝塞尔曲线。

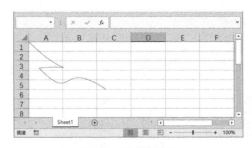

图 5-7　贝塞尔曲线

5.1.6　标签

使用 Shapes 对象的 AddLabel 方法可以创建标签。该方法的语法格式为：

```
sht.api.Shapes.AddLabel(Orientation,Left,Top,Width,Height)
```

其中，sht 表示一个工作表对象。各参数说明如表 5-4 所示。该方法返回一个表示标签的 Shape 对象。

表 5-4　AddLabel 方法的参数说明

名　　称	必需/可选	数据类型	说　　明
Orientation	必需	msoTextOrientation	标签中文本的方向
Left	必需	Single	标签左上角相对于文档左上角的位置（以磅为单位）
Top	必需	Single	标签左上角相对于文档顶部的位置（以磅为单位）
Width	必需	Single	标签的宽度（以磅为单位）
Height	必需	Single	标签的高度（以磅为单位）

Orientation 参数表示标签中文本的方向，其取值如表 5-5 所示。

表 5-5　Orientation 参数的取值

名　　称	值	说　　明
msoTextOrientationDownward	3	朝下
msoTextOrientationHorizontal	1	水平
msoTextOrientationHorizontalRotatedFarEast	6	亚洲语言支持所需的水平和旋转
msoTextOrientationMixed	−2	不支持
msoTextOrientationUpward	2	朝上
msoTextOrientationVertical	5	垂直
msoTextOrientationVerticalFarEast	4	亚洲语言支持所需的垂直

本示例向 sht 工作表对象中添加包含文本的垂直标签。

```
>>> shp=sht.api.Shapes.AddLabel(1,100,20,60,150)    #添加标签
>>> shp.TextFrame.Characters.Text="Test Python Label"  #标签文本，bug
```

生成如图 5-8 所示的标签。可见，只生成了标签本身，文本内容并没有生成。笔者测试了 comtypes 和 win32com 等其他包，也存在这个问题。Characters 属性生成对象的所有成员都不能正常工作（如果你找到解决办法，请告诉笔者）。

可以在标签中手工输入文本，如图 5-9 所示。

图 5-8　生成标签

图 5-9　手工输入标签文本

5.1.7　文本框

使用 Shapes 对象的 AddTextbox 方法可以生成文本框。该方法的语法格式及各参数的含义与 AddLabel 方法的相同。

本示例向 sht 工作表对象中添加包含文本的文本框。

```
>>> shp=sht.api.Shapes.AddTextbox(1,10,10,100,100)
>>> shp.TextFrame.Characters.Text="Test Box"
```

生成如图 5-10 所示的文本框。文本内容没有显示，可以手工输入文本，如图 5-11 所示。

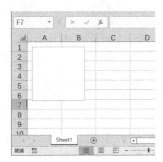

图 5-10　文本框

图 5-11　手工输入文本

5.1.8　标注

使用 Shapes 对象的 AddCallout 方法可以添加标注。该方法的语法格式为：

```
sht.api.Shapes.AddCallout(Type,Left,Top,Width,Height)
```

其中，sht 表示一个工作表对象。各参数说明如表 5-6 所示。该方法返回一个表示标注的 Shape 对象。

表 5-6　AddCallout 方法的参数说明

名　　称	必需/可选	数据类型	说　　明
Type	必需	MsoCalloutType	标注线的类型
Left	必需	Single	标注边框左上角相对于文档左上角的位置（以磅为单位）
Top	必需	Single	标注边框左上角相对于文档顶部的位置（以磅为单位）
Width	必需	Single	标注边框的宽度（以磅为单位）
Height	必需	Single	标注边框的高度（以磅为单位）

Type 参数的取值为 MsoCalloutType 枚举类型，如表 5-7 所示，指定标注线的类型。

表 5-7　AddCallout 方法的 Type 参数的取值

名　　称	值	说　　明
msoCalloutFour	4	由两条线段组成的标注线。标注线附加在文本边框的右侧
msoCalloutMixed	−2	只返回值，表示其他状态的组合
msoCalloutOne	1	单线段水平标注线
msoCalloutThree	3	由两条线段组成的标注线。标注线连接在文本边框的左侧
msoCalloutTwo	2	单线段倾斜标注线

本示例向 sht 工作表对象中添加包含文本的标注。

```
>>> shp=sht.api.Shapes. AddCallout(2, 10, 10, 200, 50)
>>> shp.TextFrame.Characters.Text="Test Box"
```

生成如图 5-12 所示的标注。文本内容没有显示，可以手工输入文本，如图 5-13 所示。

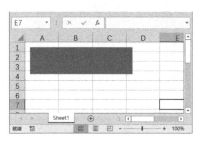

图 5-12　标注

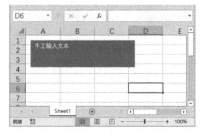

图 5-13　手工输入标注文本

设置 shp 对象的 Callout 属性：

```
>>> shp.Callout.Accent=True
>>> shp.Callout.Border=True
```

```
>>> shp.Callout.Angle=2
```

其中，Accent 属性设置引线右侧的竖线，Border 属性设置标注区域的外框，Angle 属性设置引线的角度，这里设置为 30°。效果如图 5-14 所示。

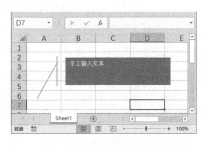

图 5-14　标注对象的属性设置效果

5.1.9　自选图形

所谓自选图形，是指 Excel 预定义好的图形对象。使用 Shapes 对象的 AddShape 方法可以创建自选图形。前面我们使用该方法创建了点、矩形、椭圆形等图形。实际上，还有很多其他类型的图形，如表 5-8 所示。

表 5-8　部分自选图形

名　　称	值	说　　明
msoShapeOval	9	椭圆形
msoShapeOvalCallout	107	椭圆形标注
msoShapeParallelogram	12	斜平行四边形
msoShapePie	142	圆形（饼图），缺少部分
msoShapeQuadArrow	39	指向向上、向下、向左和向右的箭头
msoShapeQuadArrowCallout	59	带向上、向下、向左和向右的箭头的标注
msoShapeRectangle	1	矩形
msoShapeRectangularCallout	105	矩形标注
msoShapeRightArrow	33	右箭头
msoShapeRightArrowCallout	53	带右箭头的标注
msoShapeRightBrace	32	右花括号
msoShapeRightBracket	30	右圆括号
msoShapeRightTriangle	utf-8	直角三角形
msoShapeRound1Rectangle	151	有一个圆角的矩形
msoShapeRound2DiagRectangle	157	有两个圆角的矩形，对角相对
msoShapeRound2SameRectangle	152	有两个圆角的矩形，共一侧

续表

名　　称	值	说　　明
msoShapeRoundedRectangle	5	圆角矩形
msoShapeRoundedRectangularCallout	106	圆角矩形——形状标注
……	……	……

下面的例子向 sht 工作表对象中添加矩形、正五边形和笑脸图形。

```
>>> sht.api.Shapes. AddShape(1, 50, 50, 100, 200)
>>> sht.api.Shapes. AddShape(12, 250, 50, 100, 100)
>>> sht.api.Shapes. AddShape(17, 450, 50, 100, 100)
```

效果如图 5-15 所示。

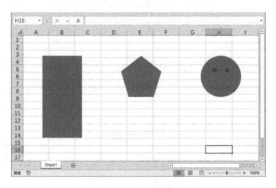

图 5-15　自选图形

5.1.10　图表

使用 Shapes 对象的 AddChart2 方法可以创建图表。该方法的语法格式为：

```
sht.api.Shapes.AddChart2(Style, XlChartType, Left, Top, Width, Height,
NewLayout)
```

其中，sht 为工作表对象。该方法一共有 7 个参数，均可选。

- Style：图表样式，当值为-1 时表示各图表类型的默认样式。
- XlChartType：图表类型，值为 XlChartType 枚举类型，表 5-9 中列出了一部分。
- Left：图表左侧位置，省略时水平居中。
- Top：图表顶端位置，省略时垂直居中。
- Width：图表的宽度，省略时取默认值 354。
- Height：图表的高度，省略时取默认值 210。
- NewLayout：图表布局，如果值为 True，则只有复合图表才会显示图例。

该方法返回一个表示图表的 Shape 对象。

表 5-9　部分图表类型

名　称	值	说　明
xlArea	1	面积图
xlLine	4	线形图
xlPie	5	饼图
xlBarClustered	57	复合条形图
xlBarStacked	58	堆栈条形图
xlXYScatter	−4169	散点图
xlBubble	15	泡泡图
xlSurface	83	三维曲面图
……	……	……

下面利用图 5-16 所示工作表中的数据绘制复合条形图。首先选择数据区域，然后使用 Shapes 对象的 AddChart2 方法绘制。

```
>>> sht.api.Range("A1").CurrentRegion.Select()
>>> sht.api.Shapes.AddChart2(-1,xw.constants.ChartType.xlColumnClustered,
30,150,300,200,True)
```

生成如图 5-16 所示的复合条形图（见工作表下方）。

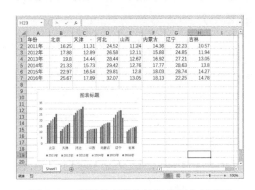

图 5-16　利用给定数据绘制的复合条形图

5.1.11　艺术字

使用 Shapes 对象的 AddTextEffect 方法可以创建艺术字。该方法的语法格式为：

```
sht.api.Shapes.AddTextEffect(PresetTextEffect,Text,FontName,FontSize,
FontBold,FontItalic, Left, Top)
```

其中，sht 为工作表对象。各参数说明如表 5-10 所示。

表 5-10　AddTextEffect 方法的参数说明

名　　称	必需/可选	数据类型	说　　明
PresetTextEffect	必需	MsoPresetTextEffect	预置文字效果
Text	必需	String	艺术字中的文字
FontName	必需	String	艺术字中所用字体的名称
FontSize	必需	Single	艺术字中文字字号的大小（以磅为单位）
FontBold	必需	MsoTriState	艺术字中要加粗的字体
FontItalic	必需	MsoTriState	艺术字中要倾斜的字体
Left	必需	Single	左上角点的横坐标
Top	必需	Single	左上角点的纵坐标

　　PresetTextEffect 参数表示艺术字的效果。Excel 预置了约 50 种效果，表 5-11 中只列出 3 种。在设置时给 PresetTextEffect 参数赋对应的值即可。

表 5-11　PresetTextEffect 参数的取值

名　　称	值	说　　明
msoTextEffect1	0	第一种文字效果
msoTextEffect2	1	第二种文字效果
msoTextEffect3	2	第三种文字效果
……	……	……

　　下面创建两种不同效果的艺术字。

```
>>> sht.api.Shapes.AddTextEffect(9,"学习 Python","Arial Black",36,False,
False,10,10)
>>> sht.api.Shapes.AddTextEffect(29,"春眠不觉晓","黑体",40,False,False,
30,50)
```

　　效果如图 5-17 所示。

图 5-17　艺术字

5.2 图形属性设置

本节主要介绍图形颜色的设置、线形图形元素属性的设置、区域图形元素属性的设置、多义线和曲线顶点属性的设置、文本属性的设置等内容。

5.2.1 颜色设置

关于图形的颜色，Excel 提供了 4 种设置方法，即 RGB 着色、主题颜色着色、配色方案着色和索引着色。对于图形对象，不管是线形对象还是面对象，其 BackColor 属性和 ForeColor 属性都会返回一个 ColorFormat 对象，该对象提供了 RGB、ObjectThemeColor、SchemeColor 等属性，使用它们设置 RGB 着色、主题颜色着色和配色方案着色。

1. RGB 着色

所谓 RGB 着色，就是指用红色分量、绿色分量和蓝色分量来定义颜色。使用图形对象的 Color 属性设置 RGB 着色。如果习惯于指定 RGB 分量来设置颜色，则可以使用 xlwings.utils 模块中的 rgb_to_int 函数将类似于(255,0,0)的 RGB 分量指定转换为整型值，然后设置给 Color 属性。

下面用绿色绘制圆形区域，用蓝色绘制圆形边线。代码中 ForeColor 属性返回一个 ColorFormat 对象，使用它的 RGB 属性设置 RGB 着色。

```
>>> shp=sht.api.Shapes.AddShape(9, 50, 50, 100, 100)
>>> shp.Fill.ForeColor.RGB=xw.utils.rgb_to_int((0, 255,0))
>>> shp.Line.ForeColor.RGB=xw.utils.rgb_to_int((0,0,255))
```

效果如图 5-18 所示。

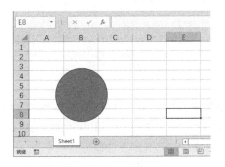

图 5-18 RGB 着色

也可以直接将一个表示颜色的整数，也就是 xw.utils.rgb_to_int()函数的结果赋给 RGB 属性。

```
>>> shp=sht.api.Shapes.AddShape(9, 50, 50, 100, 100)
>>> shp.Fill.ForeColor.RGB= 65280
```

```
>>> shp.Line.ForeColor.RGB= 16711680
```

还可以直接将一个十六进制的颜色值赋给 RGB 属性。

```
>>> shp.Line.ForeColor.RGB=0xFF0000
```

2. 主题颜色着色

Excel 提供了 10 余种主题颜色，如表 5-12 所示。使用这些主题颜色，可以很方便地给图形着色。

表 5-12　主题颜色

名　称	值	说　明
xlThemeColorAccent1	5	Accent1
xlThemeColorAccent2	6	Accent2
xlThemeColorAccent3	7	Accent3
xlThemeColorAccent4	8	Accent4
xlThemeColorAccent5	9	Accent5
xlThemeColorAccent6	10	Accent6
xlThemeColorDark1	1	Dark1
xlThemeColorDark2	3	Dark2
xlThemeColorFollowedHyperlink	12	Followed hyperlink
xlThemeColorHyperlink	11	Hyperlink
xlThemeColorLight1	2	Light1
xlThemeColorLight2	4	Light2

对于图形对象，使用 ForeColor 属性和 BackColor 属性返回的 ColorFormat 对象的 ObjectThemeColor 属性，进行主题颜色着色。

```
>>> shp=sht.api.Shapes.AddShape(9, 50, 50, 100, 100)
>>> shp.Fill.ForeColor.ObjectThemeColor=10
>>> shp.Line.ForeColor.ObjectThemeColor=3
```

3. 配色方案着色

利用 Excel 提供的配色方案中的颜色，也可以给图形着色。对于图形对象，ForeColor 属性和 BackColor 属性返回的 ColorFormat 对象有一个 SchemeColor 属性，而配色方案中的每种颜色都有一个索引号，将它指定给 SchemeColor 属性即可。

```
>>> shp=sht.api.Shapes.AddShape(9, 50, 50, 100, 100)
>>> shp.Fill.ForeColor.SchemeColor=3
>>> shp.Line.ForeColor.SchemeColor=4
```

4. 索引着色

索引着色，预先给定一些颜色，组成一个所谓的颜色查找表。在该表中，每种颜色都有一个唯一的索引号，如图 5-19 所示。在进行索引着色时，将某个索引号指定给相关的索引着色属性就可以了。

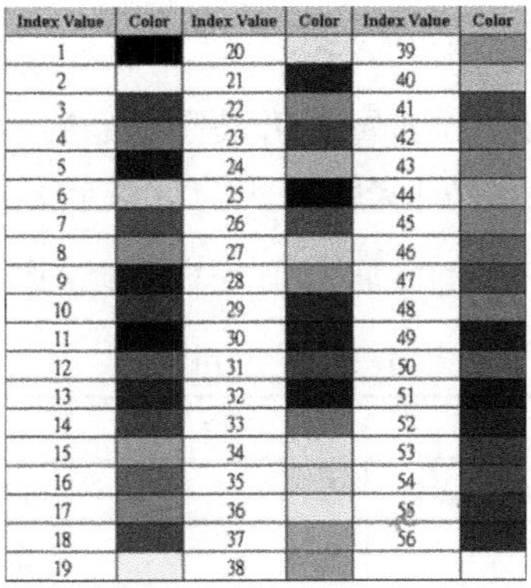

图 5-19　颜色查找表

索引着色常常用于控件和字体的着色。下面的代码将 sht 工作表对象中的 C3 单元格的字体颜色设置为红色。

```
>>> sht.api.Range("C3").Font.ColorIndex=3
>>> sht.api.Range("C3").Value="Hello"
```

5.2.2　线条属性：LineFormat 对象

在 Excel 图形对象中，线形对象用 LineFormat 对象表示。Shape 对象的 Line 属性返回 LineFormat 对象，比如直线段本身，以及矩形区域和圆形区域的边线、标注的引线等都是 LineFormat 对象。

例如：

```
>>> shp=sht.api.Shapes.AddLine(10,10,50,50)
>>> lf=shp.Line
```

shp 是一个表示直线段的 Shape 对象，它的 Line 属性返回一个表示直线段本身的 LineFormat 对象。

例如：

```
>>> shp=sht.api.Shapes.AddShape(9, 50, 50, 200, 100)
>>> lf=shp.Line
```

shp 是一个表示椭圆形区域的 Shape 对象，它的 Line 属性返回一个表示椭圆形区域边线的

LineFormat 对象。

在得到 LineFormat 对象以后，就可以使用该对象的属性和方法进行编程。接下来的 5.2.3 节和 5.2.4 节将详细介绍 LineFormat 对象，即线形对象的颜色、线型、线宽、箭头、透明度和图案填充等属性的设置。

5.2.3　线条属性：颜色、线型和线宽

使用 LineFormat 对象的 ForeColor 属性可以设置线条的颜色。可以使用 RGB 着色、主题颜色着色、配色方案着色等方法进行着色（详细介绍见 5.2.1 节）。

使用 LineFormat 对象的 DashStyle 属性可以设置线条的线型，可用线型如表 5-13 所示。

表 5-13　可用线型

名　　称	值	说　　明
msoLineDash	4	虚线
msoLineDashDot	5	点虚线
msoLineDashDotDot	6	点点虚线
msoLineDashStyleMixed	−2	不支持
msoLineLongDash	7	长虚线
msoLineLongDashDot	8	长点虚线
msoLineRoundDot	3	圆点线
msoLineSolid	1	实线
msoLineSquareDot	2	方点线

使用 LineFormat 对象的 Weight 属性可以设置线条的线宽。给该属性设置一个 Single 型值，表示线条的粗细。

下面创建一个直线段对象和一个椭圆形区域对象，获取对象中的线形对象，然后设置它们的颜色、线型和线宽。

```
>>> shp=sht.api.Shapes.AddLine(20, 20, 100, 120)
>>> lf=shp.Line
>>> lf.ForeColor.RGB=xw.utils.rgb_to_int((255,0,0))  #红色
>>> lf.DashStyle=5  #线型，点虚线
>>> lf.Weight=3  #线宽
>>> shp2=sht.api.Shapes.AddShape(9, 200, 30, 120, 80)
>>> lf2=shp2.Line  #椭圆形区域中的线形对象，即区域的边线
>>> lf2.ForeColor.RGB=xw.utils.rgb_to_int((255,0,0))  #红色
>>> lf2.DashStyle=3  #线型，圆点线
>>> lf2.Weight=4  #线宽
```

效果如图 5-20 所示。

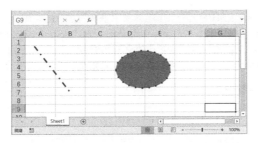

图 5-20　线形对象的颜色、线型和线宽设置效果

5.2.4　线条属性：箭头、透明度和图案填充

给直线段两端添加箭头。LineFormat 对象的与箭头有关的属性包括：

- BeginArrowheadLength 属性——设置或获取起点处箭头的长度。
- BeginArrowheadStyle 属性——设置或获取起点处箭头的样式。
- BeginArrowheadWidth 属性——设置或获取起点处箭头的宽度。
- EndArrowheadLength 属性——设置或获取终点处箭头的长度。
- EndArrowheadStyle 属性——设置或获取终点处箭头的样式。
- EndArrowheadWidth 属性——设置或获取终点处箭头的宽度。

其中，箭头的长度有 3 个取值，用 1、2 和 3 表示短、中和长；箭头的宽度也有 3 个取值，用 1、2 和 3 表示窄、中和宽。箭头的样式设置可以从表 5-14 中取值。

表 5-14　箭头的样式

名　　称	值	说　　明
msoArrowheadDiamond	5	菱形
msoArrowheadNone	1	无箭头
msoArrowheadOpen	3	打开
msoArrowheadOval	6	椭圆形
msoArrowheadStealth	4	隐匿形状
msoArrowheadStyleMixed	−2	只返回值，表示其他状态的组合
msoArrowheadTriangle	2	三角形

下面向 sht 工作表对象中添加一条两端有箭头的直线段。在该直线段的起点处为一个椭圆形，终点处为一个三角形。

```
>>> shp=sht.api.Shapes.AddLine(80, 50, 200, 300)  #创建直线段 Shape 对象
>>> lf=shp.Line  #获取线形对象
>>> lf.Weight=2  #线宽
>>> lf.BeginArrowheadLength=1  #起点处箭头的长度
>>> lf.BeginArrowheadStyle=6  #起点处箭头的样式
```

```
>>> lf.BeginArrowheadWidth=1   #起点处箭头的宽度
>>> lf.EndArrowheadLength=3   #终点处箭头的长度
>>> lf.EndArrowheadStyle=2   #终点处箭头的样式
>>> lf.EndArrowheadWidth=3   #终点处箭头的宽度
```

生成如图 5-21 所示的图形。

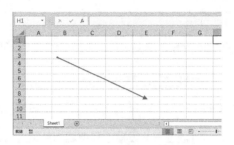

图 5-21　添加箭头的直线段

使用 LineFormat 对象的 Transparency 属性可以设置或获取线条的透明度，其取值范围为 0.0（不透明）~1.0（清晰）。

下面的例子先绘制一个蓝色的椭圆形区域作为背景，然后绘制两条线宽为 8 的红色直线段，其中一条不透明，另一条透明度为 0.7。

```
>>> sht.api.Shapes.AddShape(9, 150, 50, 200, 100)  #椭圆形区域
>>> shp=sht.api.Shapes.AddLine(100, 75, 400, 75)  #第 1 条直线段
>>> shp.Line.Weight=8  #线宽
>>> shp.Line.ForeColor.RGB=xw.utils.rgb_to_int((255,0,0))  #红色
>>> shp2=sht.api.Shapes.AddLine(100, 125, 400, 125)  #第 2 条直线段
>>> shp2.Line.Weight=8  #线宽
>>> shp2.Line.ForeColor.RGB=xw.utils.rgb_to_int((255,0,0))  #红色
>>> shp2.Line.Transparency=0.7  #透明度为 0.7
```

效果如图 5-22 所示。可见，下面一条直线段因为设置透明度为 0.7，所以可以透过它看到底下的蓝色椭圆形区域。

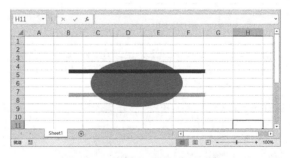

图 5-22　线条的透明度设置效果

使用 LineFormat 对象的 Pattern 属性，可以对线形对象进行图案填充。该属性设置或返回一个 MsoPatternType 枚举类型的值，表示填充图案。它的取值如表 5-15 所示。该表中只列出了部分填充图案，欲了解更多的图案，请参见微软官方文档。

表 5-15　填充图案（部分）

名　　称	值	说　　明
msoPatternCross	51	交叉网格
msoPatternDarkDownwardDiagonal	15	黑色向下的对角线
msoPatternDarkHorizontal	13	黑色水平线
msoPatternDarkUpwardDiagonal	16	黑色向上的对角线
msoPatternDarkVertical	14	黑色垂直线
msoPatternHorizontal	49	水平线
msoPatternVertical	50	垂直线
msoPatternSmallGrid	23	小网格
msoPatternWave	48	波纹
……	……	……

下面创建一条线宽为 8 的直线段，设置其填充图案为黑色向上的对角线。

```
>>> shp=sht.api.Shapes.AddLine(100, 55, 400, 125)
>>> shp.Line.Weight=8
>>> shp.Line.Pattern=16   #给直线段设置图案填充
```

效果如图 5-23 所示。

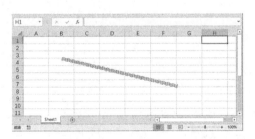

图 5-23　填充波纹图案的直线段

5.2.5　线条属性：多义线、曲线和多边形的顶点

使用 Shape 对象的 Vertices 属性，可以获取多义线、多边形和贝塞尔曲线的顶点坐标。我们既可以提取坐标，也可以利用原对象的坐标创建新的图形。

在 5.1 节中讲到，使用 xlwings 包与 win32com 包创建多义线和曲线时存在问题，而使用 comtypes 包测试获得成功。所以，本节介绍的内容需要使用 comtypes 包。但在使用之前，如果没有安装它，请在 DOS 命令窗口中用 "pip install comtypes" 命令进行安装。

下面首先使用 comtypes 包创建一条贝塞尔曲线 shp2。关于曲线创建的细节，请参见 5.1 节内容，这里不再赘述。

```
>>> from comtypes.client import CreateObject   #使用 comtypes 包
>>> app2=CreateObject("Excel.Application")
>>> app2.Visible=True
>>> bk2=app2.Workbooks.Add()
>>> sht2=bk2.Sheets(1)
>>> pts=[[0,0],[72,72],[100,40],[20,50],[90,120],[60,30],[150,90]]
>>> shp2=sht2.Shapes.AddCurve(pts)
```

然后使用 Shape 对象的 Vertices 属性获取该曲线的顶点坐标，把它读入一个二维数组中。

```
>>> vertArray=shp2.Vertices   #获取多边形的顶点
>>> vertArray
((0.0, 0.0), (72.0, 72.0), (100.0, 40.0), (20.0, 50.0), (90.0, 120.0), (60.0,
30.0), (150.0, 90.0))
```

通过索引读取前两个顶点的坐标。

```
>>> x1=vertArray[0][0]
>>> y1=vertArray[0][1]
>>> x1
0.0
>>> y1
0.0
>>> x2=vertArray[1][0]
>>> y2=vertArray[1][1]
>>> x2
72.0
>>> y2
72.0
```

利用原有贝塞尔曲线 shp2 的顶点创建一条新的曲线 shp3。

```
>>> shp3=sht2.Shapes.AddCurve(shp2.Vertices)
```

在创建好以后，两条曲线是重叠的，使用鼠标拖拉操作把它们分开，如图 5-24 所示。

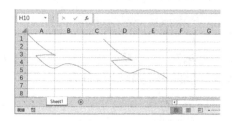

图 5-24　利用原有曲线的顶点创建新曲线

5.2.6　面的属性：FillFormat 对象、颜色和透明度

点、线、面是基本的图形元素。前面介绍了线条属性设置，接下来介绍面的属性设置。在 5.1 节中介绍的矩形、椭圆形、圆形、多边形区域都属于面，是具有 2~3 个维度的图形。

在 Excel 中，用 FillFormat 对象表示面。利用 Shape 对象的 Fill 属性可以获取该对象中的 FillFormat 对象，即面对象，然后使用该对象的成员进行编程。

下面使用 Shapes 对象的 AddShape 方法创建一个矩形区域，该方法返回一个表示矩形区域的 Shape 对象。它实际上由两部分组成：一是内部的区域，是一个面；二是区域的边线，是一条线。面是 FillFormat 对象，线是 LineFormat 对象（前面已经介绍）。下面第 2 行代码使用 Shape 对象的 Fill 属性获取该对象中的区域部分。

```
>>> shp1=sht.api.Shapes.AddShape(1, 100, 50, 200, 100)
>>> ff1=shp1.Fill
```

下面创建一个椭圆形区域，并使用 Shape 对象的 Fill 属性获取其中的区域部分，即 FillFormat 对象。

```
>>> shp2=sht.api.Shapes.AddShape(9, 50, 50, 200, 100)
>>> ff2=shp2.Fill
```

把图形对象中的区域，也就是面的部分提取出来，即得到 FillFormat 对象以后，就可以使用该对象的属性和方法编程，进行更多的设置和操作。

使用 FillFormat 对象的 ForeColor 属性，返回一个 ColorFormat 对象，利用该对象的 RGB 属性、ObjectThemeColor 属性和 SchemeColor 属性，可以对 FillFormat 对象所表示的面进行 RGB 着色、主题颜色着色和配色方案着色。关于图形对象的着色，5.2.1 节有详细介绍，请参阅。

下面创建一个矩形区域，使用 FillFormat 对象的 ForeColor 属性返回的 ColorFormat 对象的 RGB 属性，将区域默认的蓝色修改为绿色。

```
>>> shp=sht.api.Shapes.AddShape(1, 150, 50, 200, 100)
>>> ff=shp.Fill   #从矩形区域提取出区域部分
>>> ff.ForeColor.RGB= xw.utils.rgb_to_int((0,255,0))   #改变区域的颜色为绿色
```

效果如图 5-25 所示。

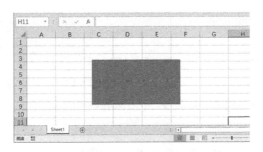

图 5-25　面的着色效果

使用 FillFormat 对象的 Transparency 属性可以设置或获取面的透明度，其取值范围为 0.0(不透明)~1.0（清晰）。

下面首先绘制一个蓝色的矩形区域作为背景，然后叠加一个红色的椭圆形区域，设置它的透明度为 0.7。

```
>>> shp=sht.api.Shapes.AddShape(1, 200, 50, 200, 100)  #矩形区域
>>> shp2=sht.api.Shapes.AddShape(9, 150, 70, 200, 100)  #椭圆形区域
>>> ff=shp2.Fill
>>> ff.ForeColor.RGB= xw.utils.rgb_to_int((255,0,0))  #将椭圆形区域设置为红色
>>> ff.Transparency=0.7  #透明度为 0.7
```

效果如图 5-26 所示。

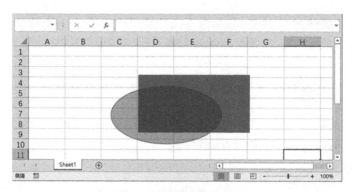

图 5-26　面的透明度设置效果

5.2.7　面的属性：单色填充和渐变色填充

在创建了区域图形以后，可以对其中的面进行填充操作。可用的填充方式包括单色填充、渐变色填充、图案填充、图片填充和纹理填充等。

使用 FillFormat 对象的 Solid 方法进行单色填充。下面创建一个椭圆形区域，用红色进行单色填充。

```
>>> shp=sht.api.Shapes.AddShape(9, 100, 50, 200, 100)
>>> ff=shp.Fill
>>> ff.Solid
>>> ff.ForeColor.RGB= xw.utils.rgb_to_int((255,0,0))
```

使用 FillFormat 对象的 OneColorGradient 方法进行单色渐变色填充。所谓单色渐变色填充，指的是填充的颜色仅有一种颜色色阶的变化。该方法的语法格式为：

```
ff.OneColorGradient(Style, Variant, Degree)
```

其中，ff 表示一个 FillFormat 对象。各参数说明如表 5-16 所示。

表 5-16　OneColorGradient 方法的参数说明

名　　称	必需/可选	数据类型	说　　明
Style	必需	MsoGradientStyle	渐变样式
Variant	必需	Integer	渐变变量，其取值范围为 1~4。如果 GradientStyle 属性的值被设为 msoGradientFromCenter，则 Variant 参数只能取值 1 或 2
Degree	必需	Single	渐变程度，可以为 0.0（暗）~1.0（亮）之间的值

OneColorGradient 方法的 Style 参数指定渐变色填充的样式，其取值如表 5-17 所示。

表 5-17　OneColorGradient 方法的 Style 参数的取值

名　　称	值	说　　明
msoGradientDiagonalDown	4	从左下角到右上角对角渐变
msoGradientDiagonalUp	3	从右下角到左上角对角渐变
msoGradientFromCenter	7	从中心到各个角渐变
msoGradientFromCorner	5	从各个角向中心渐变
msoGradientFromTitle	6	从标题向外渐变
msoGradientHorizontal	1	水平渐变
msoGradientMixed	−2	混合渐变
msoGradientVertical	2	垂直渐变

下面创建一个矩形区域和一个椭圆形区域，矩形区域用红色渐变色填充，从右下角到左上角对角渐变；椭圆形区域用蓝色渐变色填充，从中心到各个角渐变。

```
>>> shp1=sht.api.Shapes.AddShape(1, 100, 50, 200, 100)  #矩形区域
>>> ff1=shp1.Fill
>>> ff1.ForeColor.RGB= xw.utils.rgb_to_int((255,0,0))
>>> #单色渐变色填充，白色到红色，从右下角到左上角渐变
>>> ff1.OneColorGradient(3, 1, 1)
>>> shp2=sht.api.Shapes.AddShape(9, 400, 50, 200, 100)  #椭圆形区域
>>> ff2=shp2.Fill
>>> ff2.ForeColor.RGB= xw.utils.rgb_to_int((0,0,255))
>>> #单色渐变色填充，白色到蓝色，从中心到各个角渐变
>>> ff2.OneColorGradient(7, 1, 1)
```

效果如图 5-27 所示。

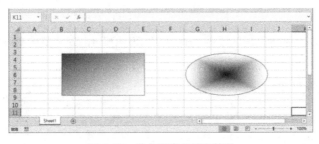

图 5-27　单色渐变色填充效果

设置 OneColorGradient 方法的第 2 个参数和第 3 个参数，可以对渐变色填充进行更多的控制。第 2 个参数取值 1~4，和与填充效果有关的 4 个过渡变量相对应；第 3 个参数取值 0~1，表示渐变灰度的深浅，0 表示最深，1 表示最浅。下面的代码在填充矩形区域时设置第 2 个参数的值为 3；在填充椭圆形区域时设置第 2 个参数的值为 3，第 3 个参数的值为 0.8。

```
>>> shp1=sht.api.Shapes.AddShape(1, 100, 50, 200, 100)
>>> ff1=shp1.Fill
>>> ff1.ForeColor.RGB= xw.utils.rgb_to_int((255,0,0))
>>> ff1.OneColorGradient(3, 3, 1)  #设置第 2 个参数和第 3 个参数
>>> shp2=sht.api.Shapes.AddShape(1, 400, 50, 200, 100)
>>> ff2=shp2.Fill
>>> ff2.ForeColor.RGB= xw.utils.rgb_to_int((0,0,255))
>>> ff2.OneColorGradient(3, 3, 0.8) #设置第 2 个参数和第 3 个参数
```

效果如图 5-28 所示，试比较不同参数设置带来的差别。

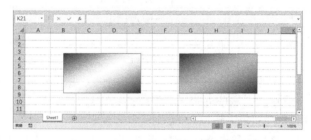

图 5-28　渐变色填充的更多设置效果

在算法上实现渐变色填充，是在两个位置上给定两种不同的颜色，这两个位置之间各位置上的颜色，是利用给定的两种颜色，根据该位置与两端的距离线性插值得到的。默认时，给定的两种颜色是白色和 Shape 对象的前景色。

利用 FillFormat 对象的 GradientStops 属性返回一个 GradientStops 对象，使用该对象的 Insert 方法可以向已有渐变序列中的指定位置添加新的颜色节点。比如原来只有红色和白色，现在在中间位置插入蓝色，那么前半部分就利用红色和蓝色渐变色填充，后半部分就利用蓝色和白色渐变色填充。该方法使用一个 0~1 之间的小数来指定新的颜色节点的位置，表示该位置到起点的距离占整个距离的百分比。

下面在创建矩形区域和椭圆形区域时，分别在 0.25、0.5 和 0.75 的位置添加红色、绿色和蓝色节点。

```
>>> shp1=sht.api.Shapes.AddShape(1, 100, 50, 200, 100)  #矩形区域
>>> ff1=shp1.Fill
>>> ff1.ForeColor.RGB= xw.utils.rgb_to_int((255,0,0))
>>> ff1.OneColorGradient(3, 1, 1)  #单色渐变色填充
>>> #在渐变序列中插入颜色节点
```

```
>>> ff1.GradientStops.Insert(xw.utils.rgb_to_int((255,0,0)), 0.25)
>>> ff1.GradientStops.Insert(xw.utils.rgb_to_int((0,255,0)), 0.5)
>>> ff1.GradientStops.Insert(xw.utils.rgb_to_int((0,0,255)), 0.75)
>>> shp2=sht.api.Shapes.AddShape(9, 400, 50, 200, 100)  #椭圆形区域
>>> ff2=shp2.Fill
>>> ff2.ForeColor.RGB= xw.utils.rgb_to_int((0,0,255))
>>> ff2.OneColorGradient(7, 1, 1)  #单色渐变色填充
>>> #在渐变序列中插入颜色节点
>>> ff2.GradientStops.Insert(xw.utils.rgb_to_int((255,0,0)), 0.25)
>>> ff2.GradientStops.Insert(xw.utils.rgb_to_int((0,255,0)), 0.5)
>>> ff2.GradientStops.Insert(xw.utils.rgb_to_int((0,0,255)), 0.75)
```

效果如图 5-29 所示。

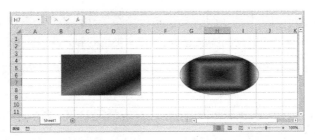

图 5-29　通过添加颜色节点进行渐变色填充的效果

使用 FillFormat 对象的 TwoColorGradient 方法进行双色渐变色填充。该方法有两个参数，这两个参数与 OneColorGradient 方法的前两个参数相同，这里不再赘述。

下面创建一个矩形区域和一个椭圆形区域，矩形区域用红色和绿色渐变色填充，从左上角到右下角对角渐变；椭圆形区域用蓝色和绿色渐变色填充，从左上角到右下角对角渐变。注意，起始颜色用 Shape 对象的 ForeColor 属性设置，终止颜色用 BackColor 属性设置。

```
>>> shp1=sht.api.Shapes.AddShape(1, 100, 50, 200, 100)  #矩形区域
>>> ff1=shp1.Fill
>>> ff1.ForeColor.RGB= xw.utils.rgb_to_int((255,0,0))  #起始颜色
>>> ff1.TwoColorGradient(3, 1)  #双色渐变色填充
>>> ff1.BackColor.RGB= xw.utils.rgb_to_int((0, 255,0))  #终止颜色
>>> shp2=sht.api.Shapes.AddShape(9, 400, 50, 200, 100)  #椭圆形区域
>>> ff2=shp2.Fill
>>> ff2.ForeColor.RGB= xw.utils.rgb_to_int((0,0,255))  #起始颜色
>>> ff2.TwoColorGradient(3, 1)  #双色渐变色填充
>>> ff2.BackColor.RGB= xw.utils.rgb_to_int((0, 255,0))  #终止颜色
```

效果如图 5-30 所示。

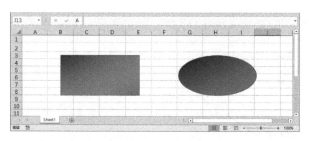

图 5-30　双色渐变色填充效果

5.2.8　面的属性：图案填充、图片填充和纹理填充

除了颜色填充，还可以用图案、图片和纹理对区域进行填充。

使用 FillFormat 对象的 Patterned 方法进行图案填充。该方法有一个参数，其值是一个 MsoPatternType 枚举类型的值，表示填充图案。该枚举类型的部分值请参见 5.2.4 节中的表 5-15。

下面创建一个矩形区域和一个椭圆形区域，给它们填充斜条纹图案和波纹图案，并设置绿色和蓝色背景色。

```
>>> shp1=sht.api.Shapes.AddShape(1, 100, 50, 200, 100)  #矩形区域
>>> ff1=shp1.Fill
>>> ff1.ForeColor.RGB= xw.utils.rgb_to_int((255,0,0))
>>> ff1.Patterned(22)  #图案填充
>>> ff1.BackColor.RGB= xw.utils.rgb_to_int((0,255,0))
>>> shp2=sht.api.Shapes.AddShape(9, 400, 50, 200, 100)  #椭圆形区域
>>> ff2=shp2.Fill
>>> ff2.ForeColor.RGB= xw.utils.rgb_to_int((255,255,0))
>>> ff2.Patterned(48)  #图案填充
>>> ff2.BackColor.RGB= xw.utils.rgb_to_int((0,0,255))
```

效果如图 5-31 所示。可见，在绘制图案时使用的是前景色。

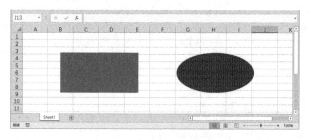

图 5-31　图案填充效果

使用 FillFormat 对象的 UserPicture 方法进行图片填充。该方法有一个参数，其值为字符串类型，表示图片文件的路径；如果图片文件在当前工作目录中，则指定图片文件的名称即可。在进行

图片填充时，不必设置前景色和背景色。

下面创建一个矩形区域和一个椭圆形区域，并对它们进行图片填充。

```
>>> shp1=sht.api.Shapes.AddShape(1, 100, 50, 200, 100)  #矩形区域
>>> ff1=shp1.Fill
>>> ff1.UserPicture(r"D:\picpy.jpg")  #图片填充
>>> shp2=sht.api.Shapes.AddShape(9, 400, 50, 200, 100)  #椭圆形区域
>>> ff2=shp2.Fill
>>> ff2.UserPicture(r"D:\picpy.jpg")  #图片填充
```

效果如图 5-32 所示。可见，对于矩形区域，在填充时对图片按长宽比例进行了缩放，使得图片在矩形区域内正好能放下；对于椭圆形区域，在填充时对图片按长轴和短轴的长度比例进行了缩放，椭圆形区域以外的部分被裁剪掉。

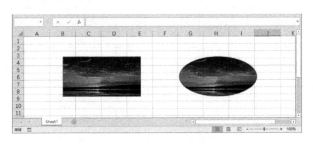

图 5-32　图片填充效果

使用 FillFormat 对象的 UserTextured 方法进行纹理填充。该方法有一个参数，其值为字符串类型，表示纹理图片文件的路径；如果纹理图片文件在当前工作目录中，则指定纹理图片文件的名称即可。在进行纹理填充时，不必设置前景色和背景色。

下面创建一个矩形区域和一个椭圆形区域，并对它们进行纹理填充。

```
>>> shp1=sht.api.Shapes.AddShape(1, 100, 50, 200, 100)  #矩形区域
>>> ff1=shp1.Fill
>>> ff1.UserTextured(r"D:\picpy.jpg")  #纹理填充
>>> shp2=sht.api.Shapes.AddShape(9, 400, 50, 200, 100)  #椭圆形区域
>>> ff2=shp2.Fill
>>> ff2.UserTextured(r"D:\picpy.jpg")  #纹理填充
```

效果如图 5-33 所示。可见，纹理填充是在区域内对纹理图片进行平铺显示，纹理图片保持原来的大小，超出区域的部分被裁剪掉。

除使用指定图片作为纹理外，Excel 还提供了预设纹理。使用 FillFormat 对象的 PresetTextured 方法设置预设纹理。该方法有一个参数，表示要应用的纹理类型。该参数的部分取值如表 5-18 所示，有大理石纹理、花岗岩纹理、木质纹理、纸质纹理等。

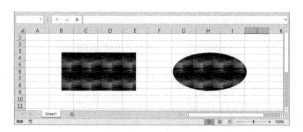

图 5-33　纹理填充效果

表 5-18　预设纹理

名　　称	值	说　　明
msoTextureGranite	12	花岗岩纹理
msoTextureGreenMarble	9	绿色大理石纹理
msoTextureMediumWood	24	中木纹理
msoTextureNewsprint	13	新闻纸纹理
msoTextureOak	23	橡木纹理
msoTexturePaperBag	6	纸张袋纹理
msoTexturePapyrus	1	Papyrus 纹理
msoTextureParchment	15	羊皮纸纹理
msoTextureWalnut	22	胡桃木纹理
msoTextureWaterDroplets	5	水滴纹理
……	……	……

下面创建一个矩形区域和一个椭圆区域，给它们分别填充预设的绿色大理石纹理和胡桃木纹理。

```
>>> shp1=sht.api.Shapes.AddShape(1, 100, 50, 200, 100)  #矩形区域
>>> ff1=shp1.Fill
>>> ff1.PresetTextured(9)  #预设纹理，绿色大理石
>>> shp2=sht.api.Shapes.AddShape(9, 400, 50, 200, 100)  #椭圆形区域
>>> ff2=shp2.Fill
>>> ff2.PresetTextured(22)  #预设纹理，胡桃木
```

效果如图 5-34 所示。

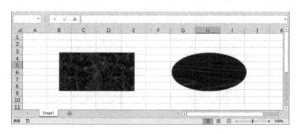

图 5-34　预设纹理效果

5.2.9 文本属性

在 Excel 中用 Font 对象表示字体。当要设置字体时，往往需要通过某个属性获取 Font 对象，然后利用该对象的属性和方法进行设置。

Font 对象的主要属性包括：

- Bold 属性——是否加粗，当值为 True 时表示加粗，当值为 False 时表示不加粗。
- Color 属性——RGB 着色。
- ColorIndex 属性——索引着色。索引着色有一个颜色查找表，表中每种颜色都有一个唯一的索引号，本属性指定某种颜色对应的索引号，从而指定颜色。
- FontStyle 属性——字体样式，例如"Bold Italic"。
- Italic 属性——是否倾斜，当值为 True 时表示倾斜，当值为 False 时表示不倾斜。
- Name 属性——字体名称。
- Size 属性——字号大小。
- Strikethrough 属性——是否添加删除线，当值为 True 时表示添加，当值为 False 时表示不添加。
- Subscript 属性——是否设置为下标，当值为 True 时表示设置，当值为 False 时表示不设置。
- Superscript 属性——是否设置为上标，当值为 True 时表示设置，当值为 False 时表示不设置。
- ThemeColor 属性——主题颜色着色。
- ThemeFont 属性——主题字体。
- TintAndShade 属性——字体颜色变暗或加亮，其值为–1（最暗）~1（最亮）。
- Underline 属性——下画线的类型，当值为–4142 时，无下画线；当值为 2 时，为单下画线；当值为–4119 时，为粗双下画线；当值为 5 时，为紧靠在一起的细双下画线。

在下面的代码中，ft 为 sht 工作表对象中 C3 单元格对象的 Font 属性返回的 Font 对象，利用 Font 对象的属性设置 C3 单元格中的字体。

```
>>> sht.api.Range("C3").Value="字体设置测试 Test123"
>>> ft=sht.api.Range("C3").Font
>>> ft.Name = "黑体"
>>> ft.ColorIndex = 3
>>> ft.Size = 20
>>> ft.Bold=True
>>> ft.Strikethrough = False
>>> ft.Underline = 5
>>> ft.Italic=True
```

字体设置效果如图 5-35 所示。

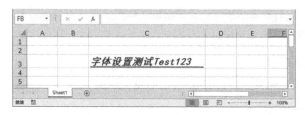

图 5-35　字体设置效果

5.1 节在介绍图形创建时讲到，当使用 xlwings 包创建包含文本的图形如标签、文本框、标注等时，文本内容无法创建。例如，使用下面的代码创建标注并设置字体。

```
>>> shp=sht.api.Shapes. AddCallout(2, 10, 10, 200, 50)
>>> shp.TextFrame.Characters.Text="Test Box"
>>> ft=shp.TextFrame.Characters.Font
>>> ft.Bold=True
>>> ft.Italic=True
>>> ft.Color=xw.utils.rgb_to_int((255,0,0))
```

结果只显示标注背景框，文本内容的创建和字体设置均告失败。笔者也测试了 win32com 包和 comtypes 包，均未成功。

5.3　图形变换

通过几何变换，可以利用已有图形快速得到新的图形或新的位置上的图形。利用 Shape 对象的属性，可以实现图形的平移、旋转、缩放和翻转等几何变换。

5.3.1　图形平移

使用 Shape 对象的 IncrementLeft 方法，可以将该对象所表示的图形进行水平方向的平移。该方法有一个参数，当参数的值大于 0 时表示图形向右移，当值小于 0 时表示图形向左移。

使用 Shape 对象的 IncrementTop 方法，可以将该对象所表示的图形进行垂直方向的平移。该方法有一个参数，当参数的值大于 0 时表示图形向下移，当值小于 0 时表示图形向上移。

下面的例子创建一个填充水滴纹理的矩形区域，然后将该区域向右平移 70 个单位，向下平移 50 个单位。

```
>>> shp=sht.api.Shapes.AddShape(1, 100, 50, 200, 100)  #矩形区域
>>> shp.Fill.PresetTextured(5)  #预设纹理，水滴
>>> shp.IncrementLeft(70)  #右移 70 个单位
>>> shp.IncrementTop(50)  #下移 50 个单位
```

平移前后的图形分别如图 5-36 和图 5-37 所示。

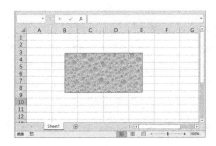

图 5-36　平移前的图形

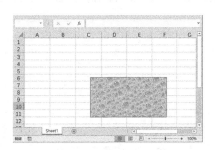

图 5-37　平移后的图形

5.3.2　图形旋转

使用 Shape 对象的 IncrementRotation 方法可以实现图形的旋转。该方法设置图形绕 Z 轴旋转指定的角度。该方法有一个参数，表示旋转的角度，以度为单位。当参数的值为正值时表示顺时针方向旋转图形，当值为负值时表示逆时针方向旋转图形。

下面的例子创建一个填充水滴纹理的矩形区域，然后将该区域绕 Z 轴顺时针方向旋转 30°。

```
>>> shp=sht.api.Shapes.AddShape(1, 100, 50, 200, 100)  #矩形区域
>>> shp.Fill.PresetTextured(5)  #预设纹理，水滴
>>> shp.IncrementRotation(30)  #顺时针方向旋转30°
```

旋转前后的图形分别如图 5-38 和图 5-39 所示。

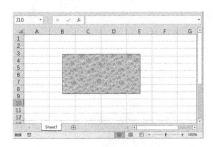

图 5-38　旋转前的图形

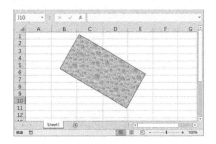

图 5-39　旋转后的图形

5.3.3　图形缩放

图形缩放又称为比例变换，是指对给定的图形按照一定的比例进行放大或缩小。使用 Shape 对象的 ScaleWidth 方法和 ScaleHeight 方法，可以指定水平方向和垂直方向的缩放比例，实现图形的缩放。

ScaleWidth 方法和 ScaleHeight 方法都有 3 个参数，说明如表 5-19 所示。

表 5-19   ScaleWidth 方法和 ScaleHeight 方法的参数说明

名　　称	必需/可选	数据类型	说　　明
Factor	必需	Single	指定图形调整后的宽度与当前或原始宽度的比例
RelativeToOriginalSize	必需	MsoTriState	当值为 False 时，表示相对于图形当前大小进行缩放。仅当指定的图形是图片或 OLE 对象时，才能将此参数设为 True
Scale	可选	Variant	MsoScaleFrom 类型的常量之一，指定在缩放图形时，该图形的哪一部分保持在原来的位置

Scale 参数的值为 MsoScaleFrom 枚举类型常量，表示缩放以后，图形的哪一部分保持在原来的位置。该参数的取值如表 5-20 所示。

表 5-20   Scale 参数的取值

名　　称	值	说　　明
msoScaleFromBottomRight	2	图形的右下角保持在原来的位置
msoScaleFromMiddle	1	图形的中点保持在原来的位置
msoScaleFromTopLeft	0	图形的左上角保持在原来的位置

下面的例子创建一个椭圆形区域，填充花岗岩纹理，然后对该区域水平方向缩小为原来宽度的 3/4（即 0.75），垂直方向放大为原来高度的 1.75 倍。

```
>>> shp=sht.api.Shapes.AddShape(9, 100, 50, 200, 100)  #椭圆形区域
>>> ff=shp.Fill
>>> ff.PresetTextured(12)  #预设纹理，花岗岩
>>> shp.ScaleWidth(0.75,False)  #宽度×0.75
>>> shp.ScaleHeight(1.75,False)  #高度×1.75
```

缩放前后的图形分别如图 5-40 和图 5-41 所示。

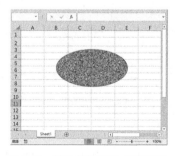

图 5-40　缩放前的图形（原图形）

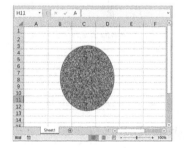

图 5-41　缩放后的图形

5.3.4   图形翻转

图形翻转也叫作图形镜像变换，或者叫作对称变换。使用 Shape 对象的 Flip 方法可以实现图形的翻转。该方法是相对于水平对称轴或垂直对称轴做翻转的，它有一个参数，指定是水平翻转还

是垂直翻转。水平翻转和垂直翻转对应的取值分别为 0 和 1。

下面的例子创建一个矩形区域，为了便于对比，填充了胡桃木纹理，然后对该区域进行水平翻转和垂直翻转操作。

```
>>> shp=sht.api.Shapes.AddShape(1, 100, 50, 200, 100)  #矩形区域
>>> shp.Fill.PresetTextured(22)  #预设纹理，胡桃木
>>> shp.Flip(0)  #水平翻转
>>> shp.Flip(1)  #垂直翻转
```

翻转前的图形，即原图形如图 5-42 所示。如图 5-43 所示为原图形水平翻转后的效果，如图 5-44 所示为水平翻转后的图形再垂直翻转后的效果。所以，当前翻转操作是针对前一步变换结果进行的，而不是原图形。

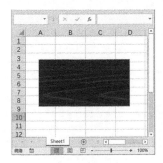 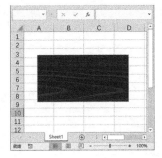 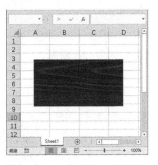

图 5-42　翻转前的图形（原图形）　　图 5-43　水平翻转后的效果　　图 5-44　垂直翻转后的效果

5.4　其他图形操作

本节介绍工作表中图形的遍历、图形在工作表中的定位以及动画的实现。

5.4.1　遍历工作表中的图形

工作表对象的 Shapes 属性返回一个 Shapes 对象，它是一个集合，包含该工作表对象中所有的 Shape 对象，即所有图形。

使用 Shapes 对象的 Count 属性，可以获取该集合中图形的个数。下面向 sht 工作表对象中添加一个矩形区域、一个椭圆形区域和一条直线段，使用 Shapes 对象的 Count 属性返回集合中图形的个数。

```
>>> shp1=sht.api.Shapes.AddShape(1, 50, 50, 200, 100)  #矩形区域
>>> shp2=sht.api.Shapes.AddShape(9, 30, 80, 200, 100)  #椭圆形区域
>>> shp2.Fill.ForeColor.RGB=xw.utils.rgb_to_int((255,0,0))
>>> shp2.Fill.Transparency=0.7
```

```
>>> shp3=sht.api.Shapes.AddLine(10,10,200,120)  #直线段
>>> sht.api.Shapes.Count  #工作表中 Shape 对象的个数
3
```

然后使用 for 循环获取每个图形的名称、类型、左上角横坐标、左上角纵坐标、宽度和高度。

```
>>> sht.range("F1").value=["名称","类型","左上角横坐标","左上角纵坐标","宽度",
"高度"]  #表头
>>> i=0
>>> for shp in sht.api.Shapes:  #遍历工作表中每个 Shape 对象
        i+=1
        sht.api.Cells(i+1, "F").Value=shp.Name  #输出每个 Shape 对象的属性
        sht.api.Cells(i+1, "G").Value=shp.Type
        sht.api.Cells(i+1, "H").Value=shp.Left
        sht.api.Cells(i+1, "I").Value=shp.Top
        sht.api.Cells(i+1, "J").Value=shp.Width
        sht.api.Cells(i+1, "K").Value=shp.Height
```

结果如图 5-45 所示。

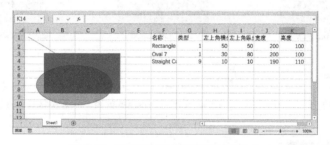

图 5-45　通过遍历输出各图形的属性值

使用 Shape 对象的 Type 属性可以获取图形的类型。对集合中的图形进行遍历时，经常需要判断图形的类型，以便对某一类型的图形进行处理。表 5-21 中列出了全部可用的 Type 属性的取值。

表 5-21　表示图形类型的 Type 属性的取值

名　　称	值	说　　明
mso3DModel	30	3D 模型
msoAutoShape	1	自选图形
msoCallout	2	标注
msoCanvas	20	画布
msoChart	3	图表
msoComment	4	批注
msoContentApp	27	内容 Office 插件
msoDiagram	21	流程图
msoEmbeddedOLEObject	7	嵌入式 OLE 对象

续表

名　　称	值	说　　明
msoFormControl	8	表单控件
msoFreeform	5	Freeform
msoGraphic	28	图形
msoGroup	6	图形块
msoIgxGraphic	24	SmartArt 图形
msoInk	22	墨迹
msoInkComment	23	墨迹批注
msoLine	9	直线段
msoLinked3DModel	31	链接的 3D 模型
msoLinkedGraphic	29	链接的图形
msoLinkedOLEObject	10	链接的 OLE 对象
msoLinkedPicture	11	链接的图片
msoMedia	16	媒体
msoOLEControlObject	12	OLE 控件对象
msoPicture	13	图片
msoPlaceholder	14	占位符
msoScriptAnchor	18	脚本定位标记
msoShapeTypeMixed	−2	混合图形类型
msoTable	19	表
msoTextBox	17	文本框
msoTextEffect	15	艺术字
msoWebVideo	26	Web 视频

下面的代码遍历集合，统计集合中自选图形的个数。

```
>>> i=0
>>> for shp in sht.api.Shapes:  #遍历集合
        if(shp.Type==1):  #如果为自选图形
            i+=1  #累计个数
>>> print("有"+str(i)+ "个自选图形。")
```

结果是"有 2 个自选图形"。

下面的代码遍历集合，清空 sht 工作表对象中的所有图形。

```
>>> for shp in sht.api.Shapes:
        shp.Delete()
>>> sht.api.Shapes.Count
0
```

5.4.2　固定图形在工作表中的位置

通过绑定图形和工作表中单元格或区域的位置与大小，可以将图形固定在工作表的指定单元格或区域中。图形或单元格（区域）的位置用其左上角的坐标指定，使用 Left 和 Top 两个属性，表示左上角的横坐标和纵坐标；图形或单元格（区域）的大小用其宽度和高度指定，对应于 Width 和 Height 两个属性。

下面的代码创建一个椭圆形区域，并将它固定在 sht 工作表对象的 C3:E5 区域。

```
>>> shp=sht.api.Shapes.AddShape(9, 30, 80, 200, 100)
>>> rng=sht.api.Range("C3:E5")
>>> shp.Left=rng.Left+1    #根据图形和区域的位置与大小属性进行固定
>>> shp.Top=rng.Top+1
>>> shp.Width=rng.Width-2
>>> shp.Height=rng.Height-2
```

效果如图 5-46 所示。调整左上角的位置，椭圆形区域会跟着移动，保持其相对位置不变。

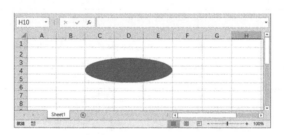

图 5-46　固定图形在工作表中的位置

5.4.3　动画

实现动画有两个关键操作：一是图形的动态绘制，比如不断修改图形的位置、大小或颜色；二是延时，即每一步都放慢，不要太快。动态部分，改变位置可以通过修改图形的 Left 属性和 Top 属性实现，也可以通过几何变换实现；延时部分，可以使用 time 包提供的 sleep 方法实现，该方法提供毫秒级的延时。

下面创建一个简单的动画，将一个窄长的矩形绕其形心旋转一周，整个旋转分 36 步完成，每步顺时针方向旋转 10°，每旋转一步停留 1s。旋转使用 Shape 对象的 IncrementRotation 方法，通过旋转变换实现。注意旋转的角度是相对于前一步的位置计算的，而不是相对于原始位置计算的。整个动态过程使用一个循环进行控制。

```
>>> import time   #导入 time 包
>>> shp=sht.api.Shapes.AddShape(1, 100, 100, 200, 20)   #矩形区域
>>> shp.Fill.PresetTextured(5)   #预设纹理
>>> for i in range(36):   #循环，动画次数
```

```
shp.IncrementRotation(10)  #每次动画顺时针方向旋转10°
time.sleep(1)  #每次动画延时1s
```

生成如图 5-47 所示的旋转动画，类似于钟表指针的轨迹。

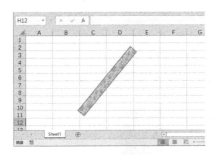

图 5-47　旋转动画

5.5　图片操作

本节介绍图片的创建和几何变换。

5.5.1　创建图片

使用 Shape 对象的 AddPicture 方法可以从现有文件中创建图片。该方法返回一个表示新图片的 Shape 对象。该方法的语法格式为：

```
sht.api.Shapes.AddPicture(FileName,LinkToFile,SaveWithDocument,Left,Top,
Width,Height)
```

其中，sht 为工作表对象。各参数说明如表 5-22 所示。

表 5-22　AddPicture 方法的参数说明

名　　称	必需/可选	数据类型	说　　明
FileName	必需	String	图片文件名
LinkToFile	必需	MsoTriState	当设置为 False 时，使图片成为文件的独立副本，不链接；当设置为 True 时，将图片链接到创建它的文件
SaveWithDocument	必需	MsoTriState	将图片与文档一起保存。当设置为 False 时，仅将链接信息存储在文档中；当设置为 True 时，将链接的图片与插入到的文档一起保存。如果 LinkToFile 被设置为 False，则此参数必须为 True
Left	必需	Single	图片左上角相对于文档左上角的位置（以磅为单位）
Top	必需	Single	图片左上角相对于文档顶部的位置（以磅为单位）
Width	必需	Single	图片的宽度，以磅为单位（输入-1，可保留现有文件的宽度）
Height	必需	Single	图片的高度，以磅为单位（输入-1，可保留现有文件的高度）

本示例将一张图片添加到 sht 工作表对象中，该图片链接到创建它的文件，并与 sht 工作表对象一起保存。

```
>>> sht.api.Shapes.AddPicture(r"D:\picpy.jpg", True, True, 100, 50, 100,
100)
```

效果如图 5-48 所示。

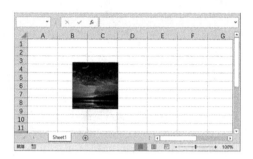

图 5-48　创建的图片

5.5.2　图片的几何变换

5.3 节介绍了图形的几何变换，使用 Shape 对象提供的方法，可以对给定的图形进行平移变换、旋转变换、缩放变换和翻转变换。在实现方法上，图片的几何变换与其完全相同。

下面通过指定文件创建图片后，对它连续进行旋转变换和水平翻转变换。

```
>>> shp=sht.api.Shapes.AddPicture(r"D:\picpy.jpg", True, True, 100, 50, 100,
100)
>>> shp.IncrementRotation(30)    #绕中心顺时针方向旋转 30°
>>> shp.Flip(0)    #水平翻转
```

旋转变换和翻转变换后的图片分别如图 5-49 和图 5-50 所示。注意，翻转变换是在前面旋转变换结果的基础上进行的，而不是针对原始图片。

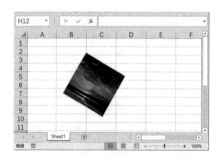

图 5-49　对图片做旋转变换

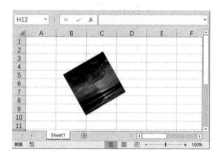

图 5-50　对图片做翻转变换

第 6 章
使用 Python 绘制 Excel 图表

作为优秀的办公和数据分析软件，Excel 提供了非常丰富的图表类型。使用 Python 提供的 win32com、comtypes 和 xlwings 等包，可以实现使用 Python 绘制 Excel 图表，从而把 Excel 提供的数据可视化功能利用起来。本章结合 xlwings 包进行介绍，所以在学习本章内容之前，需要先熟练掌握第 4 章中介绍的关于 xlwings 包的知识。

6.1 创建图表

本节介绍使用 Python xlwings 包创建 Excel 图表的几种方法，包括使用 xlwings 包提供的方法直接创建，使用 API 方式创建图表工作表，使用 Shapes 对象的 AddChart2 方法进行创建。

在 Excel 对象模型中，使用 Chart 对象表示图表，Charts 对象作为集合对所有图表进行保存和管理。通过编程创建图表的过程，就是创建 Chart 对象并利用其本身及与之相关的一系列对象的属性和方法进行编程的过程。

6.1.1 使用 xlwings 包创建图表

使用 xlwings 包提供的 charts 对象的 add 方法可以创建图表。该方法的语法格式为：

```
sht.charts.add(left=0,top=0,width=355, height=211)
```

其中，sht 表示一个工作表对象。该方法有 4 个参数：

- left——表示图表左侧的位置，单位为点，默认值为 0。
- top——表示图表顶端的位置，单位为点，默认值为 0。
- width——表示图表的宽度，单位为点，默认值为 355。

- height——表示图表的高度，单位为点，默认值为 211。

该方法返回一个 chart 对象。

如图 6-1 所示工作表上部给出的是部分省市 2011—2016 年的 GDP 数据，利用该数据绘制复合柱形图。代码如下：

```
>>> import xlwings as xw  #导入 xlwings 包
>>> app=xw.App()  #创建 Excel 应用
>>> wb=app.books.active  #活动工作簿
>>> sht=wb.sheets.active  #活动工作表
>>> cht=sht.charts.add(50, 200)  #添加图表
>>> cht.set_source_data(sht.range("A1").expand())  #图表绑定数据
>>> cht.chart_type="column_clustered"  #图表类型
>>> cht.api[1].HasTitle=True  #图表有标题
>>> cht.api[1].ChartTitle.Text="部分省市 2011—2016 年 GDP 数据"  #标题文本
```

生成如图 6-1 所示的图表。在上面的代码中，使用 charts 对象的 add 方法返回一个表示空白图表的 chart 对象，图表左上角的位置为(50,200)。使用 chart 对象的 set_source_data 方法绑定绘图数据。在参数中，使用 range 对象的 expand 方法获取 A1 单元格所在的数据表。使用 chart_type 属性指定图表类型为复合柱形图。最后使用 API 方式指定图表的标题，注意需要设置 HasTitle 属性的值为 True。

图 6-1　使用 xlwings 包创建的图表

6.1.2　使用 API 方式创建图表

在 API 方式下创建图表，创建的是图表工作表，即所创建的图表占据整个工作表。通过 Charts 对象的 Add 方法可以向集合中添加新的图表工作表，该方法的语法格式为：

```
wb.api.Charts.Add(Before,After,Count,Type)
```

其中，wb 表示指定的工作簿对象。该方法的参数都可省略，各参数的含义如下：

- Before——指定工作表对象，新建的工作表将被置于此工作表之前。
- After——指定工作表对象，新建的工作表将被置于此工作表之后。
- Count——要添加的工作表个数。默认值为 1。
- Type——指定要添加的图表类型。

注意：如果 Before 和 After 两者都省略了，则新建的图表工作表将被插入活动工作表之前。

该方法返回一个 Chart 对象。

下面利用与图 6-1 所示相同的数据，使用 API 方式创建复合柱形图。

```
>>> sht.api.Range("A1:H7").Select()  #图表数据
>>> cht=wb.api.Charts.Add()  #添加图表
>>> cht.ChartType= xw.constants.ChartType.xlColumnClustered  #图表类型
>>> cht.HasTitle=True  #有标题
>>> cht.ChartTitle.Text = "部分省市2011—2016年GDP数据"  #标题文本
```

生成如图 6-2 所示的图表工作表。在上面的代码中，绑定数据的方式是使用 Select 方法选择数据区域，然后使用 Charts 对象的 Add 方法添加图表工作表。Add 方法返回一个 Chart 对象，使用 Chart 对象的 ChartType 属性设置图表类型为复合柱形图。注意指定图表类型常数的方式。最后指定图表的标题。

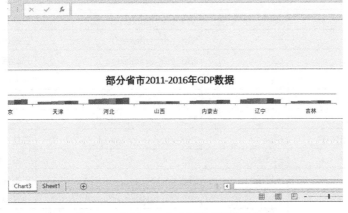

图 6-2　使用 API 方式创建的图表工作表

熟悉 VBA 的读者都知道，利用 VBA 可以创建嵌入式图表，即可以将图表嵌入普通工作表中显示。使用 xlwings 方式和 API 方式都无法创建嵌入式图表。

6.1.3　使用 Shapes 对象创建图表

使用 Shapes 对象创建图表，实际上也是在 xlwings 的 API 方式下实现的。在 API 方式下，使用 Shapes 对象的 AddChart2 方法创建图表。该方法的语法格式为：

```
sht.api.Shapes.AddChart2(Style,XlChartType,Left,Top,Width,Height,
NewLayout)
```

其中，sht 为工作表对象。该方法一共有 7 个参数，均可选。

- Style：图表样式，当值为-1 时，表示各类型图表的默认样式。
- xlChartType：图表类型，值为 XlChartType 枚举类型，表 6-1 中列出了一部分图表类型及其对应的枚举常数和值。
- Left：图表左侧位置，省略时水平居中。
- Top：图表顶端位置，省略时垂直居中。
- Width：图表的宽度，省略时取默认值 354。
- Height：图表的高度，省略时取默认值 210。
- NewLayout：图表布局，如果值为 True，则只有复合图表才会显示图例。

该方法返回一个表示图表的 Shape 对象。

表 6-1　Excel 的图表类型及其对应的枚举常数和值（部分）

API 常数名称	API 方式下的取值	xlwings 方式下的取值	说　明
xl3DArea	-4098	"3d_area"	三维面积图
xl3DAreaStacked	78	"3d_area_stacked"	三维堆栈面积图
xl3DAreaStacked100	79	"3d_area_stacked_100"	三维百分比堆栈面积图
xl3DBarClustered	60	"3d_bar_clustered"	三维复合条形图
xl3DBarStacked	61	"3d_bar_stacked"	三维堆栈条形图
xl3DBarStacked100	62	"3d_bar_stacked_100"	三维百分比堆栈条形图
xl3DColumn	-4100	"3d_column"	三维柱形图
xl3DColumnClustered	54	"3d_column_clustered"	三维复合柱形图
xl3DColumnStacked	55	"3d_column_stacked"	三维堆栈柱形图
xl3DColumnStacked100	56	"3d_column_stacked_100"	三维百分比堆栈柱形图
xl3DLine	-4101	"3d_line"	三维折线图
xl3DPie	-4102	"3d_pie"	三维饼图
xl3DPieExploded	70	"3d_pie_exploded"	分离型三维饼图
xlArea	1	"area"	饼图

续表

API 常数名称	API 方式下的取值	xlwings 方式下的取值	说　明
xlAreaStacked	76	"area_stacked"	堆栈面积图
xlAreaStacked100	77	"area_stacked_100"	百分比堆栈面积图
xlBarClustered	57	"bar_clustered"	复合条形图
xlBarOfPie	71	"bar_of_pie"	复合条饼图
xlBarStacked	58	"bar_stacked"	堆栈条形图
xlBarStacked100	59	"bar_stacked_100"	百分比堆栈条形图
xlBubble	个	"bubble"	泡泡图
xlBubble3DEffect	87	"bubble_3d_effect"	三维泡泡图
xlColumnClustered	51	"column_clustered"	复合柱形图
xlColumnStacked	52	"column_stacked"	堆栈柱形图
xlColumnStacked100	53	"column_stacked_100"	百分比堆栈柱形图
xlConeBarClustered	102	"cone_bar_clustered"	复合条形圆锥图
xlConeBarStacked	103	"cone_bar_stacked"	堆栈条形圆锥图
xlConeBarStacked100	104	"cone_bar_stacked_100"	百分比堆栈条形圆锥图
xlConeCol	105	"cone_col"	三维柱形圆锥图
xlConeColClustered	99	"cone_col_clustered"	复合柱形圆锥图
xlConeColStacked	100	"cone_col_stacked"	堆栈柱形圆锥图
xlConeColStacked100	101	"cone_col_stacked_100"	百分比堆栈柱形圆锥图
xlCylinderBarClustered	95	"cylinder_bar_clustered"	复合条形圆柱图
xlCylinderBarStacked	96	"cylinder_bar_stacked"	堆栈条形圆柱图
xlCylinderBarStacked100	97	"cylinder_bar_stacked_100"	百分比堆栈条形圆柱图
xlCylinderCol	98	"cylinder_col"	三维柱形圆柱图
xlCylinderColClustered	92	"cylinder_col_clustered"	复合柱形圆柱图
xlCylinderColStacked	93	"cylinder_col_stacked"	堆栈柱形圆柱图
xlCylinderColStacked100	94	"cylinder_col_stacked_100"	百分比堆栈柱形圆柱图
xlDoughnut	−4120	"doughnut"	圆环图
xlDoughnutExploded	80	"doughnut_exploded"	分离型圆环图
xlLine	4	"line"	折线图
xlLineMarkers	65	"line_markers"	数据点折线图
xlLineMarkersStacked	66	"line_markers_stacked"	堆栈数据点折线图
xlLineMarkersStacked100	67	"line_markers_stacked_100"	百分比堆栈数据点折线图
xlLineStacked	63	"line_stacked"	堆栈折线图
xlLineStacked100	64	"line_stacked_100"	百分比堆栈折线图

续表

API 常数名称	API 方式下的取值	xlwings 方式下的取值	说　　明
xlPie	5	"pie"	饼图
xlPieExploded	69	"pie_exploded"	分离型饼图
xlPieOfPie	68	"pie_of_pie"	复合饼图
xlPyramidBarClustered	109	"pyramid_bar_clustered"	复合条形棱锥图
xlPyramidBarStacked	110	"pyramid_bar_stacked"	堆栈条形棱锥图
xlPyramidBarStacked100	111	"pyramid_bar_stacked_100"	百分比堆栈条形棱锥图
xlPyramidCol	112	"pyramid_col"	柱形棱锥图
xlPyramidColClustered	106	"pyramid_col_clustered"	复合柱形棱锥图
xlPyramidColStacked	107	"pyramid_col_stacked"	堆栈柱形棱锥图
xlPyramidColStacked100	108	"pyramid_col_stacked_100"	百分比堆栈柱形棱锥图
xlRadar	−4151	"radar"	雷达图
xlRadarFilled	82	"radar_filled"	填充雷达图
xlRadarMarkers	81	"radar_markers"	数据点雷达图
xlRegionMap	140		地图
xlStockHLC	88	"stock_hlc"	盘高-盘低-收盘图
xlStockOHLC	89	"stock_ohlc"	开盘-盘高-盘低-收盘图
xlStockVHLC	90	"stock_vhlc"	成交量-盘高-盘低-收盘图
xlStockVOHLC	91	"stock_vohlc"	Volume-开盘-盘高-盘低-收盘图
xlSurface	83	"surface"	三维曲面图
xlSurfaceTopView	85	"surface_top_view"	曲面图（俯视图）
xlSurfaceTopViewWireframe	86	"surface_top_view_wireframe"	曲面图（俯视线框图）
xlSurfaceWireframe	84	"surface_wireframe"	三维曲面图（线框图）
xlXYScatter	−4169	"xy_scatter"	散点图
xlXYScatterLines	74	"xy_scatter_lines"	折线散点图
xlXYScatterLinesNoMarkers	75	"xy_scatter_lines_no_markers"	无数据点折线散点图
xlXYScatterSmooth	72	"xy_scatter_smooth"	平滑线散点图
xlXYScatterSmoothNoMarkers	73	"xy_scatter_smooth_no_markers"	无数据点平滑线散点图

下面利用图 6-1 所示工作表中的数据绘制复合柱形图。首先选择数据区域，然后使用 Shapes 对象的 AddChart2 方法绘制。

```
>>> sht.api.Range("A1").CurrentRegion.Select()
>>> sht.api.Shapes.AddChart2(-1,xw.constants.ChartType.xlColumnClustered,
30,150,300,200,True)
```

生成如图 6-3 所示的复合柱形图。对比图 6-1 不难发现，在 API 方式下，使用 Shapes 对象创建的图表与使用 xlwings 方式绘制的图表效果相同。所以可以推测出，xlwings 对 win32com 进行重新封装时本质上是使用 Shapes 对象创建图表的。

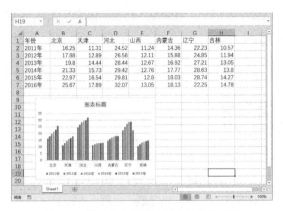

图 6-3　利用给定数据绘制的复合柱形图

6.1.4　绑定数据

如 6.1.1 节至 6.1.3 节所述，可用两种方法绑定数据。

第 1 种方法是使用单元格区域的 Select 方法选择数据，在 6.1.1 节到 6.1.3 节介绍的创建图表的 3 种方法中，这种选择数据的方法适用于后两种创建方法，即使用 API 方式创建的两种方法。

对于 sht 工作表对象，使用的代码类似于下面的形式：

```
>>> sht.api.Range("A1").CurrentRegion.Select()
```

或者

```
>>> sht.api.Range("A1:H7").Select()
```

第 2 种方法是使用 chart（Chart）对象的 set_source_data（SetSourceData）方法绑定数据。在 6.1.1 节到 6.1.3 节介绍的创建图表的 3 种方法中，这种选择数据的方法适用于前两种创建方法，即使用 xlwings 方式和第 1 种 API 方式创建的方法。

在 xlwings 方式下，使用 chart 对象的 set_source_data 方法绑定数据。例如，对于 sht 工作表对象和 cht 图表对象，使用的代码类似于下面的形式：

```
>>> cht.set_source_data(sht.range("A1").expand())
```

该方法只有一个参数，它是一个 range 对象，用于指定数据的范围。

使用第 1 种 API 方式可以创建图表工作表。通过 Chart 对象的 SetSourceData 方法，可以为指定的图表设置源数据区域。该方法的语法格式如下：

```
cht.SetSourceData(Source, PlotBy)
```

其中，cht 表示生成的 chart 对象。该方法有两个参数，其含义如下：

- Source——一个 Range 对象，用于指定图表的源数据区域。
- PlotBy——指定取数据的方式。当值为 1 时表示按列取数据，当值为 2 时表示按行取数据。

对于 sht 工作表对象和 cht 图表对象，使用的代码类似于下面的形式：

```
>>> cht.SetSourceData(Source=sht.api.Range("A1:H7"),PlotBy=1)
```

6.2 图表及其序列设置

利用 6.1.1 节和 6.1.2 节介绍的方法可以获得 chart 和 Chart 对象，利用 6.1.3 节介绍的方法可以获得 Shape 对象，引用 Shape 对象的 Chart 属性可以获取 Chart 对象。然后利用 chart（Chart）对象的属性和方法，就可以对图表的类型、坐标系、标题、图例等进行各种设置。

对于利用多变量数据绘制的复合图表类型，图表中的每组简单图形都被称为一个序列。从复合图表中获取序列对象并利用其属性和方法，可以对它进行设置。比如改变一组简单图形的图表类型、设置条形区域或线条的颜色和线型、显示并设置点标记和数据标签等。

对于特殊的图表类型，比如折线图、点图等，可以对图表的某个或某些数据点进行单独设置。比如对折线图上的第 5 个数据点进行设置，改变它的标记大小、显示数据标签等。

6.2.1 设置图表类型

使用 chart 对象的 chart_type 属性或 Chart 对象的 ChartType 属性可以设置图表类型。对于图表对象 cht，设置图表类型的代码如下：

【xlwings】

```
>>> cht.chart_type="column_clustered"
```

【xlwings API】

```
>>> cht.ChartType=xw.constants.ChartType.xlColumnClustered
```

chart_type 和 ChartType 属性的取值如表 6-1 所示。表中第 3 列中表示图表类型的字符串是 xlwings 方式下 chart_type 属性的取值，前两列的常数或值是 API 方式下 ChartType 属性的取值。值可以直接写，常数的形式则类似于 xw.constants.ChartType.xlLine。

利用 6.1 节提供的数据，下面使用 Shapes 对象的 AddChart2 方法创建更多类型的图表。

```
>>> sht.api.Range("A1").CurrentRegion.Select()   #数据
```

```
>>> sht.api.Shapes.AddChart2(-1,xw.constants.ChartType.xlColumnClustered,
20,150,300,200,True)
>>> sht.api.Shapes.AddChart2(-1,xw.constants.ChartType.xlBarClustered,
400,150,300,200,True)
>>> sht.api.Shapes.AddChart2(-1,xw.constants.ChartType.xlConeBarStacked,
20,400,300,200,True)
>>> sht.api.Shapes.AddChart2(-1,xw.constants.ChartType.xlLineMarkersStacked,
400,400,300,200,True)
>>> sht.api.Shapes.AddChart2(-1,xw.constants.ChartType.xlXYScatter,20,
650,300,200,True)
>>> sht.api.Shapes.AddChart2(-1,xw.constants.ChartType.xlPieOfPie,400,
650,300,200,True)
```

生成不同类型的图表，如图 6-4 所示。

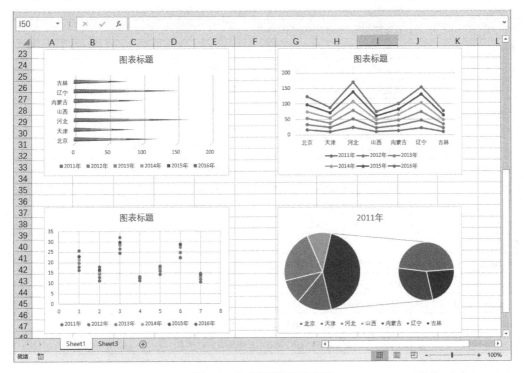

图 6-4　生成不同类型的图表

6.2.2　Chart 对象的常用属性和方法

在 6.2.1 节中，我们使用 Chart 对象的 ChartType 属性设置了图表类型。实际上，Chart 对象有很多属性和方法，使用它们可以对图表进行各种设置。Chart 对象的常用属性和方法如表 6-2 所示。这些属性和方法的用法在后面会陆续介绍。

表 6-2　Chart 对象的常用属性和方法

名　称	含　义
BackWall	返回 Walls 对象，该对象允许用户单独对三维图表的背景墙进行格式设置
BarShape	条形的形状
ChartArea	返回 ChartArea 对象，该对象表示图表的整个图表区
ChartStyle	返回或设置图表样式，可以使用 1~48 之间的数字设置图表样式
ChartTitle	返回 ChartTitle 对象，该对象表示指定图表的标题
ChartType	返回或设置图表类型
Copy	将图表工作表复制到工作簿的另一个位置
CopyPicture	将图表以图片的形式复制到剪贴板上
DataTable	返回 DataTable 对象，该对象表示图表的数据表
Delete	删除图表
Export	将图表以图片的形式导出到文件中
HasAxis	返回或设置图表上显示的坐标轴
HasDataTable	如果图表有数据表，则该属性值为 True，否则为 False
HasTitle	设置是否显示标题
Legend	返回一个 Legend 对象，该对象表示图表的图例
Move	将图表工作表移动到工作簿的另一个位置
Name	图表的名称
PlotArea	返回一个 PlotArea 对象，该对象表示图表的绘图区
PlotBy	返回或设置行/列在图表中作为数据系列使用的方式，可为以下 XlRowCol 常量之一：xlColumns 或 xlRows
SaveAs	将图表另存到不同的文件中
Select	选择图表
SeriesCollection	返回包含图表中所有序列的集合
SetElement	设置图表元素
SetSourceData	绑定绘制图表的数据
Visible	返回或设置一个 XlSheetVisibility 值，用于确定对象是否可见
Walls	返回一个 Walls 对象，该对象表示三维图表的背景墙

6.2.3　设置序列

　　每个 Chart 对象都有一个 SeriesCollection 属性，它返回一个包含图表中所有序列的集合。那么，什么是序列呢？对于图 6-1 中生成的复合柱形图，每个省市对应一个复合柱形，每个复合柱形中都有 6 个不同颜色的单一柱形，这里将所有省市颜色相同的单一柱形组成一个序列，所以图中一共有 6 个序列。使用 Series 对象表示序列。

下面利用图 6-5 中给定的数据，使用 Shapes 对象绘制图表。

```
>>> sht.api.Range("A1:B7").Select()
>>> cht=sht.api.Shapes.AddChart().Chart
```

生成的图表如图 6-5 所示。代码中第 1 行选择绘图数据，第 2 行使用 Shapes 对象的 AddChart 方法创建表示图表的 Shape 对象，使用该对象的 Chart 属性返回一个 Chart 对象。

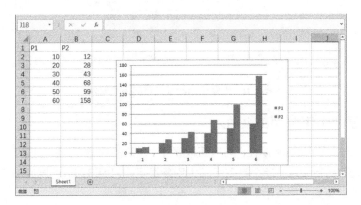

图 6-5　默认时生成的图表

Chart 对象的 SeriesCollection 属性返回包含图表中所有序列的集合。下面使用 Count 属性获取集合中序列的个数。

```
>>> cht.SeriesCollection().Count
2
```

图 6-5 中共有两种不同颜色的柱形，每种颜色的柱形组成一个序列，所以一共有两个序列，蓝色柱形（左侧）组成第 1 个序列，红色柱形（右侧）组成第 2 个序列。

使用序列的名称或序列在集合中的索引号可以引用序列。下面引用第 2 个序列，用它的 ChartType 属性将图表类型改为折线图。设置 Smooth 属性的值为 True，对折线进行平滑处理。使用 MarkerStyle 属性将各数据点处的标记设置为三角形，使用 MarkerForegroundColor 属性将标记的颜色设置为蓝色。设置 HasDataLabel 属性的值为 True，显示数据标签。

```
>>> ser2=cht.SeriesCollection("P2")   #第 2 个序列
>>> ser2.ChartType=xw.constants.ChartType.xlLine   #折线图
>>> ser2.Smooth=True   #平滑处理
>>> ser2.MarkerStyle=xw.constants.MarkerStyle.xlMarkerStyleTriangle   #标记
>>> ser2.MarkerForegroundColor=xw.utils.rgb_to_int((0,0,255))   #颜色
>>> ser2.HasDataLabels=True   #数据标签
```

现在图表变成如图 6-6 所示的效果。可见，通过设置图表中 Series 对象的属性，可以改变单个序列。

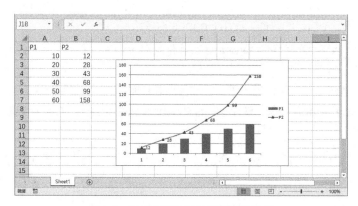

图 6-6　改变序列的属性值的图表效果

6.2.4　设置序列中单个点的属性

使用 Series 对象的 Points 属性，可以获取序列中所有的数据点。通过索引，可以把其中的某个或某些点提取出来进行设置。单个点用 Point 对象表示，利用该对象的属性和方法，可以对指定的点进行设置。点的设置主要应用于折线图、散点图和雷达图等。

接着 6.2.3 节的例子，获取第 2 个序列中数据点的数量。

```
>>> Num=ser2.Points().Count
>>> Num
6
```

Point 对象的常用属性如表 6-3 所示。

表 6-3　Point 对象的常用属性

名　称	含　义
DataLabel	返回一个 DataLabel 对象，该对象表示数据标签
HasDataLabel	是否显示数据标签
MarkerBackgroundColor	标记背景色，RGB 着色
MarkerBackgroundColorIndex	标记背景色，索引着色
MarkerForegroundColor	标记前景色，RGB 着色
MarkerForegroundColorIndex	标记前景色，索引着色
MarkerSize	标记的大小
MarkerStyle	标记的样式
Name	点的名称
PictureType	设置在柱形图或条形图上显示图片的方式，可以拉伸或堆栈显示

Point 对象的 MarkerStyle 属性用于设置标记的样式。该属性的值为 XlMarkerStyle 枚举类型，其取值如表 6-4 所示。

表 6-4　Point 对象的 MarkerStyle 属性的取值

名　　称	值	说　　明
xlMarkerStyleAutomatic	−4105	自动设置标记
xlMarkerStyleCircle	8	圆形标记
xlMarkerStyleDash	−4115	长条形标记
xlMarkerStyleDiamond	2	菱形标记
xlMarkerStyleDot	−4118	短条形标记
xlMarkerStyleNone	−4142	无标记
xlMarkerStylePicture	−4147	图片标记
xlMarkerStylePlus	9	带加号的方形标记
xlMarkerStyleSquare	1	方形标记
xlMarkerStyleStar	5	带星号的方形标记
xlMarkerStyleTriangle	3	三角形标记
xlMarkerStyleX	−4168	带 X 记号的方形标记

下面的代码在表示第 2 个序列的折线图中改变第 3 个点的属性，设置它的前景色和背景色都为蓝色，标记的样式为菱形，标记的大小为 10。

```
>>> ser2.Points(3).MarkerForegroundColor=xw.utils.rgb_to_int((0,0,255))
>>> ser2.Points(3).MarkerBackgroundColor=xw.utils.rgb_to_int((0,0,255))
>>> ser2.Points(3).MarkerStyle=xw.constants.MarkerStyle.xlMarkerStyleDiamond
>>> ser2.Points(3).MarkerSize=10
```

效果如图 6-7 所示。设置以后，对第 2 个序列中的第 3 个点进行了突出显示。

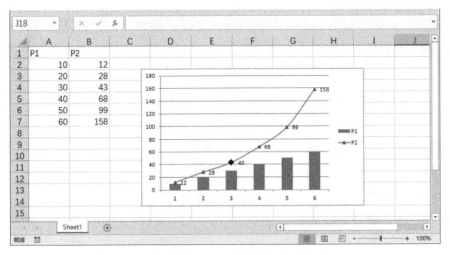

图 6-7　设置第 3 个点的属性值的图表效果

6.3 基本图形元素的属性设置

复杂的图表是由点、线、面等基本图形元素组成的，比如在图 6-7 所示的图表中，有点、直线段、矩形区域、文本等图形元素。关于基本图形元素的属性设置，第 5 章中有较详细的介绍，这里不再赘述。本节主要介绍如何把基本图形元素从图表中提取出来并进行属性设置。

6.3.1 设置颜色

设置颜色主要有 RGB 着色、索引着色、主题颜色着色和配色方案着色 4 种方法。在具体设置时，往往通过图形对象的 BackColor 属性和 ForeColor 属性返回一个 ColorFormat 对象，该对象提供了 RGB、ObjectThemeColor、SchemeColor 等属性，使用它们设置 RGB 着色、主题颜色着色和配色方案着色。索引着色常常用于字体颜色的设置。关于这 4 种颜色设置方法，第 5 章中有详细的介绍，这里不再赘述。

下面使用 RGB 着色方法将第 1 个序列中柱形的颜色改为绿色。首先获取柱形区域对象，然后使用 RGB 着色方法修改它们的颜色：

```
>>> ser=cht.SeriesCollection("P1")
>>> ser.Format.Fill.ForeColor.RGB=xw.utils.rgb_to_int((0,255,0))
```

使用主题颜色着色方法：

```
>>> ser.Format.Fill.ForeColor.ObjectThemeColor=10
```

使用配色方案着色方法：

```
>>> ser.Format.Fill.ForeColor.SchemeColor=3
```

颜色设置效果如图 6-8 所示。

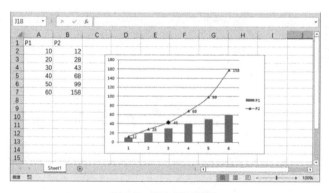

图 6-8　颜色设置效果

6.3.2　设置线形图形元素的属性

在图 6-8 中，折线图中的直线段是线形图形元素，将这些线形图形元素提取出来以后，可以改变它们的属性。连续引用 Series 对象的 Format.Line 属性，返回一个 LineFormat 对象，表示序列中的线形对象。使用 LineFormat 对象的成员对线形对象进行设置。关于 LineFormat 对象，第5 章中有详细的介绍，请参阅。

下面获取表示第 2 个序列的折线图中的直线段，设置线型为虚线，颜色为蓝色。

```
>>> ser2.Format.Line.DashStyle=4
>>> ser2.Format.Line.ForeColor.RGB=xw.utils.rgb_to_int((0,0,255))
```

设置效果如图 6-9 所示。

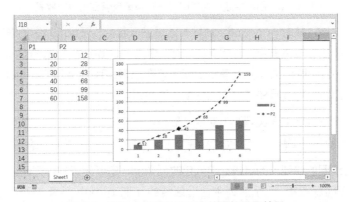

图 6-9　图表中线形图形元素的属性设置效果

6.3.3　设置区域的透明度和颜色填充

在图 6-9 中，图表中的柱形属于区域，是面，将这些区域图形元素提取出来以后，可以改变它们的属性。连续引用 Series 对象的 Format.Fill 属性，返回一个 FillFormat 对象，表示序列中的区域对象。使用 FillFormat 对象的成员对区域对象进行设置。关于 FillFormat 对象，第 5 章中有详细的介绍，请参阅。

下面获取第 1 个序列中表示区域的 FillFormat 对象。

```
>>> ff=ser.Format.Fill
```

使用 FillFormat 对象的 Transparency 属性，可以设置柱形区域的透明度。该属性的取值范围为 0.0（不透明）~1.0（清晰）。

```
>>> ff.Transparency=0.7
```

效果如图 6-10 中的第 1 个序列所示。

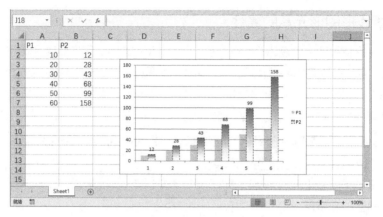

图 6-10　图表中区域的透明度设置和单色渐变色填充效果

除了可以使用区域对象的 ForeColor 属性对区域进行着色，还可以对它们进行颜色填充，可以单色填充，也可以单色、双色甚至多色渐变色填充。使用 FillFormat 对象的 Solid 方法进行单色填充，使用 OneColorGradient 方法进行单色渐变色填充，使用 TwoColorGradient 方法进行双色渐变色填充。这部分内容在第 5 章中有详细的介绍，请参阅。

下面先将第 2 个序列的图表类型改为复合柱形图。

```
>>> ser2.ChartType=51
```

由于先前将折线图的线型改为虚线，将颜色改为蓝色，所以转成柱形图后，柱形区域的边框显示为蓝色虚线。下面获取第 2 个序列中柱形区域的 FillFormat 对象 ff2，然后使用该对象的 OneColorGradient 方法进行单色渐变色填充。

```
>>> ff2=ser2.Format.Fill
>>> ff2.OneColorGradient(1,1,1)
```

设置效果如图 6-10 中的第 2 个序列所示。可见，单色渐变色填充是从白色到 ForeColor 属性指定的颜色渐变填充的。

使用 FillFormat 对象的 TwoColorGradient 方法进行双色渐变色填充。这里的双色，是由 FillFormat 对象的 ForeColor 属性和 BackColor 属性指定的。注意，BackColor 属性的设置必须在调用 TwoColorGradient 方法之后进行。将 ForeColor 属性和 BackColor 属性分别设置为红色和黄色。

```
>>> ff2=ser2.Format.Fill
>>> ff2.ForeColor.RGB=xw.utils.rgb_to_int((255,0,0))
>>> ff2.TwoColorGradient(1,1)
>>> ff2.BackColor.RGB=xw.utils.rgb_to_int((255,255,0))
```

效果如图 6-11 中的第 2 个序列所示。

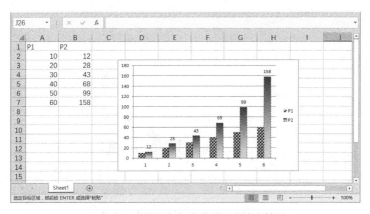

图 6-11　双色渐变色填充和图案填充效果

6.3.4　设置区域的图案/图片/纹理填充

使用 FillFormat 对象的 Patterned 方法进行图案填充。该方法有一个参数，指定填充图案的样式（其详细介绍请参见第 5 章）。

下面对第 1 个序列中的各柱形区域进行图案填充。

```
>>> ff=ser.Format.Fill
>>> ff.ForeColor.RGB=xw.utils.rgb_to_int((0,0,255))
>>> ff.Patterned(43)
```

效果如图 6-11 中的第 1 个序列所示。

使用 FillFormat 对象的 UserPicture 方法进行图片填充。该方法有一个参数，指定填充图片的文件路径和名称。如果只指定文件名，则该文件应该位于当前工作目录下。

下面使用 D 盘下 picpy.jpg 文件中的图片填充第 1 个序列中的柱形区域。

```
>>> ff=ser.Format.Fill
>>> ff.UserPicture (r"D:\picpy.jpg")
```

效果如图 6-12 中的第 1 个序列所示。

使用 FillFormat 对象的 UserTextured 方法进行纹理填充。该方法有一个参数，指定填充纹理图片的文件路径和名称。如果只指定文件名，则该文件应该位于当前工作目录下。

下面使用 D 盘下 picpy2.jpg 文件中的图片对第 2 个序列中的柱形区域进行纹理填充。

```
>>> ff2=ser2.Format.Fill
>>> ff2.UserTextured (r"D:\picpy2.jpg")
```

效果如图 6-12 中的第 2 个序列所示。可见，图片填充是将图片进行拉伸缩放，使图片正好能显示在指定区域中；纹理填充是使图片保持原来的大小，在指定区域内平铺显示。

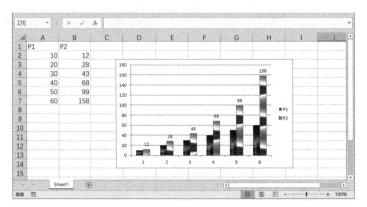

图 6-12　图片填充和纹理填充效果

6.4　坐标系设置

坐标系是图表的重要组成部分，有了坐标系，图表中的每一个点，以及每一个基本图形元素的位置、长度度量、方向度量才能确定下来，它是一个基本的参照系。利用 Excel 提供的图表坐标系相关对象及其属性和方法，可以对坐标系进行各种设置，以实现所需要的图形效果。

6.4.1　设置 Axes 对象和 Axis 对象

在 Excel 中，用 Axis 对象表示单个坐标轴，用 Axes（Axis 的复数形式）对象表示多个坐标轴及它们组成的坐标系。对于二维平面坐标系，有水平轴（横坐标轴）和垂直轴（纵坐标轴）两个坐标轴；对于三维空间坐标系，有三个方向上的坐标轴。

当使用 API 方式时，通过 Chart 对象获取 Axis 对象的语法格式如下：

```
axs=cht.Axes(Type,AxisGroup)
```

其中，cht 为 Chart 对象。该方法有两个参数：

- Type——必选项，取值为 1、2 或 3。当取值为 1 时坐标轴显示类别，常用于设置图表的水平轴；当取值为 2 时坐标轴显示值，常用于设置图表的垂直轴；当取值为 3 时坐标轴显示数据系列，只能用于 3D 图表。

- AxisGroup——可选项，指定坐标轴主次之分。当设置为 2 时，说明坐标轴为辅轴；当设置为 1 时，说明坐标轴为主轴。

下面首先选择绘图数据，使用 Shapes 对象的 AddChart2 方法创建一个表示图表的 Shape 对象，然后利用该对象的 Chart 属性获取 Chart 对象。

```
>>> sht.api.Range("A1:B7").Select()
```

```
>>> cht=sht.api.Shapes.AddChart2(-1,xw.constants.ChartType.
xlColumnClustered,200,20,300,200,True).Chart
```

利用 Chart 对象的 Axes 属性获取横坐标轴和纵坐标轴，并设置各坐标轴的属性。利用 Border 属性可以对坐标轴本身的颜色、线型、线宽等进行设置。

下面创建一个图表，设置两个坐标轴的 Border 属性，并设置 HasMinorGridlines 属性的值为 True，显示次级网格线。

```
>>> sht.api.Range("A1:B7").Select()  #数据
>>> cht=sht.api.Shapes.AddChart().Chart  #添加图表
>>> axs=cht.Axes(1)  #横坐标轴
>>> axs.Border.ColorIndex=3  #红色
>>> axs.Border.Weight=3  #线宽
>>> axs.HasMinorGridlines=True  #显示次级网格线
>>> axs2=cht.Axes(2)  #纵坐标轴
>>> axs2.Border.Color=xw.utils.rgb_to_int((0,0,255))  #蓝色
>>> axs2.Border.Weight=3  #线宽
>>> axs2.HasMinorGridlines=True  #显示次级网格线
```

效果如图 6-13 所示。

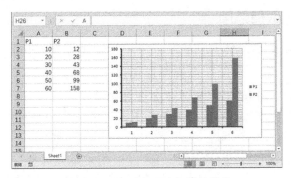

图 6-13　获取和设置坐标轴的效果

6.4.2　设置坐标轴标题

使用 Axis 对象的 HasTitle 属性设置是否显示坐标轴标题，使用 AxisTitle 属性设置坐标轴标题的文本内容。注意，必须在设置 HasTitle 属性的值为 True 后才能设置 AxisTitle 属性。AxisTitle 属性返回一个 AxisTitle 对象，利用它来设置坐标轴标题的文本内容和字体。

下面接着 6.4.1 节的绘图代码，给两个坐标轴添加标题。横坐标轴的标题显示为红色，字体倾斜；纵坐标轴的标题字体加粗。

```
>>> axs.HasTitle=True  #横坐标轴有标题
>>> axs.AxisTitle.Caption="横坐标轴标题"  #标题文本内容
```

```
>>> axs.AxisTitle.Font.Italic=True   #字体倾斜
>>> axs.AxisTitle.Font.Color=xw.utils.rgb_to_int((255,0,0))#标题显示为红色
>>> axs2.HasTitle=True   #纵坐标轴有标题
>>> axs2.AxisTitle.Caption="纵坐标轴标题"   #标题文本内容
>>> axs2.AxisTitle.Font.Bold=True   #字体加粗
```

效果如图 6-14 所示。

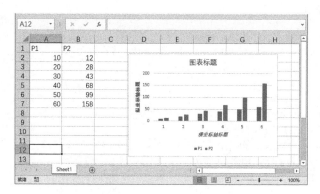

图 6-14 添加和设置坐标轴标题的效果

6.4.3 设置数值轴取值范围

纵坐标轴为数值轴。使用纵坐标轴对象的 MinimumScale 和 MaximumScale 属性设置数值轴的最小值和最大值。

下面设置纵坐标轴的最小值和最大值分别为 10 和 200。

```
>>> axs2.MinimumScale=10
>>> axs2.MaximumScale=200
```

效果如图 6-15 所示。注意纵坐标轴即数值轴的取值范围已经被修改，图表显示也有相应的变化。

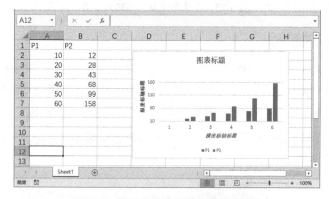

图 6-15 纵坐标轴的取值范围设置效果

6.4.4　设置刻度线

刻度线是坐标轴上的短线，用来辅助确定图表中各点的位置。刻度线有主刻度线和次刻度线。使用 Axis 对象的 MajorTickMark 属性设置主刻度线，使用 MinorTickMark 属性设置次刻度线。

MajorTickMark 和 MinorTickMark 属性的取值如表 6-5 所示，可以有不同的表示形式。

表 6-5　MajorTickMark 和 MinorTickMark 属性的取值

名　　称	值	说　　明
xlTickMarkCross	4	跨轴
xlTickMarkInside	2	在轴内
xlTickMarkNone	−4142	无标志
xlTickMarkOutside	3	在轴外

下面将横坐标轴的主刻度线设置为跨轴形式，将次刻度线设置为轴内显示。

```
>>> axs.MajorTickMark = 4
>>> axs.MinorTickMark = 2
```

使用 TickMarkSpacing 属性返回或设置每隔多少个数据显示一个主刻度线，仅用于分类轴和系列轴，可以是 1~31 999 之间的一个数值。

```
>>> axs.TickMarkSpacing = 1
```

使用 MajorUnit 和 MinorUnit 属性分别设置数值轴上的主要刻度单位和次要刻度单位。

下面的代码为数值轴设置主要刻度单位和次要刻度单位。

```
>>> axs2.MajorUnit = 40
>>> axs2.MinorUnit = 10
```

设置后，数值轴上从最小值开始每隔 40 个数据显示一个主刻度线，次刻度线之间的间隔是 10 个数据。

设置 MajorUnitIsAuto 和 MinorUnitIsAuto 属性的值为 True，Excel 会自动计算数值轴上的主要刻度单位和次要刻度单位。

```
>>> axs2.MajorUnitIsAuto=True
>>> axs2.MinorUnitIsAuto=True
```

如果设置了 MajorUnit 和 MinorUnit 属性的值，则 MajorUnitIsAuto 和 MinorUnitIsAuto 属性的值会被自动设置为 False。

6.4.5　设置刻度标签

坐标轴上与主刻度线位置对应的文本标签被称为刻度标签。刻度标签对主刻度线对应的数值或分类进行标注说明。

分类轴上刻度标签的文本为图表中关联分类的名称。分类轴的默认刻度标签文本为数字，它们按照从左到右的顺序从 1 开始累加编号。使用 TickLabelSpacing 属性可以设置间隔多少个分类显示一个刻度标签。

数值轴上刻度标签的文本数字对应于数值轴的 MajorUnit、MinimumScale 和 MaximumScale 属性的值。若要更改数值轴与刻度标签的文本内容，则必须修改这些属性的值。

Axis 对象的 TickLabels 属性返回一个 TickLabels 对象，其表示坐标轴上的刻度标签。使用 TickLabels 对象的属性和方法，可以对刻度标签的字体、数字显示格式、显示方向、偏移量和对齐方式等进行设置。

下面设置数值轴上刻度标签的数字显示格式、字体和显示方向。

```
>>> tl=axs2.TickLabels  #纵坐标轴上的刻度标签
>>> tl.NumberFormat = "0.00"  #数字显示格式
>>> tl.Font.Italic=True  #字体倾斜
>>> tl.Font.Name="Times New Roman"  #字体名称
>>> tl.Orientation=45  #45° 方向
```

效果如图 6-16 所示。

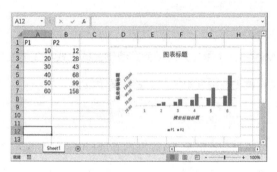

图 6-16　数值轴上刻度标签的设置效果

在代码中，TickLabels 对象的 Orientation 属性指定刻度标签的文本方向。当标签比较长时，这个属性很有用。此属性的值可以被设置为-90°~90°。

使用 Axis 对象的 TickLabelPosition 属性指定坐标轴上刻度标签的位置，其取值如表 6-6 所示。

表 6-6　TickLabelPosition 属性的取值

名　　称	值	说　　明
xlTickLabelPositionHigh	-4127	图表的顶部或右侧
xlTickLabelPositionLow	-4134	图表的底部或左侧
xlTickLabelPositionNextToAxis	4	坐标轴旁边（其中坐标轴不在图表的任意一侧）
xlTickLabelPositionNone	-4142	无刻度线

下面的代码将图表分类轴上的刻度标签设置在顶部。

```
>>> axs.TickLabelPosition=-4127
```

使用 TickLabelSpacing 属性返回或者设置刻度标签之间的分类数或数据系列数，即每隔多少个分类显示一个刻度标签。其仅用于分类轴和系列轴，可以是 1~31 999 之间的一个数值。

下面设置分类轴上刻度标签之间的分类数为 1。

```
>>> axs.TickLabels.TickLabelSpacing=1
```

如果设置 TickLabelSpacingIsAuto 属性的值为 True，则会自动设置刻度标签的间距。

```
>>> axs.TickLabelSpacingIsAuto=True
```

6.4.6　设置网格线

在坐标系中添加网格线，可以辅助定位图表中点的位置，相当于多了很多参考线，每条线都对应于各自刻度标签所表示的值。

网格线用 Gridlines 对象表示，使用它的 Border 或 Format 属性，可以设置网格线的颜色、线型、线宽等属性。利用 Axis 对象的 MajorGridlines 和 MinorGridlines 属性返回 Gridlines 对象，它们分别用于设置主网格线和次网格线。在设置之前，必须将 Axis 对象的 HasMajorGridlines 和（或）HasMinorGridlines 属性的值设置为 True。

下面的代码显示主网格线，并设置其颜色为红色，线型为虚线。

```
>>> axs.HasMajorGridlines=True    #横坐标轴显示主网格线
>>> axs.MajorGridlines.Border.ColorIndex = 3    #红色
>>> axs.MajorGridlines.Border.LineStyle = xw.constants.LineStyle.xlDash #线型
>>> axs2.HasMajorGridlines=True    #纵坐标轴显示主网格线
>>> axs2.MajorGridlines.Border.ColorIndex = 3    #红色
>>> axs2.MajorGridlines.Border.LineStyle = xw.constants.LineStyle.xlDash #线型
```

也可以使用下面的代码进行设置。

```
>>> axs.MajorGridlines.Format.Line.ForeColor.RGB=xw.utils.rgb_to_int((255,0,0))
>>> axs.MajorGridlines.Format.Line.DashStyle= 4
>>> axs2.MajorGridlines.Format.Line.ForeColor.RGB=xw.utils.rgb_to_int((255,0,0))
>>> axs2.MajorGridlines.Format.Line.DashStyle= 4
```

效果如图 6-17 所示。

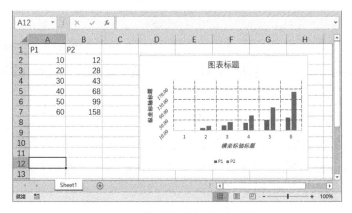

图 6-17　设置坐标系中网格线的效果

6.4.7　设置多轴图

当使用 API 方式时，通过 Chart 对象获取 Axis 对象的语法格式为：

```
axs=cht.Axes(Type,AxisGroup)
```

其中，cht 为 Chart 对象。Type 参数表示坐标轴的类型，当值为 1 时表示坐标轴为分类轴，当值为 2 时表示坐标轴为数值轴。当 AxisGroup 参数取值 1 时表示坐标轴为主轴，当取值 2 时表示坐标轴为辅轴。默认时，主轴显示在左侧，辅轴显示在右侧。这样就可以生成双轴图，即在绘图区两个图叠加显示，使用相同的横坐标轴、不同的纵坐标轴。

下面首先选择 sht 工作表对象中 A1:B7 区域内的数据，然后使用 Shapes 对象的 AddChart 方法创建一个图表。该方法返回一个 Shape 对象，引用它的 Chart 属性获取图表对象 cht。默认时，生成复合柱形图。

```
>>> sht.api.Range("A1:B7").Select()
>>> cht=sht.api.Shapes.AddChart().Chart
```

接下来设置第 1 个序列的 AxisGroup 属性的值为 1，第 2 个序列的该属性的值为 2，即这两个序列的图表分别使用主轴和辅轴。设置第 2 个序列的图表类型为折线图，显示并设置数据点处的标记，显示数据标签。

```
>>> cht.SeriesCollection(1).AxisGroup=1   #第 1 个序列使用主轴
>>> cht.SeriesCollection(2).AxisGroup=2   #第 2 个序列使用辅轴
>>> cht.SeriesCollection(2).ChartType=xw.constants.ChartType.xlLine
>>> cht.SeriesCollection(2).MarkerStyle=xw.constants.MarkerStyle.
xlMarkerStyleTriangle
>>> cht.SeriesCollection(2).MarkerForegroundColor=xw.utils.rgb_to_int((0,0,255))
>>> cht.SeriesCollection(2).MarkerSize=8
>>> cht.SeriesCollection(2).HasDataLabels=True
>>> cht.SeriesCollection(1).HasDataLabels=True
```

获取和设置主纵轴，取值范围为 0~60，设置坐标轴标题。

```
>>> axs1=cht.Axes(2,1)
>>> axs1.MinimumScale=0
>>> axs1.MaximumScale=60
>>> axs1.HasTitle=True
>>> axs1.AxisTitle.Text="纵坐标轴 1"
```

获取和设置辅纵轴，取值范围为 10~160，设置坐标轴标题。

```
>>> axs2=cht.Axes(2,2)
>>> axs2.MinimumScale=10
>>> axs2.MaximumScale=160
>>> axs2.HasTitle=True
>>> axs2.AxisTitle.Text="纵坐标轴 2"
```

生成的多轴图如图 6-18 所示。图中，柱形图使用左侧的纵坐标轴，折线图使用右侧的纵坐标轴。

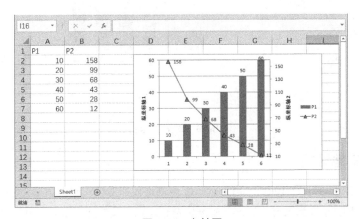

图 6-18　多轴图

6.4.8　设置对数坐标图

使用 Axis 对象的 ScaleType 属性返回或设置数值轴的刻度类型，其取值如表 6-7 所示。当将坐标轴的 ScaleType 属性的值设置为 xw.constants.ScaleType.xlScaleLogarithmic 时，该轴上的刻度线为对数间隔，据此可绘制对数坐标图。

表 6-7　ScaleType 属性的取值

名　称	值	说　明
xlScaleLinear	–4132	线性刻度
xlScaleLogarithmic	–4133	对数刻度

下面首先选择 sht 工作表对象中 A1:B7 区域内的数据，然后使用 Shapes 对象的 AddChart 方法创建一个复合柱形图。该方法返回一个 Shape 对象，引用它的 Chart 属性获取图表对象 cht。将纵坐标轴对象的 ScaleType 属性的值设置为 xw.constants.ScaleType.xlScaleLogarithmic，创建对数坐标图。显示水平方向的网格线。

```
>>> sht.api.Range("A1:B7").Select()
>>> cht=sht.api.Shapes.AddChart().Chart
>>> cht.Axes(2).ScaleType=xw.constants.ScaleType.xlScaleLogarithmic #对数坐标
>>> cht.Axes(2).HasMinorGridlines=True
```

生成的对数坐标图如图 6-19 所示。

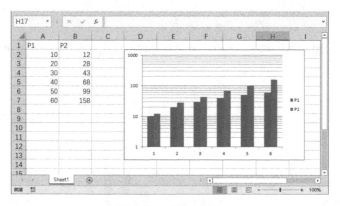

图 6-19　对数坐标图

6.4.9　设置其他属性

使用 Axis 对象的 AxisBetweenCategories 属性设置数值轴和分类轴相交的位置。如果该属性的值为 True，则相交的位置在分类之间的中间位置；如果该属性的值为 False，则相交的位置在分类中间的位置。

下面利用图 6-5 所示工作表中的数据创建一个复合柱形图，设置 AxisBetweenCategories 属性的值为 True。

```
>>> sht.api.Range("A1:B7").Select()
>>> cht=sht.api.Shapes.AddChart().Chart
>>> cht.Axes(1).AxisBetweenCategories=True
```

效果如图 6-20 所示。

设置 AxisBetweenCategories 属性的值为 False。

```
>>> cht.Axes(1).AxisBetweenCategories=False
```

效果如图 6-21 所示。比较两个图中纵坐标轴和横坐标轴相交的位置。

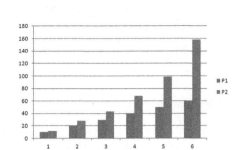

图 6-20　设置 AxisBetweenCategories 属性的

值为 True 的效果

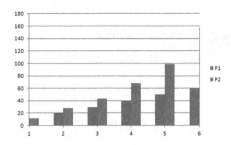

图 6-21　设置 AxisBetweenCategories 属性的

值为 False 的效果

使用 Axis 对象的 Crosses 属性返回或设置指定坐标轴与其他坐标轴相交的点。该属性的取值如表 6-8 所示。

表 6-8　Axis 对象的 Crosses 属性的取值

名　　称	值	说　　明
xlAxisCrossesAutomatic	−4105	由 Excel 设置坐标轴交点
xlAxisCrossesCustom	−4114	由 CrossesAt 属性指定坐标轴交点
xlAxisCrossesMaximum	2	坐标轴在最大值处相交
xlAxisCrossesMinimum	4	坐标轴在最小值处相交

下面设置图表中的数值轴在最大值处与分类轴相交。

```
>>> cht.Axes(1).Crosses = 2
```

使用 Axis 对象的 CrossesAt 属性返回或设置数值轴上数值轴与分类轴的交点，仅用于数值轴。下面设置横坐标轴与纵坐标轴在纵坐标轴上取值为 20.0 的地方相交。

```
>>> cht.Axes(2).CrossesAt=20.0
```

设置效果如图 6-22 所示。

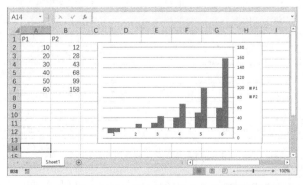

图 6-22　横坐标轴与纵坐标轴的交点位置设置效果

6.5 图表元素设置

本节介绍图表元素如图表区域、绘图区、图例、标题等的设置。

6.5.1 SetElement 方法

使用 Chart 对象的 SetElement 方法可以为指定的图表设置图表元素。该方法有一个参数，提供了设置选项。该参数的取值如表 6-9 所示。可见，该方法提供了很多图表元素的快捷设置途径。注意：这些设置不一定适合所有图表类型。

表 6-9　SetElement 方法的参数取值

名　　称	值	说　　明
msoElementChartFloorNone	1200	不显示图表基底
msoElementChartFloorShow	1201	显示图表基底
msoElementChartTitleAboveChart	2	在图表上方显示标题
msoElementChartTitleCenteredOverlay	1	将标题显示为居中覆盖
msoElementChartTitleNone	0	不显示图表标题
msoElementChartWallNone	1100	不显示图表背景墙
msoElementChartWallShow	1101	显示图表背景墙
msoElementDataLabelBestFit	210	使用数据标签最佳位置
msoElementDataLabelBottom	209	在底部显示数据标签
msoElementDataLabelCallout	211	将数据标签显示为标注
msoElementDataLabelCenter	202	居中显示数据标签
msoElementDataLabelInsideBase	204	在底部内侧显示数据标签
msoElementDataLabelInsideEnd	203	在顶端内侧显示数据标签
msoElementDataLabelLeft	206	靠左显示数据标签
msoElementDataLabelNone	200	不显示数据标签
msoElementDataLabelOutSideEnd	205	在顶端外侧显示数据标签
msoElementDataLabelRight	207	靠右显示数据标签
msoElementDataLabelShow	201	显示数据标签
msoElementDataLabelTop	208	在顶端显示数据标签
msoElementDataTableNone	500	不显示模拟运算表
msoElementDataTableShow	501	显示模拟运算表
msoElementDataTableWithLegendKeys	502	显示带图例项标识的模拟运算表
msoElementErrorBarNone	700	不显示误差线
msoElementErrorBarPercentage	702	显示百分比误差线
msoElementErrorBarStandardDeviation	703	显示标准偏差误差线

续表

名　称	值	说　明
msoElementErrorBarStandardError	701	显示标准误差线
msoElementLegendBottom	104	在底部显示图例
msoElementLegendLeft	103	在左侧显示图例
msoElementLegendLeftOverlay	106	在左侧叠放图例
msoElementLegendNone	100	不显示图例
msoElementLegendRight	101	在右侧显示图例
msoElementLegendRightOverlay	105	在右侧叠放图例
msoElementLegendTop	102	在顶端显示图例
msoElementLineDropHiLoLine	804	显示垂直线和高/低线
msoElementLineDropLine	801	显示垂直线
msoElementLineHiLoLine	802	显示高/低线
msoElementLineNone	800	不显示线
msoElementLineSeriesLine	803	显示系列线
msoElementPlotAreaNone	1000	不显示绘图区
msoElementPlotAreaShow	1001	显示绘图区

下面选择数据创建一个图表，显示并设置标题，将标题显示为居中覆盖，显示数据标签，在底部显示图例。

```
>>> sht.api.Range("A1:B7").Select()
>>> cht=sht.api.Shapes.AddChart().Chart
>>> cht.HasTitle=True
>>> cht.ChartTitle.Text="这里是图表标题"
>>> cht.SetElement(1)    #将标题显示为居中覆盖
>>> cht.SetElement(201)  #显示数据标签
>>> cht.SetElement(104)  #在底部显示图例
```

设置效果如图 6-23 所示。

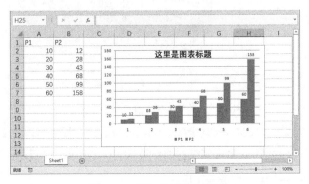

图 6-23　图表元素设置效果

6.5.2　设置图表区域/绘图区

图表区域是包含整个图表的矩形区域，绘图区则是由两个坐标轴所确定的矩形区域。在 Excel 中用 ChartArea 对象表示图表区域，用 PlotArea 对象表示绘图区。使用 Chart 对象的 ChartArea 属性和 PlotArea 属性获取它们。

连续引用 ChartArea 对象和 PlotArea 对象的 Format.Fill 属性，可以对两个区域中的面进行设置，比如设置它们的颜色、透明度等，或者进行渐变色填充、图案填充、图片填充、纹理填充等。这部分的设置方法请参见 6.3 节内容。

下面选择数据创建一个图表，获取图表区域并设置其前景色为绿色，添加阴影；获取绘图区并设置图片填充作为图表的背景，修改图表中第 1 个序列的前景色为黄色，取消水平网格线的显示。

```
>>> sht.api.Range("A1:B7").Select()
>>> cht=sht.api.Shapes.AddChart().Chart
>>> cha=cht.ChartArea   #图表区域
>>> cha.Format.Fill.ForeColor.RGB=xw.utils.rgb_to_int((155,255,0))
>>> cha.Shadow=True   #显示阴影
>>> pla=cht.PlotArea   #绘图区
>>> pla.Format.Fill.UserPicture(r"D:\picpy2.jpg")   #图片填充
>>> cht.SeriesCollection(1).Format.Fill.ForeColor.RGB=xw.utils.rgb_to_int((255,255, 0))
>>> cht.Axes(2).HasMajorGridlines=False
```

生成如图 6-24 所示的图表。

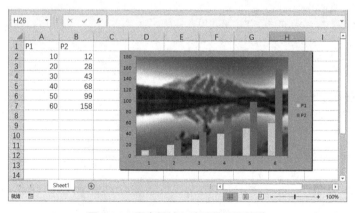

图 6-24　图表区域和绘图区设置效果

使用 ChartArea 对象和 PlotArea 对象的 Format.Shadow 属性可以对图表区域和绘图区的阴影进行更多的设置。Format.Shadow 属性返回一个 ShadowFormat 对象，该对象的主要属性有：

- Visible 属性——设置阴影是否可见。

- Blur 属性——返回或设置指定底纹的模糊度。
- Transparency 属性——返回或设置区域的透明度，其取值范围为 0.0（不透明）~1.0（清晰）。
- OffsetX 属性——以磅为单位返回或设置区域阴影的水平偏移量。正偏移值表示将阴影向右偏移，负偏移值表示将阴影向左偏移。
- OffsetY 属性——以磅为单位返回或设置区域阴影的垂直偏移量。正偏移值表示将阴影向下偏移，负偏移值表示将阴影向上偏移。

下面接着上面的代码进行设置。首先取消图表区域的阴影显示，然后使用 Format.Shadow 属性设置绘图区的阴影，显示阴影并设置水平方向和垂直方向的偏移量均为 3。

```
>>> cha.Shadow=False
>>> pla.Format.Shadow.Visible=True   #绘图区显示阴影
>>> pla.Format.Shadow.OffsetX=3   #阴影的水平偏移
>>> pla.Format.Shadow.OffsetY=3   #阴影的垂直偏移
```

效果如图 6-25 所示。

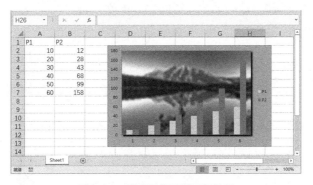

图 6-25　绘图区的阴影设置效果

6.5.3　设置图例

图例用 Legend 对象表示，使用 Chart 对象的 HasLegend 属性设置显示图例，使用 Legend 属性返回 Legend 对象。利用 Legend 对象的属性和方法可以对图例的外观、字体和位置等进行设置。

使用 Legend 对象的 Format 属性返回的 ChartFormat 对象，可以对图例的背景区域和外框进行属性设置。使用 Legend 对象的 Font 属性返回的 Font 对象设置字体。使用 Legend 对象的 Position 属性设置图例的显示位置。Position 属性的取值如表 6-10 所示。

表 6-10　Position 属性的取值

名　　　称	值	说　　　明
xlLegendPositionBottom	−4107	位于图表的下方
xlLegendPositionCorner	2	位于图表边框的右上角
xlLegendPositionCustom	−4161	位于自定义的位置上
xlLegendPositionLeft	−4131	位于图表的左侧
xlLegendPositionRight	−4152	位于图表的右侧
xlLegendPositionTop	−4160	位于图表的上方

　　下面选择数据创建一个图表，设置图例字体倾斜，图例背景区域为黄色，外框为蓝色，图例位于图表的下方。

```
>>> sht.api.Range("A1:B7").Select()  #选择数据
>>> cht=sht.api.Shapes.AddChart().Chart  #添加图表
>>> cht.Legend.Font.Italic=True  #图例字体倾斜
>>> cht.Legend.Format.Fill.ForeColor.RGB=xw.utils.rgb_to_int((255,255,0))
>>> cht.Legend.Format.Line.ForeColor.RGB=xw.utils.rgb_to_int((0,0,255))
>>> cht.Legend.Position=-4107  #图例在图表的下方
```

　　图例设置效果如图 6-26 所示。

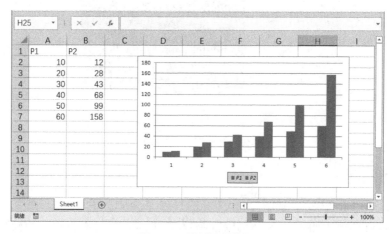

图 6-26　图例设置效果

6.6　输出图表

　　在创建图表以后，可以将图表复制到剪贴板，并粘贴到当前工作表或其他工作表中，也可以导出到指定格式的图片文件中。

6.6.1　将图表复制到剪贴板

使用 Chart 对象的 CopyPicture 方法，可以将选中的图表以图片的形式复制到剪贴板。该方法的语法格式如下：

```
>>> cht.CopyPicture(Appearance,Format)
```

其中，cht 为图表对象。该方法有两个参数：

- Appearance——设置图表的复制方式。当值为 1 时，图表尽可能按其屏幕显示进行复制，这是默认值；当值为 2 时，图表按其打印效果进行复制。
- Format——设置图片的格式。当值为 2 时，图表以位图格式复制，支持的格式有 bmp、jpg、gif 和 png；当值为 −4147 时，图表以矢量格式复制，支持的格式有 emf 和 wmf。

下面选择数据创建一个图表，然后使用 Chart 对象的 CopyPicture 方法将图表以图片的形式复制到剪贴板。

```
>>> sht.api.Range("A1:B7").Select()
>>> cht=sht.api.Shapes.AddChart().Chart
>>> cht.CopyPicture()
```

接下来打开 Windows 的画图板，在绘图区单击鼠标右键，在弹出的快捷菜单中单击"粘贴"选项，粘贴效果如图 6-27 所示。

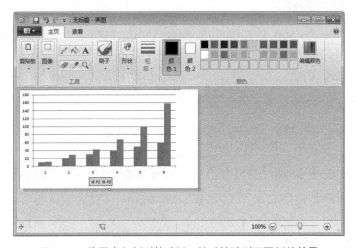

图 6-27　将图表复制到剪贴板，然后粘贴到画图板的效果

下面选择数据创建一个图表，然后使用 Chart 对象的 CopyPicture 方法将图表以图片的形式复制到剪贴板。接下来添加一个工作表，指定粘贴位置 C3 并将图片粘贴过来。

```
>>> sht.api.Range("A1:B7").Select()
>>> cht=sht.api.Shapes.AddChart().Chart
```

```
>>> cht.CopyPicture()
>>> sht2=wb.api.Worksheets.Add()
>>> sht2.Range("C3").Select()
>>> sht2.Paste()
```

注意，在粘贴过来以后，它是图片不是图表，不能选择图表元素。但是可以对其进行变换操作，比如旋转一定的角度，如图 6-28 所示。

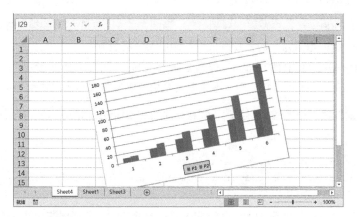

图 6-28　旋转图片

6.6.2　将图表保存为图片

使用 Chart 对象的 Export 方法可以将图表导出到指定格式的图片文件中。该方法的语法格式为：

```
cht.Export(FileName,FilterName,Interactive)
```

其中，cht 表示图表对象。该方法有 3 个参数：

- FileName——必选项，表示导出文件的路径和文件名。
- FilterName——可选项，指定导出文件的扩展名。
- Interactive——可选项，当值为 True 时显示包含筛选特定选项的对话框，当值为 False 时使用默认选项。

下面选择数据创建一个图表，然后使用 Chart 对象的 Export 方法将该图表以图片的形式保存到 D 盘下的 pyxls.jpg 文件中。

```
>>> sht.api.Range("A1:B7").Select()
>>> cht=sht.api.Shapes.AddChart().Chart
>>> cht.Export(r"D:\pyxls.jpg")
```

数据处理篇

Excel 的主要应用方向有两个，其中一个是办公自动化，另一个是数据处理。通过对对象模型篇和图形图表篇的学习，我们可以掌握一些类 VBA 的数据处理和可视化方法。本篇主要介绍 Python 提供的处理 Excel 数据的方法，主要内容包括：

- 使用 Python 字典处理 Excel 数据。
- 使用 Python 正则表达式处理 Excel 数据。
- 使用 pandas 包高效处理数据。
- 使用 Matplotlib 包进行数据可视化。

第 7 章
使用 Python 字典处理 Excel 数据

前面在讲变量的数据类型时，介绍了字典这种数据类型。字典的每个元素都由一个键值对组成，其中键必须保证唯一。利用字典的特点，可以方便地实现对给定的 Excel 数据进行提取、去重、数据查询、汇总和排序等操作。本章内容需要使用 xlwings 包，关于 xlwings 包的介绍，请参阅第 4 章的内容。

7.1 数据提取

对于给定的数据，我们通常对首次数据或末次数据感兴趣。比如销售明细数据，我们通常对商品第一次和最后一次卖出的时间、数量、金额等感兴趣。使用字典，可以提取首次数据和末次数据。

7.1.1 提取首次数据

在 Python 中，直接给字典指定新的键值对，可以向字典中添加元素。例如，下面创建一个字典并逐个添加元素。

```
>>> dic={1:"a"}  #创建字典
>>> dic[2]="b"  #添加元素
>>> dic
{1: 'a', 2: 'b'}
>>> dic[3]="c"  #添加元素
>>> dic
{1: 'a', 2: 'b', 3: 'c'}
```

对于已经按照时间先后进行排序的销售明细数据，采用这种逐个添加元素的方法创建的字典，第一次添加进去的就是该键对应的首次数据。当添加后面的元素时，如果发现该键已经存在，就跳过不添加，那么字典中最后剩下的就是各键对应的首次数据。

对于图 7-1 中处理前的销售明细数据，提取各商品第一次卖出的数量。该数据文件的存储路径为\Samples\ch07\销售流水-首次.xlsx。本示例的 py 文件位于 Samples 目录下的 ch07 子目录中，文件名为 sam07-01.py。

```
1    import xlwings as xw
2    import os
3    root = os.getcwd()   #获取当前工作目录
4    app = xw.App(visible=True, add_book=False)
5    wb=app.books.open(fullname=root+r"\销售流水-首次.xlsx",read_only=False)
6    sht=wb.sheets(1)
7    rows=sht.cells(1,"B").end("down").row   #数据行数
8    arr=sht.range(sht.cells(1,2),sht.cells(rows,3)).value #将数据保存在二维列表中
9    dic={arr[0][0]:arr[0][1]}   #创建字典
10   for i in range(rows):   #遍历各行数据
11       if(arr[i][0] not in dic):   #如果 dic 中没有指定的键，则添加元素
12           dic[arr[i][0]]=arr[i][1]
13   sht.range(sht.cells(1,"F"),sht.cells(len(dic),"G")).options(dict).value=dic
```

第 1 行导入 xlwings 包。

第 2 行和第 3 行导入 os 包，使用 getcwd 函数获取当前工作目录，即 sam07-01.py 文件所在的目录。

第 4 行使用 xlwings 的 App 函数创建一个 Excel 应用，该应用窗口可见，但不添加工作簿。

第 5 行使用 books 对象的 open 方法打开当前工作目录下的"销售流水-首次.xlsx"文件。因为接下来要提取首次数据并将最终结果添加到工作表中，所以打开的工作簿必须是可写的，即将 read_only 参数的值设置为 False。

第 6~8 行获取第 1 个工作表，使用 range 对象的 end 方法获取数据的行数，把第 2 列和第 3 列构成的区域内的数据保存在二维列表 arr 中。

第 9 行创建字典 dic，并用二维列表 arr 中的第 1 行数据进行初始化。第 1 行和第 1 列的商品数据为键，第 2 列的销售数量数据为值，构成键值对。

第 10~12 行使用 for 循环向字典 dic 中添加新的键值对。第 11 行为判断语句，判断添加时键在字典中是否存在，如果存在则不添加或修改。当循环结束时，字典中各键值对对应的就是各商品第一次卖出的数量。

第 13 行使用 xlwings 包的选项功能将字典输出到指定位置。使用 range 属性的参数指定输出区域的左上角单元格坐标和右下角单元格坐标。将 options 属性的参数设置为 dict，表示按字典的方式写入工作表的指定区域，字典的键和值各占一列。关于 xlwings 包的选项功能，第 4 章中有更详细的介绍，请参阅。

在 Python IDLE 文件脚本窗口中，在“Run”菜单中单击“Run Module”选项，各商品首次数据的提取结果被添加到工作表中，如图 7-1 中处理后的工作表所示。

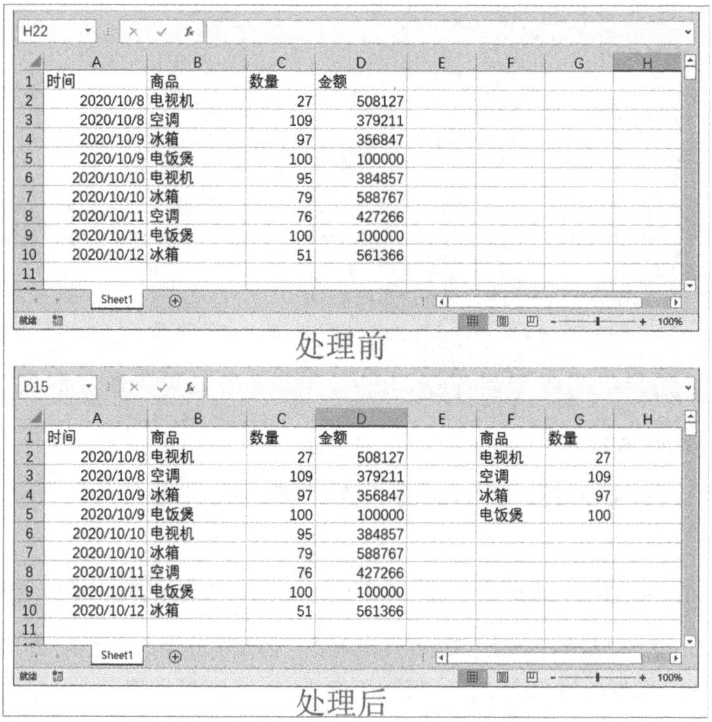

	A	B	C	D
1	时间	商品	数量	金额
2	2020/10/8	电视机	27	508127
3	2020/10/8	空调	109	379211
4	2020/10/9	冰箱	97	356847
5	2020/10/9	电饭煲	100	100000
6	2020/10/10	电视机	95	384857
7	2020/10/10	冰箱	79	588767
8	2020/10/11	空调	76	427266
9	2020/10/11	电饭煲	100	100000
10	2020/10/12	冰箱	51	561366

处理前

	A	B	C	D	E	F	G
1	时间	商品	数量	金额		商品	数量
2	2020/10/8	电视机	27	508127		电视机	27
3	2020/10/8	空调	109	379211		空调	109
4	2020/10/9	冰箱	97	356847		冰箱	97
5	2020/10/9	电饭煲	100	100000		电饭煲	100
6	2020/10/10	电视机	95	384857			
7	2020/10/10	冰箱	79	588767			
8	2020/10/11	空调	76	427266			
9	2020/10/11	电饭煲	100	100000			
10	2020/10/12	冰箱	51	561366			

处理后

图 7-1　提取首次数据前后的工作表

7.1.2　提取末次数据

在 Python 中，对于给定的字典，当用键进行索引并赋值时，如果该键在字典中不存在，则新的键值对会作为新元素被添加到字典中。但是，如果该键已经存在，那么在进行赋值时会修改它的值。例如，下面创建一个字典并修改已有键的值。

```
>>> dic={1:"a",2:"b",3:"c"}
>>> dic[3]="d"  #如果键存在，则覆盖其值
>>> dic
{1: 'a', 2: 'b', 3: 'd'}
```

对于已经按照时间先后进行排序的销售明细数据，采用这种方法添加或修改后，最后字典中的键值对就是各键以及它们对应的末次数据。

对于图 7-2 中处理前的销售明细数据，提取各商品最后一次卖出的数量。该数据文件的存储路径为\Samples\ch07\销售流水-末次.xlsx。本示例的 py 文件位于 Samples 目录下的 ch07 子目录中，文件名为 sam07-02.py。

```
1    import xlwings as xw
2    import os
3    root = os.getcwd()  #获取当前工作目录
4    app = xw.App(visible=True, add_book=False)  #创建 Excel 应用
5    wb=app.books.open(fullname=root+r"\销售流水-末次.xlsx",read_only=False)
6    sht=wb.sheets(1)
7    rows=sht.cells(1,"B").end("down").row  #数据行数
8    arr=sht.range(sht.cells(1,2),sht.cells(rows,3)).value #将数据保存在二维列表中
9    dic={arr[0][0]:arr[0][1]}  #创建字典
10   for i in range(rows):  #遍历行数据，对于相同的键，后值替换前值
11       dic[arr[i][0]]=arr[i][1]
12   sht.range(sht.cells(1,"F"),sht.cells(len(dic),"G")).options(dict).value=dic
```

第 1~5 行的说明同 7.1.1 节的代码说明。

第 6~8 行获取第 1 个工作表，使用 range 对象的 end 方法获取数据的行数，把第 2 列和第 3 列构成的区域内的数据保存在二维列表 arr 中。

第 9 行创建字典 dic，并用二维列表 arr 中的第 1 行数据进行初始化。第 1 行和第 1 列的商品数据为键，第 2 列的销售数量数据为值，构成键值对。

第 10 行和第 11 行使用 for 循环向字典 dic 中添加新的键值对，如果添加时键在字典中已经存在，则用当前商品销售数量值替换原销售数量值。当循环结束时，字典中各键值对对应的就是各商品最后一次卖出的数量。

第 13 行使用 xlwings 包的选项功能将字典输出到指定位置。使用 range 属性的参数指定输出区域的左上角单元格坐标和右下角单元格坐标。将 options 属性的参数设置为 dict，表示按字典的方式写入工作表的指定区域，字典的键和值各占一列。关于 xlwings 包的选项功能，第 4 章中有更详细的介绍，请参阅。

在 Python IDLE 文件脚本窗口中，在 "Run" 菜单中单击 "Run Module" 选项，各商品末次数据的提取结果被添加到工作表中，如图 7-2 中处理后的工作表所示。

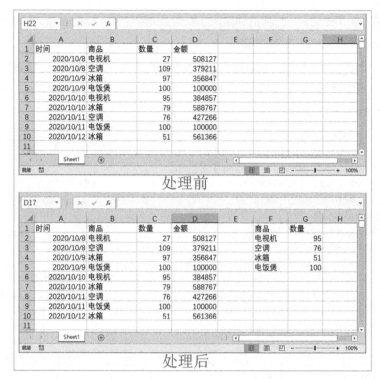

图 7-2　提取末次数据前后的工作表

7.2　数据去重

由于种种原因，所获取的数据可能会存在重复的情况，在进行后续操作之前，必须进行去重处理。字典中各键值对的键必须唯一，利用这个性质可以对数据进行去重。除了可以使用字典进行去重处理，还可以使用列表去重。另外，集合中的元素要求是唯一的，利用这一点也可以进行去重处理。

7.2.1　使用列表去重

对列表进行去重，需要新创建一个列表。对原始列表进行遍历，如果原始列表中的元素在新列表中不存在，则将其添加到新列表中，否则不添加。例如：

```
>>> a=[1,2,3,4,3,1]  #有重复值的列表
>>> b=[1]  #新列表
>>> for i in range(len(a)):  #遍历原始列表
        r=a[i]  #原始列表中的当前值 r
        if r not in b:  #如果 r 在新列表中不存在
            b.append(r)  #将 r 添加到新列表中
```

```
>>> b
[1, 2, 3, 4]
```

所以，最后新列表中就没有重复的值了。

按照这个思路，对图 7-3 中处理前的工作表数据进行去重处理。该数据文件的存储路径为 \Samples\ch07\身份证号-去重.xlsx。本示例的 py 文件位于 Samples 目录下的 ch07 子目录中，文件名为 sam07-03.py。

```
1    import xlwings as xw
2    import os
3    root = os.getcwd()
4    app = xw.App(visible=True, add_book=False)
5    wb=app.books.open(root+r"/身份证号-去重.xlsx",read_only=False)
6    sht=wb.sheets(1)
7    rng=sht.range("A1", sht.cells(sht.cells(1,"B").end("down").row, "E"))
8    lst=[rng.rows(1).value]  #创建列表
9    for i in range(rng.rows.count):
10      r=rng.rows(i).value
11      if r not in lst:  #如果行数据在列表中不存在，则将其添加到列表中
12          lst.append(r)
13   sht.range("G1").value=lst
```

第 1~5 行的说明同 7.1.1 节的代码说明。

第 6 行和第 7 行获取第 1 个工作表，使用 range 属性获取数据所在的单元格区域对象。

第 8 行创建列表 lst，并用第 1 行数据进行初始化。

第 9~12 行使用 for 循环向新列表 lst 中添加不重复的行数据。第 11 行判断当前行数据在新列表中是否存在，如果不存在就将其添加到新列表中，否则不添加。

第 13 行将二维列表中的数据写到工作表指定位置。

在 Python IDLE 文件脚本窗口中，在"Run"菜单中单击"Run Module"选项，去重后的数据如图 7-3 中处理后的工作表中右侧数据所示。

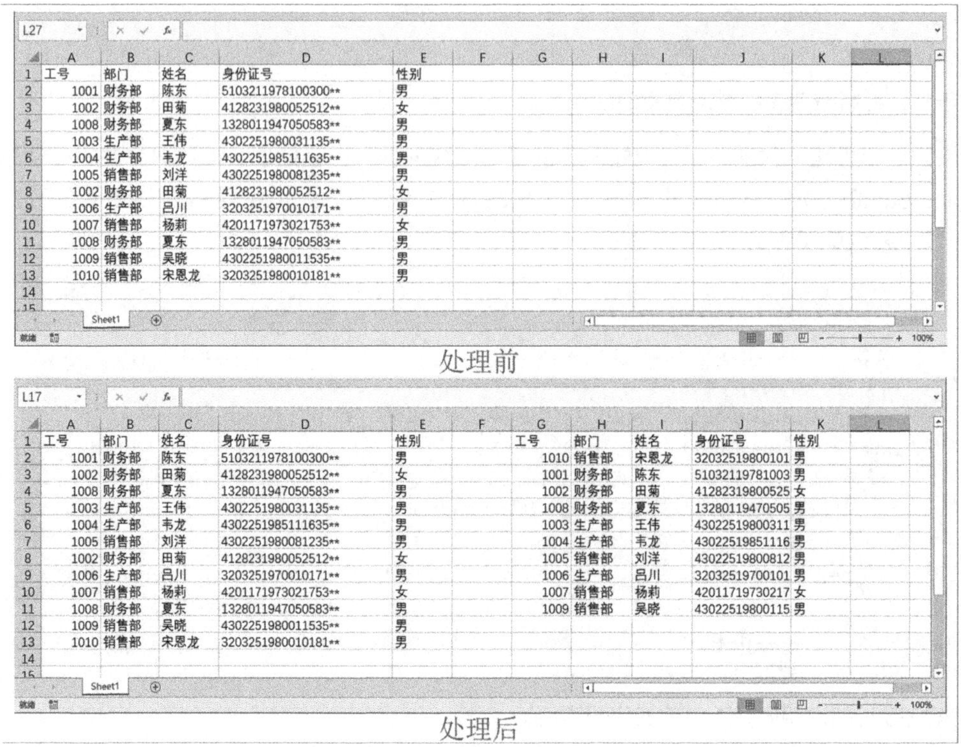

工号	部门	姓名	身份证号	性别
1001	财务部	陈东	5103211978100300**	男
1002	财务部	田菊	4128231980052512**	女
1008	财务部	夏东	1328011947050583**	男
1003	生产部	王伟	4302251980031135**	男
1004	生产部	韦龙	4302251985111635**	男
1005	销售部	刘洋	4302251980081235**	男
1002	财务部	田菊	4128231980052512**	女
1006	生产部	吕川	3203251970010171**	男
1007	销售部	杨莉	4201171973021753**	女
1008	财务部	夏东	1328011947050583**	男
1009	销售部	吴晓	4302251980011535**	男
1010	销售部	宋恩龙	3203251980010181**	男

处理前

工号	部门	姓名	身份证号	性别		工号	部门	姓名	身份证号	性别
1001	财务部	陈东	5103211978100300**	男		1010	销售部	宋恩龙	32032519800101	男
1002	财务部	田菊	4128231980052512**	女		1001	财务部	陈东	51032119781003	男
1008	财务部	夏东	1328011947050583**	男		1002	财务部	田菊	41282319800525	女
1003	生产部	王伟	4302251980031135**	男		1008	财务部	夏东	13280119470505	男
1004	生产部	韦龙	4302251985111635**	男		1003	生产部	王伟	43022519800311	男
1005	销售部	刘洋	4302251980081235**	男		1004	生产部	韦龙	43022519851116	男
1002	财务部	田菊	4128231980052512**	女		1005	销售部	刘洋	43022519800812	男
1006	生产部	吕川	3203251970010171**	男		1006	生产部	吕川	32032519700101	男
1007	销售部	杨莉	4201171973021753**	女		1007	销售部	杨莉	42011719730217	女
1008	财务部	夏东	1328011947050583**	男		1009	销售部	吴晓	43022519800115	男
1009	销售部	吴晓	4302251980011535**	男						
1010	销售部	宋恩龙	3203251980010181**	男						

处理后

图 7-3 使用列表去重

7.2.2 使用集合去重

集合中的元素是不重复的，利用这个特点，可以对序列数据去重。下面先创建一个列表，列表中的元素有两个是重复的。然后使用 set 函数将该列表转换为集合，得到的集合会自动去重。

```
>>> a=[1,4,3,2,3,1]
>>> b=set(a)
>>> b
{1, 2, 3, 4}
```

按照这个思路，对图 7-3 中处理前的工作表数据进行去重处理。该数据文件的存储路径为 \Samples\ch07\身份证号-去重.xlsx。本示例的 py 文件位于 Samples 目录下的 ch07 子目录中，文件名为 sam07-04.py。

根据工号数据，首先使用 set 函数进行去重并得到一个只包含唯一工号的列表，然后创建一个新列表，接下来使用 for 循环遍历工作表中的每一行，如果该行的工号数据在工号列表中，则把该行添加到新列表中，在工号列表中删除对应的工号，继续这个过程。最后将每个工号对应的唯一行数据添加到新列表中，即为去重后的数据。

```
1    import xlwings as xw
2    import os
3    root = os.getcwd()
4    app = xw.App(visible=True, add_book=False)
5    wb=app.books.open(root+r"/身份证号-去重.xlsx",read_only=False)
6    sht=wb.sheets(1)
7    ind=sht.range("A1", sht.cells(sht.cells(1,"A").end("down").row, "A")).value
8    inds=set(ind)    #工号列表转集合，去重
9    indl=list(inds)    #去重后集合转列表 indl
10   rng=sht.range("A1", sht.cells(sht.cells(1,"B").end("down").row, "E"))
11   dd=[]    #创建空列表 dd，保存去重后的行数据
12   for i in range(rng.rows.count):    #遍历每行数据
13       if sht[i,0].value in indl:    #如果该行工号在 indl 中
14           indl.remove(sht[i,0].value)    #从列表中删除它
15           dd.append(rng.rows(i+1).value)    #将行数据添加到 dd 中
16   sht.range("G1").value=dd    #将 dd 数据写入工作表中
```

第 1~5 行的说明同 7.1.1 节的代码说明。

第 6 行和第 7 行获取第 1 个工作表，使用 range 函数获取第 1 列的工号数据并以列表形式返回。

第 8 行和第 9 行使用 set 函数将返回的列表转换为集合，工号去重，然后使用 list 函数将集合转换成列表。

第 10 行使用 range 属性获取数据所在的单元格区域对象。

第 11 行创建空列表 dd。

第 12~15 行使用 for 循环向新列表 dd 中添加不重复的行数据。第 13 行判断当前行的工号在新列表中是否存在，如果存在就从新列表中删除该工号，把当前行的数据添加到 dd 列表中。从新列表中删除该工号，可以保证该工号对应的行数据在 dd 列表中只被添加一次。

第 16 行将二维列表中的数据写到工作表指定位置。

在 Python IDLE 文件脚本窗口中，在"Run"菜单中单击"Run Module"选项，去重后的数据如图 7-3 中处理后的工作表中右侧数据所示。

7.2.3　使用字典去重

前面 7.1.1 节讲到，使用新的键对字典索引赋值，可以给字典添加新元素。现在对图 7-3 中处理前的工作表数据进行去重处理。创建字典，字典中的键值对：键由第 1 列的工号组成，值由其对应的行数据组成。使用字典对象的 keys 方法可以获取当前所有的键。在添加键值对时，如果键已经存在，则不添加，否则添加。这样，最后得到的所有键值对的值就是去重后的数据。

该数据文件的存储路径为\Samples\ch07\身份证号-去重.xlsx。本示例的 py 文件位于 Samples 目录下的 ch07 子目录中，文件名为 sam07-05.py。

```
1    import xlwings as xw
2    import os
3    root = os.getcwd()
4    app = xw.App(visible=True, add_book=False)
5    wb=app.books.open(root+r"/身份证号-去重.xlsx",read_only=False)
6    sht=wb.sheets(1)
7    rng=sht.range("A1", sht.cells(sht.cells(1,"B").end("down").row, "E"))
8    dd={}  #创建空字典 dd
9    for i in range(rng.rows.count):  #遍历行数据
10       if sht[i,0].value not in dd.keys():  #如果 dd 的键中不包含该行工号
11           dd[sht[i,0].value]=rng.rows(i+1).value  #将行数据添加到字典的值中
12   lst=list(dd.values())  #将字典的值转换成列表
13   sht.range("G1").value=lst  #将列表数据写入工作表中
```

第 1~5 行的说明同 7.1.1 节的代码说明。

第 6 行和第 7 行获取第 1 个工作表，使用 range 函数获取第 1 列的工号数据并以列表形式返回。

第 8 行创建空字典 dd。

第 9~11 行使用 for 循环向新字典 dd 中添加不重复的行数据。第 10 行判断当前行的工号在 keys 方法返回的所有键组成的列表中是否存在，如果不存在就把当前行的数据添加到 dd 字典中，若键已存在就不添加，所以起到去重的作用。

第 12 行使用字典对象 dd 的 values 方法获取所有值，使用 list 函数将其转换为列表 lst。

第 13 行将二维列表中的数据写到工作表指定位置。

在 Python IDLE 文件脚本窗口中，在"Run"菜单中单击"Run Module"选项，去重后的数据如图 7-3 中处理后的工作表中右侧数据所示。

7.2.4　使用字典对象的 fromkeys 方法去重

使用字典对象的 fromkeys 方法可以利用给定的序列生成字典，该序列的值去重后作为字典的键，字典所有的值都为 None。下面创建一个列表和一个空字典，然后使用字典对象的 fromkeys 方法利用列表数据创建字典。

```
>>> a=[1,4,3,2,3,1]
>>> b={}
>>> dic=b.fromkeys(a)
>>> dic
{1: None, 4: None, 3: None, 2: None}
```

可见，在使用 fromkeys 方法创建字典时对列表数据进行了去重。使用字典对象的 keys 方法获取所有的键，使用 list 函数将其转换为列表。

```
>>> lst=list(dic.keys())
>>> lst
[1, 4, 3, 2]
```

这样就间接得到了对原始列表 a 进行去重后的结果。

按照这个思路，对图 7-3 中处理前的工作表数据进行去重处理。该数据文件的存储路径为 \Samples\ch07\身份证号-去重.xlsx。本示例的 py 文件位于 Samples 目录下的 ch07 子目录中，文件名为 sam07-06.py。

```
1    import xlwings as xw
2    import os
3    root = os.getcwd()
4    app = xw.App(visible=True, add_book=False)
5    wb=app.books.open(root+r"/身份证号-去重.xlsx",read_only=False)
6    sht=wb.sheets(1)
7    ind=sht.range("A1", sht.cells(sht.cells(1,"A").end("down").row, "A")).value
8    d={}  #创建空字典 d
9    inds=d.fromkeys(ind)  #用工号做键生成字典 inds
10   indl=list(inds.keys())  #将字典 inds 的键转换成列表 indl
11   rng=sht.range("A1", sht.cells(sht.cells(1,"B").end("down").row, "E"))
12   dd=[]  #创建空列表 dd
13   for i in range(rng.rows.count):  #遍历行数据
14       if sht[i,0].value in indl:  #如果行工号在列表 indl 中
15           indl.remove(sht[i,0].value)  #从 indl 中删除该行工号
16           dd.append(rng.rows(i+1).value)  #将行数据添加到 dd 中
17   sht.range("G1").value=dd  #将 dd 数据写入工作表中
```

第 1~5 行的说明同 7.1.1 节的代码说明。

第 6 行和第 7 行获取第 1 个工作表，使用 range 函数获取第 1 列的工号数据并以列表形式返回。

第 8 行创建空字典 d。

第 9 行和第 10 行使用 fromkeys 方法对工号去重后生成字典，然后使用 list 函数将字典的所有键转换成列表。

第 11 行使用 range 属性获取数据所在的单元格区域对象。

第 12 行创建空列表 dd。

第 13~16 将二维列表中的数据写到工作表指定位置。

第 17 行使用 xlwings 包的选项功能将列表输出到左上角单元格坐标为 G1 的区域。将 options

属性的 expand 参数的值设置为"table"，表示按二维列表的方式将新列表的数据写入工作表中。关于 xlwings 包的选项功能，第 4 章中有更详细的介绍，请参阅。

在 Python IDLE 文件脚本窗口中，在"Run"菜单中单击"Run Module"选项，去重后的数据如图 7-3 中处理后的工作表中右侧数据所示。

7.2.5　多表去重

对分布在多个工作表中的相同格式数据进行去重，思路是先将多个工作表合并为一个工作表，然后使用单表去重的方法进行去重。

如图 7-4 中处理前的工作表所示，某单位的工作人员信息分散在不同部门的工作表中，现在进行多表去重。该数据文件的存储路径为\Samples\ch07\身份证号-多表去重.xlsx。本示例的 py 文件位于 Samples 目录下的 ch07 子目录中，文件名为 sam07-07.py。

```
1    import xlwings as xw
2    import os
3    root = os.getcwd()
4    app = xw.App(visible=True, add_book=False)
5    wb=app.books.open(root+r"/身份证号-多表去重.xlsx",read_only=False)
6    #合并到"汇总"工作表
7    sht2=wb.api.Sheets("汇总")
8    for sht in wb.api.Sheets:  #遍历各工作表
9       if sht.Name not in ["汇总","去重"]:  #不包括这两个工作表
10          hrow=sht2.UsedRange.Rows.Count  #粘贴位置
11          sht.UsedRange.Copy(sht2.Cells(hrow,1)) #将数据复制到"汇总"工作表中
12   #单表去重，结果显示在"去重"工作表中
13   sht2=wb.sheets("汇总")
14   rng=sht2.range("A1",sht2.cells(sht2.cells(1,"A").\
        end("down").row,sht2.cells(1,"A").end("right").column))
15   dd={}
16   for i in range(rng.rows.count):  #遍历"汇总"工作表的每行数据
17      if sht2[i,0].value not in dd.keys():  #如果 dd 的键中不包含该行工号
18          dd[sht2[i,0].value]=rng.rows(i+1).value  #将行数据添加到字典的值中
19   lst=list(dd.values())  #将字典的值转换成列表
20   sht3=wb.sheets("去重")
21   sht3.range("A1").value=lst #将数据写入"去重"工作表中
```

第 1~5 行的说明同 7.1.1 节的代码说明。

第 7~11 行将财务部、生产部和销售部的人员数据合并到"汇总"工作表中。这里使用了 API 方式，使用区域对象的 Copy 方法将各部门数据逐个复制到"汇总"工作表中。使用 hrow 计算当前"汇总"工作表中数据的行数，以便确定"汇总"工作表中下一次粘贴的位置。

第 13~21 行使用字典对"汇总"工作表中的数据进行去重，并将去重后的数据写入"去重"工作表中。关于使用字典去重，请参见 7.2.3 节内容。

在 Python IDLE 文件脚本窗口中，在"Run"菜单中单击"Run Module"选项，去重后的数据如图 7-4 中处理后的工作表所示。

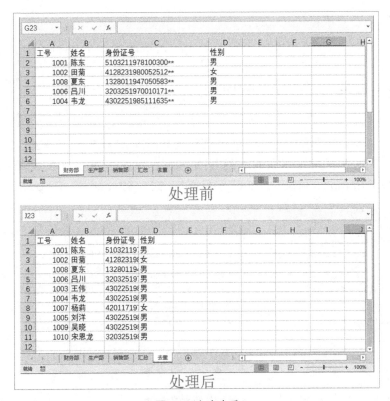

图 7-4　多表去重

7.2.6　跨表去重

这里讲的跨表去重，是指从一个工作表中剔除另一个工作表中包含的数据。前面 7.2.2 节介绍了使用集合去重，使用集合不仅可以对单个列表内部的数据进行去重，还可以通过差集运算对两个工作表进行跨表去重。

下面创建两个列表 a 和 b，然后使用 set 函数将它们去重并转换为集合 c 和 d，求它们的差集 e=c-d，最后使用 list 函数将其转换为列表，该列表即为从列表 a 中剔除列表 b 中包含的数据后的新列表。

```
>>> a=[1,2,3,4,5,6,4,2,1]
>>> b=[3,5,1,5]
>>> c=set(a)   #将列表 a 转换为集合，去重
>>> c
{1, 2, 3, 4, 5, 6}
>>> d=set(b)   #将列表 b 转换为集合，去重
>>> d
{1, 3, 5}
>>> e=c-d   #求两个集合的差集
>>> e
{2, 4, 6}
>>> lst=list(e)   #将差集转换为列表
>>> lst
[2, 4, 6]
```

按照这个思路，对图 7-5 中处理前的两个工作表中给定的数据进行跨表去重，并将去重后的结果写入第 3 个工作表中。该数据文件的存储路径为\Samples\ch07\身份证号-跨表去重.xlsx。本示例的 py 文件位于 Samples 目录下的 ch07 子目录中，文件名为 sam07-08.py。

```
1    import xlwings as xw
2    import os
3    root = os.getcwd()
4    app = xw.App(visible=True, add_book=False)
5    wb=app.books.open(root+r"/身份证号-跨表去重.xlsx",read_only=False)
6    sht=wb.sheets(1)
7    ind=sht.range("A2", sht.cells(sht.cells(1,"A").end("down").row, "A")).value
8    inds1=set(ind)  #第 1 个工作表中的工号去重
9    sht2=wb.sheets(2)
10   ind2=sht2.range("A2", sht2.cells(sht2.cells(1,"A").end("down").row, "A")).value
11   inds2=set(ind2)   #第 2 个工作表中的工号去重
12   inds=inds1-inds2  #求工号差集
13   indl=list(inds)   #将工号差集转换为列表 indl
14   rng=sht.range("A2", sht.cells(sht.cells(1,"B").end("down").row, "E"))
15   dd=[]  #创建空列表 dd
16   for i in range(rng.rows.count):  #遍历行数据
17       if sht[i+1,0].value in indl:  #如果第 1 个工作表中的行工号在 indl 中
18           indl.remove(sht[i+1,0].value)  #从 indl 中删除该工号
19           dd.append(rng.rows(i+1).value)  #将该行数据添加到 dd 列表中
20   sht3=wb.sheets(3)
21   sht3.range("A2").value=dd  #将 dd 数据写入第 3 个工作表中
```

第 1~5 行的说明同 7.1.1 节的代码说明。

第 6~8 行使用 set 函数将第 1 个工作表中第 1 列的工号数据去重并转换为集合 inds1。

第 9~11 行使用 set 函数将第 2 个工作表中第 1 列的工号数据去重并转换为集合 inds2。

第 12 行和第 13 行对 inds1 和 inds2 进行求差集运算，得到跨表去重后的工号。使用 list 函数将差集转换为列表 indl。

第 14 行使用工作表对象的 range 方法获取第 1 个工作表数据所在的区域对象。

第 15 行创建空列表 dd。

第 16~19 行使用 for 循环向新列表 dd 中添加不重复的行数据。第 17 行判断当前行的工号在 indl 列表中是否存在，如果存在就从 indl 列表中删除该工号，把当前行的数据添加到 dd 列表中。从 indl 列表中删除该工号，可以保证该工号对应的行数据在 dd 列表中只被添加一次。

第 20 行和第 21 行将二维列表中的数据写到第 3 个工作表指定位置。

在 Python IDLE 文件脚本窗口中，在 "Run" 菜单中单击 "Run Module" 选项，去重后的数据如图 7-5 中处理后的第 3 个工作表所示。

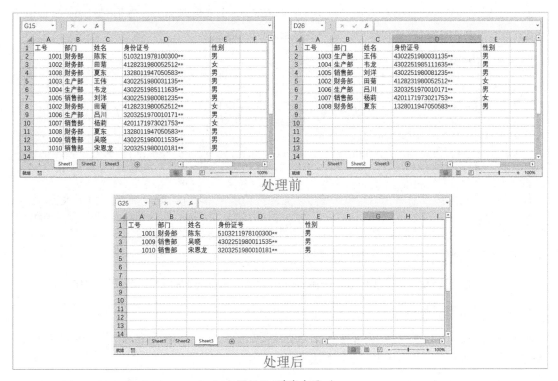

图 7-5　跨表去重

7.3 数据查询

所谓数据查询，是指使用一个或多个关键字查找对应的数据。本节介绍使用单个关键字的个案查询和使用多个关键字的多条件查询。

7.3.1 个案查询

对于图 7-6 中处理前的工作表中左侧的数据，给定右侧的商品名称作为查询关键字，查找该商品对应的销售数量和金额。思路是利用工作表数据构造一个字典，将商品名称作为字典中键值对的键，将销售数量和金额组成的列表作为键值对的值，然后利用该字典和给定的商品名称，即可得到对应的销售数据。

该数据文件的存储路径为\Samples\ch07\销售流水-个案查询.xlsx。本示例的 py 文件位于 Samples 目录下的 ch07 子目录中，文件名为 sam07-09.py。

```
1    import xlwings as xw
2    import os
3    root = os.getcwd()
4    app = xw.App(visible=True, add_book=False)
5    wb=app.books.open(root+r"/销售流水-个案查询.xlsx",read_only=False)
6    sht=wb.sheets.active
7    arr=sht.range("A2",sht.cells(sht.cells(1,"B").end("down").row,"C")). value
8    dicT={}
9    for i in range(len(arr)):    #遍历每行数据
10       dicT[arr[i][0]]=[arr[i][1],arr[i][2]]    #将商品名称作为键，将销售数据作为值
11   for i in range(2,sht.cells(1,"F").end("down").row+1):  #根据给定的商品名称查询值
12       sht.cells(i,"G").value=dicT[sht.cells(i,"F").value]
```

第 1~5 行的说明同 7.1.1 节的代码说明。

第 6 行和第 7 行获取活动工作表，使用 range 属性获取数据保存到二维列表 arr 中。

第 8 行创建空字典 dicT。

第 9 行和第 10 行使用 for 循环向 dicT 字典中添加键值对——将商品名称作为键值对的键，将销售数量和金额组成的列表作为键值对的值。

第 11 行和第 12 行使用 for 循环，根据 F 列给定的商品名称，将对应的销售数据，即该商品名称对应的字典的值逐个输出到 G 列和 H 列。

在 Python IDLE 文件脚本窗口中，在"Run"菜单中单击"Run Module"选项，个案查询结果如图 7-6 中处理后的工作表所示。

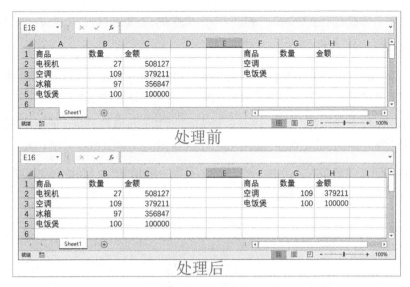

图 7-6　个案查询结果

7.3.2　多条件查询

多条件查询有两个及两个以上的查询关键字。思路是将两个或多个关键字作为字符串进行连接，组成一个字符串作为字典中键值对的键，对应的数据作为键值对的值，这样就将多条件查询问题转换为个案查询问题。

对于图 7-7 中处理前的工作表中左侧的数据,给定右侧的销售人员和商品名称作为查询关键字，查找该商品对应的销售数量和金额。该数据文件的存储路径为\Samples\ch07\销售情况–多条件查询.xlsx。本示例的 py 文件位于 Samples 目录下的 ch07 子目录中，文件名为 sam07–10.py。

```
1    import xlwings as xw
2    import os
3    root = os.getcwd()
4    app = xw.App(visible=True, add_book=False)
5    wb=app.books.open(root+r"/销售情况-多条件查询.xlsx",read_only=False)
6    sht=wb.sheets.active
7    arr=sht.range("A2",sht.cells(sht.cells(1,"A").end("down").row,"D")). value
8    dicT={}
9    for i in range(len(arr)):   #遍历每行数据
10       dicT[str(arr[i][0])+str(arr[i][1])]=[arr[i][2],arr[i][3]] #多条件组合成键
11   for i in range(2,sht.cells(1,"F").end("down").row+1): #根据给定的多条件查询
12       sht.cells(i,"H").value=dicT[str(sht.cells(i,"F").value)+\
             str(sht.cells(i,"G").value)]   #写入查询到的值，即销售数据
```

第 1~5 行的说明同 7.1.1 节的代码说明。

第 6 行和第 7 行获取活动工作表，使用 range 属性获取数据保存到二维列表 arr 中。

第 8 行创建空字典 dicT。

第 9 行和第 10 行使用 for 循环向 dicT 字典中添加键值对——将销售人员和商品名称连接成的新字符串作为键值对的键，将销售数量和金额组成的列表作为键值对的值。

第 11 行和第 12 行使用 for 循环，根据 F 列给定的销售人员和 G 列给定的商品名称，将对应的销售数据，即销售人员和商品名称组成的键对应的字典的值逐个输出到 H 列和 I 列。

在 Python IDLE 文件脚本窗口中，在"Run"菜单中单击"Run Module"选项，多条件查询结果如图 7-7 中处理后的工作表所示。

图 7-7　多条件查询结果

7.4　数据汇总

数据汇总是指在数据查询的基础上，对查询结果进行一定的汇总处理。下面介绍出现次数汇总、数据求和汇总和多条件汇总这几种情况。

7.4.1　出现次数汇总

对于图 7-8 中处理前的工作表中的数据，对各商品销售次数进行汇总。思路是利用工作表数据构造一个字典，将商品名称作为字典中键值对的键，将销售次数作为键值对的值，即每次商品名称重复出现时，它作为键在字典中对应的值的大小加 1。

该数据文件的存储路径为\Samples\ch07\销售流水-次数汇总.xlsx。本示例的 py 文件位于 Samples 目录下的 ch07 子目录中，文件名为 sam07-11.py。

```
1    import xlwings as xw
2    import os
3    root = os.getcwd()
4    app = xw.App(visible=True, add_book=False)
5    wb=app.books.open(root+r"/销售流水-次数汇总.xlsx",read_only=False)
6    sht=wb.sheets.active
7    arr=sht.range("B2",sht.cells(sht.cells(1,"B").end("down").row-1,"B")).value
8    dicT={}  #创建空字典
9    for k in arr:  #遍历每行商品名称
10       dicT[k]=0  #商品名称作为键，值初始化为 0
11   for st in arr:  #遍历每行商品名称
12       dicT[st]=dicT[st]+1  #累加商品销售次数
13   sht.range("F1",sht.cells(len(dicT), "G")).options(dict).value=dicT #写入
```

第 1~5 行的说明同 7.1.1 节的代码说明。

第 6 行和第 7 行获取活动工作表，使用 range 属性获取商品名称数据保存到 arr 列表中。

第 8 行创建空字典 dicT。

第 9 行和第 10 行使用 for 循环向 dicT 字典中添加键值对——将商品名称作为键值对的键，对应的值全为 0。

第 11 行和第 12 行使用 for 循环对键即商品名称的重复次数进行累加，作为对应键的新值。

第 13 行使用 xlwings 包的选项功能将字典输出到指定位置。使用 range 属性的参数指定输出区域的左上角单元格坐标和右下角单元格坐标。将 options 属性的参数设置为 dict，表示按字典的方式写入工作表的指定区域，字典的键和值各占一列。关于 xlwings 包的选项功能，第 4 章中有更详细的介绍，请参阅。

在 Python IDLE 文件脚本窗口中，在"Run"菜单中单击"Run Module"选项，出现次数汇总结果如图 7-8 中处理后的工作表所示。

图 7-8　出现次数汇总结果

7.4.2　数据求和汇总

对于图 7-9 中处理前的工作表中的数据，对各商品销售数量进行汇总。思路是利用工作表数据构造一个字典，将商品名称作为字典中键值对的键，将销售数量作为键值对的值，即每次商品名称重复出现时，它作为键在字典中对应的值的大小在原来值的基础上进行累加。

该数据文件的存储路径为\Samples\ch07\销售流水-数量汇总.xlsx。本示例的 py 文件位于 Samples 目录下的 ch07 子目录中，文件名为 sam07-12.py。

```
1    import xlwings as xw
2    import os
3    root = os.getcwd()
4    app = xw.App(visible=True, add_book=False)
5    wb=app.books.open(root+r"/销售流水-数量汇总.xlsx",read_only=False)
6    sht=wb.sheets.active
7    arr=sht.range("B2",sht.cells(sht.cells(1,"B").end("down").row-1,"C")).value
8    dicT={}  #创建空字典
9    for i in range(len(arr)):
10       dicT[arr[i][0]]=0  #商品名称作为键，值初始化为 0
11   for i in range(len(arr)):
12       dicT[arr[i][0]]=dicT[arr[i][0]]+arr[i][1]  #销售数量累加作为值
13   sht.range("F1",sht.cells(len(dicT), "G")).options(dict).value=dicT
```

第 1~5 行的说明同 7.1.1 节的代码说明。

第 6 行和第 7 行获取活动工作表，使用 range 属性获取商品名称数据保存到 arr 列表中。

第 8 行创建空字典 dicT。

第 9 行和第 10 行使用 for 循环向 dicT 字典中添加键值对——将商品名称作为键值对的键，对应的值全为 0。

第 11 行和第 12 行使用 for 循环对键即商品名称对应的销售数量进行累加,作为对应键的新值。

第 13 行使用 xlwings 包的选项功能将字典输出到指定位置。使用 range 属性的参数指定输出区域的左上角单元格坐标和右下角单元格坐标。将 options 属性的参数设置为 dict，表示按字典的方式写入工作表的指定区域，字典的键和值各占一列。关于 xlwings 包的选项功能，第 4 章中有更详细的介绍，请参阅。

在 Python IDLE 文件脚本窗口中，在 "Run" 菜单中单击 "Run Module" 选项，数据求和汇总结果如图 7-9 中处理后的工作表所示。

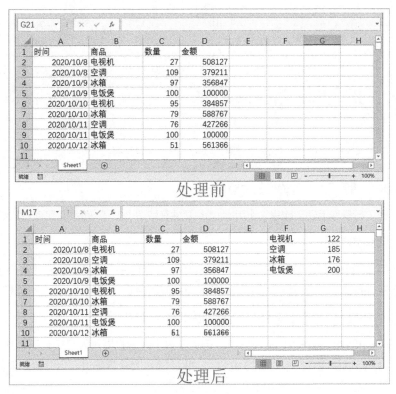

图 7-9　数据求和汇总结果

7.4.3 多条件汇总

对于图 7-10 中处理前的工作表中的数据，针对销售人员和商品名称两个条件对销售数量进行汇总。思路是利用工作表数据构造一个字典，将销售人员和商品名称组合成的字符串作为字典中键值对的键，将销售数量作为键值对的值，即每次键重复出现时，字典中对应的值在原来值的基础上进行累加。

该数据文件的存储路径为\Samples\ch07\销售情况-多条件汇总.xlsx。本示例的 py 文件位于 Samples 目录下的 ch07 子目录中，文件名为 sam07-13.py。

```
1    import xlwings as xw
2    import os
3    root = os.getcwd()
4    app = xw.App(visible=True, add_book=False)
5    wb=app.books.open(root+r"/销售情况-多条件汇总.xlsx",read_only=False)
6    sht=wb.sheets.active
7    arr=sht.range("B2",sht.cells(sht.cells(1,"B").end("down").row-1,"D")). value
8    dicT={}  #创建空字典
9    for i in range(len(arr)):
10       dicT[str(arr[i][0])+"&"+str(arr[i][1])]=0 #多条件组合成键，值初始化为 0
11   for i in range(len(arr)):
12       dicT[str(arr[i][0])+"&"+str(arr[i][1])]= \
13           dicT[str(arr[i][0])+"&"+str(arr[i][1])]+arr[i][2] #累加销售数量作为值
14   i=0
15   for k in dicT.keys():  #对每个多条件组合成的键进行拆分，得到多个条件
16       k2=k.split('&')
17       i+=1
18       sht.cells(i,6).value=k2  #在工作表中写入多个条件
19       sht.cells(i,8).value=dicT[k]   #在工作表中写入对应的销售数量
```

第 1~5 行的说明同 7.1.1 节的代码说明。

第 6 行和第 7 行获取活动工作表，使用 range 属性获取 B、C、D 列数据保存到二维列表 arr 中。

第 8 行创建空字典 dicT。

第 9 行和第 10 行使用 for 循环向 dicT 字典中添加键值对——将销售人员和商品名称组合成的字符串作为键值对的键，对应的值都为 0。销售人员和商品名称之间用"&"进行连接。

第 11~13 行使用 for 循环对具有相同键的销售数量值进行累加。

第 14~19 行使用 for 循环输出汇总结果。因为字典中各键是销售人员和商品名称通过"&"连接而成的字符串，所以使用字符串对象的 split 方法以"&"为分隔符进行拆分得到销售人员和商品名称，放在 F 列和 G 列。将销售数量汇总数据放在 H 列。

在 Python IDLE 文件脚本窗口中，在"Run"菜单中单击"Run Module"选项，多条件汇总结果如图 7-10 中处理后的工作表所示。

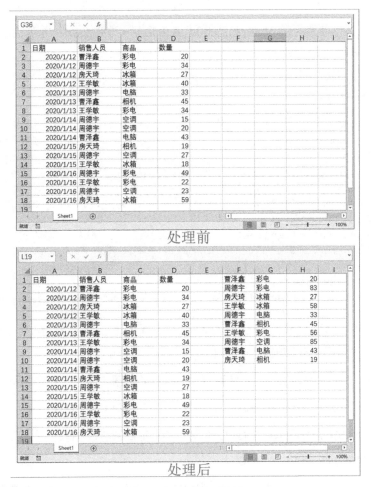

图 7-10　多条件汇总结果

7.5　数据排序

使用列表对象的 sorted 方法可以对列表数据进行排序，并返回排序后的数据构成的列表。例如：

```
>>> a=[1,6,3,9,2,7]
>>> b=sorted(a)
>>> b
[1, 2, 3, 6, 7, 9]
```

对于图 7-11 中处理前的工作表中的数据，根据第 1 列的工号进行排序。思路是利用工作表数据创建一个字典，将工号作为键，将其对应的行数据作为值，构造键值对。然后使用 sorted 方法对工号构成的列表进行排序，排序后的工号对应的行数据就是操作的结果。

该数据文件的存储路径为 \Samples\ch07\身份证号-排序.xlsx。本示例的 py 文件位于 Samples 目录下的 ch07 子目录中，文件名为 sam07-14.py。

```
1    import xlwings as xw
2    import os
3    root = os.getcwd()
4    app = xw.App(visible=True, add_book=False)
5    wb=app.books.open(root+r"/身份证号-排序.xlsx",read_only=False)
6    sht=wb.sheets(1)
7    ids=sht.range("A2",sht.cells(sht.cells(1,"A").end("down").row,"A")).value
8    id_sorted=sorted(ids)   #对工号排序
9    rng=sht.range("A2",sht.cells(sht.cells(1,"B").end("down").row,"E"))
10   dicT={}  #创建空字典
11   for i in range(len(ids)):  #遍历每行数据
12       dicT[rng[i,0].value]=rng.rows(i+1).value   #工号为键，行数据为值
13   num=1
14   sht2=wb.sheets(2)
15   for i in range(len(id_sorted)):  #在第 2 个工作表中写入排序后的数据
16       num+=1
17       sht2.cells(num,"A").value=dicT[id_sorted[i]]   #键为排序后的工号
```

第 1~5 行的说明同 7.1.1 节的代码说明。

第 6 行和第 7 行获取活动工作表，使用 range 属性获取第 1 列的工号数据保存到 ids 列表中。

第 8 行对 ids 列表中的数据进行排序，返回排序后的列表 id_sorted。

第 9 行使用 range 属性获取第 1 行以外的数据所在的区域对象 rng。

第 10 行创建空字典 dicT。

第 11 行和第 12 行使用 for 循环向 dicT 字典中添加键值对——将工号作为键值对的键，将工号所在的行数据作为键值对的值。

第 13~17 行使用 for 循环，将排序后的工号作为键来获取对应的行数据，逐个输出到第 2 个工作表中。

在 Python IDLE 文件脚本窗口中，在"Run"菜单中单击"Run Module"选项，数据排序结果如图 7-11 中处理后的工作表所示。

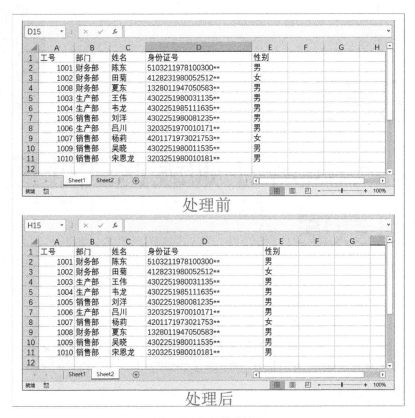

图 7-11　数据排序结果

第 8 章
使用 Python 正则表达式处理 Excel 数据

正则表达式指定一个匹配规则，通常用来查找或替换给定字符串中匹配的文本。本章主要介绍在 Python 中如何使用正则表达式，以及正则表达式的编写规则，并结合 Excel 数据介绍 Python 正则表达式在 Excel 中的应用。

8.1 正则表达式概述

正则表达式在文本验证、查找和替换方面有着广泛的应用。本节介绍正则表达式的基本概念，并结合简单的示例，让你对正则表达式的编写和应用有一个感性的认识。

8.1.1 什么是正则表达式

关于文本的查找和替换，有两种常见的典型应用，其中一种是指在 Windows 资源管理器中查找指定目录下的文件，通常是指定文件名称或文件名称的一部分进行查找，还可以指定通配符 "?" 和 "*"，它们分别表示一个字符和任意多个字符，比如 "*.exe" 表示所有可执行文件；另一种是指在记事本、Word 等办公软件中一般都有的查找功能和替换功能。在这两种情况下给出的搜索文本都是简单的正则表达式。

很多时候，我们需要匹配形式更复杂的文本。比如从一个网页的文本中提取电话号码、手机号码、电子邮箱等，从给定的文本中提取以某字符串打头、以某字符串结尾的子文本等，这就需要用到正则表达式。

正则表达式是由普通字符和一些元字符组成的逻辑表达式。普通字符包括数字和大小写字母，元字符则用字符或字符的组合表达特殊的含义。所以，正则表达式其实就是按照事先定义好的规则来组合普通字符和元字符，表达字符串的匹配逻辑，在执行查找时对表达式进行解析，了解它所表达的意图并进行匹配，最后找到需要查找的内容。

由于文本查找和替换的需求很常见，在各种语言中都有正则表达式的内容。在不同的语言中，正则表达式的编写规则几乎是相同的，区别在于编译和处理正则表达式的语法有所不同。

8.1.2　正则表达式示例

假如有下面一段取自某网页的略显杂乱的文本：

```
>>> a='''各地普通中小学班额信息公示网站链接、监督电话及邮箱
市      县市区      网站链接      监督电话      监督邮箱
省教育厅   http://sbe.sei.edu.cn:8094/      0591-81916517      jjc@shaong.cn
某某市     http://jndu.jinn.gov.cn/art/2019/3/5/art_18904_2865186.html?
tdsourcetag=s_pcqq_aiomsg  0591-66608024    jnsjyjjjc@jn.shndong.cn
某某市     某某区    http://www.liia.gov.cn/art/2019/3/6/art_1317_2853507.html
0591-86553601    jnlxjyjbgs@jn.shadong.cn
某某市     某某区    http://60.316.102.41/wznrYongRi/ArticleID/45001
0591-67987522    jnsz820296@163.com'''
```

现在要执行 3 个任务，包括：把文本中的"某某区"替换为"某某县"、查找所有电话号码和查找所有电子邮箱。首先导入 re 模块。

```
>>> import re
```

使用 re 模块的 sub 函数实现替换。该函数的第 1 个参数指定要匹配的字符串，第 2 个参数指定要进行替换的字符串，第 3 个参数指定给定的文本。

```
>>> m=re.sub("某某区","某某县",a)
>>> m
'各地普通中小学班额信息公示网站链接、监督电话及邮箱\n 市 \t 县市区 \t 网站链接 \t 监督电
话 \t 监督邮箱 \n 省教育厅 \thttp://sbe.sei.edu.cn:8094/ \t0591-81916517
\tjjc@shaong.cn\n 某某市 \thttp://jndu.jinn.gov.cn/art/2019/3/5/art_18904_
2865186.html?tdsourcetag=s_pcqq_aiomsg\t0591-66608024\tjnsjyjjjc@jn. shndong.
cn\n 某某市 \t 某某县 \thttp://www.liia.gov.cn/art/2019/3/6/art_1317_2853507.
html\t0591-86553601 \tjnlxjyjbgs @jn.shadong.cn\n 某某市 \t 某某县 \thttp://
60.316.102.41/wznrYongRi/ArticleID/45001 \t0591-67987522 \tjnsz820296@ 163.com'
```

可见，在文本中已经进行了正确的替换。其中，"\t"表示制表符间隔，"\n"表示换行。

下面查找文本中所有的电话号码。注意电话号码的格式，前面 4 个数字为区号，后面跟短横线，接着是 8 个数字。所以正则表达式被编写为：

```
"[0-9]{4}-[0-9]{8}"
```

[0-9]表示取自 0~9 的一个数字，{4}表示重复 4 次，即区号取 4 个数字。后面跟短横线，接着是 8 个数字，其与区号的编写规则类似。

使用 re 模块的 findall 函数查找所有符合规则的电话号码。

```
>>> cl=re.findall("[0-9]{4}-[0-9]{8}",a)
>>> cl
['0591-81916517', '0591-66608024', '0591-86553601', '0591-67987522']
```

这样，所有的电话号码就被找出来了。

下面查找文本中所有的电子邮箱。注意电子邮箱的格式，字符@前面为用户名，由数字、大小写字母和下画线组成，后面为域名，域名后缀前面由数字、大小写字母、下画线和点组成。域名后缀为 com、net、org 和 cn 中的一种，长度为 1~3 个字符。所以正则表达式被编写为：

```
"[0-9a-zA-Z_]*)@([0-9a-zA-Z._]*\.[com,net,org,cn]{1,3}"
```

[0-9 a-zA-Z_]表示取自数字、大小写字母和下画线中的一个字符，"*"表示重复任意次。

使用 re 模块的 findall 函数查找所有符合规则的电子邮箱。

```
>>> em=re.findall("[0-9a-zA-Z_]*)@([0-9a-zA-Z._]*\.[com,net,org,cn]{1,3}",a)
>>> em
['jjc@shaong.cn', 'jnsjyjjjc@jn.shndong.cn', 'jnlxjyjbgs@jn.shadong.cn',
'jnsz820296@163.com']
```

这样，所有的电子邮箱就被正确找出来了。

如果希望分别得到每个电子邮箱的用户名和域名信息，则可以在正则表达式中用圆括号进行分组，将定义用户名和域名的部分分别用圆括号括起来，然后使用 re 模块的 finditer 函数进行查找。

```
>>> em=re.finditer("([0-9a-zA-Z_]*)@([0-9a-zA-Z._]*\.[com,net,org,cn]{1,3})",a)
```

finditer 函数返回的是一个可迭代对象，使用 for 循环可以获取匹配的每个电子邮箱对象，使用该对象的 group 方法可以获取每个电子邮箱的分组信息。

```
>>> for email in em:
        un=email.group(1)
        dn=email.group(2)
        print(un+"\t"+dn)

jjc shaong.cn
jnsjyjjjc    jn.shndong.cn
jnlxjyjbgs   jn.shadong.cn
jnsz820296   163.com
```

这样，就分别得到了每个电子邮箱的用户名和域名信息。

8.2　在 Python 中使用正则表达式

在 Python 中，使用 re 模块提供的函数，可以直接用指定的正则表达式对给定的文本进行字符串的查找、替换和分割等，也可以通过创建正则表达式对象，然后使用该对象的属性和方法来实现。查找结果以匹配对象的形式返回，可以利用该对象提供的属性和方法进行进一步的显示和处理。

8.2.1　re 模块

在 Python 中，使用 re 模块实现正则表达式的应用。该模块提供了一系列函数，使用它们可以实现不同形式的文本查找、替换和分割等功能。

1. 查找

re 模块提供了 4 个函数，即 match、search、findall 和 finditer 函数来实现不同形式的查找功能，其中前两个函数返回一个满足要求的匹配对象，后两个函数返回所有满足要求的匹配对象。使用 re 模块，首先要导入该模块。

```
>>> import re
```

（1）re.match 函数

re.match 函数从给定文本开头的位置开始匹配，如果匹配不成功，则返回 None。该函数的语法格式为：

```
re.match(pattern, string, flags=0)
```

其中，各参数的含义如表 8-1 所示。

表 8-1　re.match 函数的参数及其含义

参　数	含　义
pattern	进行匹配的正则表达式
string	给定的文本
flags	标记，指定正则表达式的匹配方式，比如是否区分大小写等

flags 参数用来指定正则表达式的匹配方式，其设置如表 8-2 所示。如果同时设置多个标记，则标记之间可以用竖线连接，如 re.M|re.I。

表 8-2 标记设置

标 记	完整写法	说 明
re.I	re.IGNORECASE	不区分大小写
re.M	re.MULTILINE	支持多行
re.S	re.DOTALL	使用点做任意匹配，包括换行符在内的任意字符
re.L	re.LOCALE	进行本地化识别匹配
re.U	re.UNICODE	根据 Unicode 字符集解析字符
re.X	re.VERBOSE	支持更灵活、更详细的模式，比如多行、忽略空白、加入注释等

如果匹配成功，re.match 函数将返回一个 Match 对象，否则返回 None。

下面给定一个字符串和匹配规则，使用 re.match 函数进行匹配。

```
>>> import re
>>> a="abc123def456"
>>> m=re.match("abc",a)
>>> m
<re.Match object; span=(0, 3), match='abc'>
```

从字符串 a 的开头位置开始匹配"abc"，匹配成功，返回一个 Match 对象，它的值为"abc"，位置是第 1 个字符到第 3 个字符。

如果给定的字符串和匹配字符串有大小写之分，例如：

```
>>> b="aBC123dEf456"
>>> m=re.match("abc",b)
>>> m
```

返回的 m 为空，表示匹配不成功。如果不区分大小写，则使用 re.I 标记。

```
>>> m2=re.match("abc",b,re.I)
>>> m2
<re.Match object; span=(0, 3), match='abc'>
```

现在匹配成功，返回匹配结果"aBC"。

（2）re.search 函数

与 re.match 函数不同，re.search 函数在整个给定的字符串中进行查找，并返回第一个匹配成功的对象。该函数的语法格式为：

```
re.search(pattern, string, flags=0)
```

该函数各参数的含义与 re.match 函数的相同。

下面给定一个字符串，在整个字符串中查找"def"，不区分大小写，返回查找到的第 1 个结果。

```
>>> import re
```

```
>>> a="aBC123dEf456"
>>> m=re.search("def",a,re.I)
>>> m
<re.Match object; span=(6, 9), match='dEf'>
```

匹配成功，返回匹配结果"dEf"。

（3）re.findall 函数

re.findall 函数在给定的字符串中查找正则表达式所匹配的所有子字符串，并将结果以列表的形式返回。如果匹配不成功，则返回空列表。

注意：re.match 和 re.search 函数只匹配一次，而 re.findall 函数则找出所有匹配结果。

re.findall 函数的语法格式为：

```
findall(pattern, string,flags=0)
```

该函数各参数的含义与 re.match 函数的相同。

下面给定一个字符串，在整个字符串中查找"abc"，不区分大小写，返回查找到的所有结果。

```
>>> import re
>>> a="aBC123dEf456abc789abC"
>>> m=re.findall("abc",a,re.I)
>>> m
['aBC', 'abc', 'abC']
```

可见，匹配成功的结果用列表的形式给出。

（4）re.finditer 函数

与 re.findall 函数一样，re.finditer 函数也是在给定的字符串中查找正则表达式所匹配的所有子字符串。不同的是，前者将匹配结果以列表的形式给出，后者把匹配结果以迭代器的形式返回。该函数的语法格式为：

```
re.finditer(pattern, string, flags=0)
```

该函数各参数的含义与 re.match 函数的相同。

下面给定一个字符串，在整个字符串中查找"abc"，不区分大小写，返回查找到的所有结果。

```
>>> import re
>>> a="aBC123dEf456abc789abC"
>>> m=re.finditer("abc",a,re.I)
>>> m
<callable_iterator object at 0x0000000005BF0F48>
```

可见，re.finditer 函数是将匹配结果以迭代器的形式返回的。使用 for 循环可以输出迭代器中的对象。

```
>>> for i in m:
      print(i)

<re.Match object; span=(0, 3), match='aBC'>
<re.Match object; span=(12, 15), match='abc'>
<re.Match object; span=(18, 21), match='abC'>
```

可见，迭代器 m 中有 3 个匹配对象，for 循环输出了它们的值及其在给定字符串中的位置。

2. 替换

所谓替换，是指在查找的基础上，用给定的对象替换匹配到的对象。使用 re.sub 和 re.subn 函数进行替换。

（1）re.sub 函数

re.sub 函数的语法格式为：

```
re.sub(pattern, repl, string, count=0, flags=0)
```

其中，各参数的含义如下：

- pattern——进行匹配的正则表达式。
- repl——用作替换的字符串，可以是一个函数。
- string——给定的原始字符串。
- count——进行替换的最大次数，默认值为 0，表示全部替换。
- flags——指定正则表达式匹配方式的标记。

下面给定一个字符串，在整个字符串中查找"abc"，不区分大小写，将匹配结果全部替换为"xyz"。

```
>>> import re
>>> a="aBC123dEf456abc789abC"
>>> m=re.sub("abc","xyz",a,0,re.I)
>>> m
'xyz123dEf456xyz789xyz'
```

可见，所有匹配结果都被替换为"xyz"。

（2）re.subn 函数

re.subn 函数的作用与 re.sub 函数相同，只是该函数的返回值是一个元组。元组有两个值，其中第一个值为实现替换后的字符串，第二个值为进行替换的次数。

该函数的语法格式为：

```
subn(pattern, repl, string, count=0, flags=0)
```

该函数各参数的含义与 re.sub 函数的相同。

下面给定一个字符串，在整个字符串中查找"abc"，不区分大小写，将匹配结果全部替换为"xyz"。

```
>>> import re
>>> a="aBC123dEf456abc789abC"
>>> m=re.subn("abc","xyz",a,0,re.I)
>>> m
('xyz123dEf456xyz789xyz', 3)
```

试比较 re.subn 函数的返回值与 re.sub 函数的返回值。

3. 分割

re.split 函数将能够匹配到的子字符串作为分隔符分割原始字符串，将分割后的结果以列表的形式返回。该函数的语法格式为：

```
re.split(pattern, string[, maxsplit=0, flags=0])
```

其中，各参数的含义如下：

- pattern——进行匹配的正则表达式。
- string——给定的原始字符串。
- maxsplit——最大分割次数，默认值为 0，表示不限次数。
- flags——指定正则表达式匹配方式的标记。

下面给定一个字符串，在整个字符串中查找"&"，找到后用作分隔符对原始字符串进行分割，返回分割后的结果。

```
>>> import re
>>> a="aBC&123dEf&456abc&789abC"
>>> m=re.split("&",a)
>>> m
['aBC', '123dEf', '456abc', '789abC']
```

可见，"&"找到后被用作分隔符，分割后的结果以列表的形式返回。

如果只分割两次，则设置 maxsplit 参数的值为 2。

```
>>> m=re.split("&",a,2)
>>> m
['aBC', '123dEf', '456abc&789abC']
```

如果没有匹配结果，则返回原始字符串。

```
>>> m=re.split("%",a)
>>> m
['aBC&123dEf&456abc&789abC']
```

8.2.2   Match 对象

如 8.2.1 节所述，Match 对象是通过 re.match、re.search 和 re.finditer 函数返回的。Match 对象是进行匹配的结果，包含了与匹配有关的很多信息。使用该对象的属性和方法可以获取这些信息。

1. Match 对象的属性

Match 对象的属性提供了很多与匹配有关的信息，包括原始字符串、匹配正则表达式、在匹配时指定的起始位置和终止位置等。

Match 对象的属性包括：

- string 属性——原始字符串。
- re 属性——正则表达式。
- pos 属性——开始搜索位置的索引。
- endpos 属性——结束搜索位置的索引。
- lastindex 属性——最后一个捕获分组的索引。如果没有捕获分组，则返回 None。
- lastgroup 属性——最后一个捕获分组的别名。如果这个分组没有别名或者没有捕获分组，则返回 None。

下面给定原始字符串和匹配正则表达式，使用 re.search 函数获取 Match 对象和它的属性值。正则表达式中有两个分组，其中第 1 个分组由数字组成，第 2 个分组由字母、数字等组成。

```
>>> import re
>>> a="aBC123dEf456abc789abC"  #原始字符串
>>> m=re.search(r"(\d+)(\w+)",a)  #获取 Match 对象 m
>>> m
<re.Match object; span=(4, 10), match='123dEf'>
>>> m.string  #返回 m 的原始字符串
'aBC&123dEf&456abc&789abC'
>>> m.re  #返回 m 的匹配正则表达式
re.compile('(\\d+)(\\w+)')
>>> m.pos  #进行匹配的起始位置的索引号
0
>>> m.endpos  #进行匹配的终止位置的索引号
24
>>> m.lastindex  #最后一个捕获分组的索引号
2
>>> m.lastgroup  #最后一个捕获分组的别名，这里没有
```

2. Match 对象的方法

使用 Match 对象的方法可以获取匹配对象中各分组的详细信息，包括各分组的内容、起始位置、

终止位置和范围等。

Match 对象的方法包括：

- group([group1, …])——获得一个或多个分组捕获的字符串，当指定多个分组时结果以元组的形式返回。group1 可以使用索引号，也可以使用别名。索引号 0 代表匹配的整个子字符串；如果不填写参数，则返回 group(0)。没有捕获到字符串的分组返回 None，捕获了多次的分组返回最后一次捕获的子字符串。

- groups([default])——以元组的形式返回全部分组捕获的字符串。default 表示没有捕获到字符串的分组以这个值替代，默认值为 None。

- groupdict([default])——返回一个字典，该字典以有别名的分组的别名为键，以该分组捕获的字符串为值。没有别名的分组不包含在内。default 的含义同上。

- start([group])——返回指定的分组捕获的子字符串在 string 中的起始位置索引号。group 的默认值为 0。

- end([group])——返回指定的分组捕获的子字符串在 string 中的终止位置索引号（子字符串最后一个字符的索引号+1）。group 的默认值为 0。

- span([group])——返回捕获的子字符串的起始位置索引号和终止位置索引号组成的元组，即(start(group), end(group))。

- expand(template)——将匹配到的分组代入 template 中，然后返回。在 template 中可以使用\id 或\g<id>、\g<name>引用分组，但不能使用编号 0。\id 与\g<id>是等价的，用\g<1>0 表示\1 之后是字符"0"。

下面给定原始字符串和匹配正则表达式，使用 re.search 函数获取 Match 对象和它的属性值。正则表达式中有两个分组，其中第 1 个分组由数字组成，第 2 个分组由字母、数字等组成。

```
>>> import re
>>> a="aBC123dEf456abc789abC"  #原始字符串
>>> m=re.search(r"(\d+)(\w+)",a)  #获取 Match 对象
>>> m
<re.Match object; span=(4, 10), match='123dEf'>
>>> m.group(1)  #获取第 1 个捕获分组
'123'
>>> m.group(2)  #获取第 2 个捕获分组
'dEf'
>>> m.group(1,2)  #获取第 1 个和第 2 个捕获分组
('123', 'dEf')
>>> m.groups()  #获取全部捕获分组
('123', 'dEf')
>>> m.groupdict()  #字典，分组别名为键，捕获的字符串为值
{}
>>> m.start(1)  #第 1 个分组捕获字符串的起始位置索引号
```

```
4
>>> m.end(1)   #第 1 个分组捕获字符串的终止位置索引号
7
>>> m.start(2)  #第 2 个分组捕获字符串的起始位置索引号
7
>>> m.end(2)   #第 2 个分组捕获字符串的终止位置索引号
10
>>> m.span(1)   #第 1 个分组捕获字符串的位置索引号范围
(4, 7)
>>> m.span(2)   #第 2 个分组捕获字符串的位置索引号范围
(7, 10)
>>> m.expand(r"\2\1")  #用分组的编号重构字符串
'dEf123'
```

8.2.3　Pattern 对象

前面在讲 re 模块时，介绍了该模块的各个函数，其中有一个重要的函数还没有介绍，它就是 re.compile 函数。该函数的主要作用是创建 Pattern 对象，即正则表达式对象。利用该对象，也可以实现字符串的查找、替换和分割。

1. 创建 Pattern 对象

Pattern 对象即编译好的正则表达式对象，使用 re 模块的 re.compile 函数进行创建。该函数的语法格式为：

```
re.compile(pattern[, flags])
```

其中，pattern 为进行匹配的正则表达式字符串，flags 为指定的正则表达式匹配方式的标记。

下面给定原始字符串和匹配正则表达式，使用 re.compile 函数将正则表达式字符串编译为正则表达式对象，然后使用正则表达式对象的 match 方法从原始字符串的开头位置开始进行匹配。不区分大小写。

```
>>> import re
>>> a="aBc123def456"
>>> p=re.compile("abc",re.I)
>>> m=p.match(a)
>>> m
<re.Match object; span=(0, 3), match='aBc'>
```

匹配成功，匹配的子字符串为"aBc"，匹配位置为第 1 个字符到第 3 个字符。

2. Pattern 对象的属性和方法

使用 Pattern 对象提供的属性可以获取正则表达式的相关信息。Pattern 对象的属性包括：

● 　pattern 属性——正则表达式字符串。

- flags 属性——匹配方式，用数字表示。
- groups 属性——正则表达式中分组的个数。
- groupindex 属性——以正则表达式中有别名的分组的别名为键，以该分组的编号为值的字典，没有别名的分组不包含在内。

继续使用创建 Pattern 对象的示例。

```
>>> import re
>>> a="aBc123def456"
>>> p=re.compile("abc",re.I)
>>> p.pattern
'abc'
>>> p.flags
34
>>> p.groups
0
>>> p.groupindex
{}
```

Pattern 对象的方法与 re 模块实现字符串查找、替换和分割的函数相对应，它们提供了 re 模块的另一种使用方式。

Pattern 对象的方法如表 8-3 所示。

表 8-3　Pattern 对象的方法

Pattern 对象的方法	说　明	对应的 re 模块函数
match(string[, pos[, endpos]])	从开头位置查找	re.match(pattern, string[, flags])
search(string[, pos[, endpos]])	从整个字符串中查找第 1 个匹配结果	re.search(pattern, string[, flags])
findall(string[, pos[, endpos]])	查找全部匹配结果，以列表的形式返回	re.findall(pattern, string[, flags])
finditer(string[, pos[, endpos]])	查找全部匹配结果，以迭代器的形式返回	re.finditer(pattern, string[, flags])
sub(repl, string[, count])	替换匹配结果	re.sub(pattern, repl, string[, count])
subn(repl, string[, count])	替换匹配结果，以元组的形式返回	re.sub(pattern, repl, string[, count])
split(string[, maxsplit])	将匹配结果作为分隔符分割字符串	re.split(pattern, string[, maxsplit])

注意：在表 8-3 中，比较 Pattern 对象的方法与对应的 re 模块函数，除 split 方法外，其他方法比对应的 re 模块函数都多两个参数，即 pos 参数和 endpos 参数，在查找或替换时用于指定原始字符串中的起始位置和终止位置。

8.3 正则表达式的编写规则

8.2 节结合一些简单的示例，介绍了在 Python 中如何使用正则表达式实现字符串的查找、替换和分割等。实际上，我们可以编写更加复杂的正则表达式，以实现更复杂、更灵活的文本搜索和替换。本节介绍正则表达式的各种编写规则，这部分内容是正则表达式的核心内容。在不同的计算机语言中，这部分内容基本上是相同的。

8.3.1 元字符

元字符是正则表达式中具有特殊含义的字符，其含义超出了其本身的含义。比如在 Python 正则表达式中，用"\d"表示数字，用"\s"表示空白符。常见的元字符如表 8-4 所示。

表 8-4 常见的元字符

元字符	说　　明	元字符	说　　明
.	匹配除换行符以外的任意字符	^	匹配字符串的开始位置的字符
\w	匹配是字母、数字、下画线或汉字的字符	$	匹配字符串的结束位置的字符
\s	匹配任意空白符	\n	匹配一个换行符
\d	匹配数字	\r	匹配一个回车符
\b	匹配单词的开始或结束位置的字符	\t	匹配一个制表符

一般情况下，指定要查找的字符或者在指定的范围内进行查找，但有时情况会反过来，即排除指定的字符或者在指定的范围之外进行查找。在这种情况下，使用表示反义的元字符，比如用"\D"表示非数字的字符，用"\S"表示非空白符的字符。常见的反义元字符如表 8-5 所示。

表 8-5 常见的反义元字符

反义元字符	说　　明
\W	匹配任意不是字母、数字、下画线、汉字的字符
\S	匹配任意不是空白符的字符
\D	匹配任意非数字的字符
\B	匹配不是单词开始或结束位置的字符
[^x]	匹配除 x 以外的任意字符
[^aeiou]	匹配除 aeiou 这几个字母以外的任意字符

现在我们结合一些示例来深入理解元字符。

下面给定原始字符串，使用 re.findall 函数查找其中的全部数字，使用 re.sub 函数将所有数字替换为空。单个数字用元字符"\d"表示。

```
>>> import re
>>> a="BC_101PW%"   #原始字符串
>>> m0=re.findall(r"\d",a)   #查找所有数字
>>> m0
['1', '0', '1']
>>> for i in m0:   #逐个输出数字
        print(i)


1
0
1
>>> ms=re.sub(r"\d","",a)   #将所有数字替换为空（删除）
>>> ms
'BC_PW%'
```

下面的示例测试元字符 "\b"，它表示单词的开头或结尾。正则表达式为 r"\bC\d"，表示匹配的字符串必须是原始字符串以 "C" 开头或 "C" 的前面为空格， "C" 的后面跟数字。将匹配的字符串替换为空。

```
>>> import re
>>> a="C5dC56 C5"
>>> m=re.sub(r"\bC\d","",a)
>>> m
'dC56 '
```

因为第 1 个 "C5" 位于原始字符串的开头，满足 "C" 加数字的条件，匹配；第 2 个 "C5" 前面为空格，满足 "\b" 的条件，匹配。将它们替换为空后，剩下的字符串即为'dC56 '。

元字符 "^" 限制字符在原始字符串的最前面，如 "^\d" 表示原始字符串以数字开头。下面给定原始字符串，如果它以一个以上的数字开头，则返回该数字。

```
>>> import re
>>> a="12345my09"
>>> m=re.findall(r"^\d+",a)
>>> for i in m:
        print(i)

12345
```

因为 "12345" 位于原始字符串的开头位置，匹配；而 "09" 虽然也是数字，但其不在开头位置，不匹配。正则表达式中的加号是表示重复的元字符，前面为 "d"，表示一个以上的数字。

在下面的代码中， "\D" 表示不是数字的字符，元字符 "$" 限制字符在原始字符串的结尾处，如 "C$" 表示最后一个字符是 "C"。

```
>>> import re
```

```
>>> a="12345my09W"
>>> m=re.findall(r"\d+\D",a)
>>> m
['12345m', '09W']
>>> m=re.findall(r"\d+\D$",a)
>>> m
['09W']
```

第 1 个正则表达式 r"\d+\D"表示前面是一个以上的数字，后面跟的字符不是数字；第 2 个正则表达式 r"\d+\D$"在最后面添加了"$"，表示匹配的字符串必须位于原始字符串的结尾处，所以只匹配到"09W"。

下面结合 Excel 工作表数据介绍 Python 正则表达式的应用。对于图 8-1 中处理前的工作表中第 1 列的数据，从中将前面为字母、后面为数字的数据提取出来写入第 2 列。该数据文件的存储路径为\Samples\ch08\Sam05.xlsx。本示例的 py 文件位于 Samples 目录下的 ch08 子目录中，文件名为 Sam05.py。

```
1    import xlwings as xw
2    import os
3    import re
4    root = os.getcwd()
5    app = xw.App(visible=True, add_book=False)
6    wb=app.books.open(fullname=root+r"\Sam05.xlsx",read_only=False)
7    sht=wb.sheets(1)
8    arr=sht.range("A1", sht.cells(sht.cells(1,"A").end("down").row, "A")).value
9    n=0
10   for i in range(len(arr)):   #遍历每行数据
11       mt=re.findall(r"^[a-z]+\d+$",arr[i],re.I)   #前面为字母，后面为数字
12       for j in range(len(mt)):  #将匹配数据写入第 2 列
13           n+=1
14           sht.cells(n,2).value=mt[j]
```

第 1~3 行导入 xlwings、os 和 re 包，分别用于 Excel 工作表数据读/写、文件操作和正则表达式操作。

第 4 行获取当前工作目录，即本 py 文件所在的目录。

第 5 行使用 App 函数创建一个 Excel 应用，该应用窗口可见，不添加工作簿。

第 6 行使用 books 对象的 open 方法打开当前工作目录下的 Sam05.xlsx 文件。因为将数据提取出来以后需要写入工作表中，所以设置 read_only 参数的值为 False，即打开的工作簿可写。

第 7 行和第 8 行获取第 1 个工作表，使用 range 对象的 end 方法获取数据的行数，把第 1 列数据保存在 arr 列表中。

第 9~14 行使用 for 循环提取数据并写入第 2 列。

第 9 行设置 n 的值为 0，它记录当前提取出来的数据的个数。

第 10 行使用 for 循环遍历 arr 列表中的每个数据。

第 11 行使用 re.findall 函数查找当前数据中满足要求的字符串，写入 mt 列表中。在正则表达式 r"^[a-z]+\d+$"中，"^"和"$"表示匹配字符串的开头和结尾位置的字符，方括号表示前面取字母，后面跟加号，表示取一个以上的字母，"\d+"表示字母后面跟一个以上的数字。re.I 表示字母没有大小写之分。

第 12~14 行使用 for 循环将匹配结果输出到第 2 列的第 1 个空白单元格中。

在 Python IDLE 文件脚本窗口中，在"Run"菜单中单击"Run Module"选项，满足要求的数据被提取出来并逐个写入第 2 列，如图 8-1 中处理后的工作表所示。

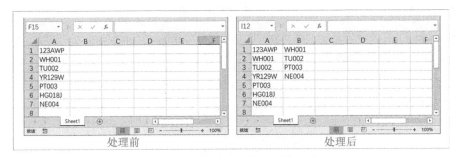

图 8-1　提取指定格式的字符串

如图 8-2 中处理前的工作表所示，第 2 列中列出了各班成绩优秀、良好、中等、及格和不及格的人数，现要求根据这些人数计算出各班的总人数并写入第 3 列。该数据文件的存储路径为 \Samples\ch08\Sam07.xlsx。本示例的 py 文件位于 Samples 目录下的 ch08 子目录中，文件名为 Sam07.py。

```
1    import xlwings as xw
2    import os
3    import re
4    root = os.getcwd()
5    app = xw.App(visible=True, add_book=False)
6    wb=app.books.open(fullname=root+r"\Sam07.xlsx",read_only=False)
7    sht=wb.sheets(1)
8    arr=sht.range("B2", sht.cells(sht.cells(1,"B").end("down").row, "B")).value
9    for i in range(len(arr)):   #遍历每行数据
10       m=re.sub(r"[\u4e00-\u9fa5]+\*",""，arr[i])   #将中文和星号替换为空
11       v=eval(str(m))   #剩下算式，计算结果
12       sht.cells(i+2,3).value=v   #将结果写入工作表中
```

第 1~6 行代码的说明与上例的相同。

第 7 行和第 8 行获取第 1 个工作表，使用 range 对象的 end 方法获取数据的行数，把第 2 列数据保存在 arr 列表中。

第 9~12 行使用 for 循环计算各班的总人数并写入第 3 列。

第 9 行使用 for 循环遍历 arr 列表中的每个数据。

第 10 行使用 re.sub 函数查找匹配正则表达式的子字符串，用""替换（即删除）。在正则表达式 r"[\u4e00-\u9fa5]+*"中，"[\u4e00-\u9fa5]+*"表示匹配一个或多个中文字符，中文字符后面跟"*"，也就是说，将数据中的中文和星号都去掉。将中文和星号都去掉以后，剩下的就是数字和加号，比如 B2 单元格中就剩下"5+15+8+5+3"，这是一个可以计算的算式。

第 11 行使用 eval 函数计算各算式的值，得到各班的总人数。

第 12 行将各班的总人数写入同一行中第 3 列的单元格中。

在 Python IDLE 文件脚本窗口中，在"Run"菜单中单击"Run Module"选项，计算出各班的总人数并写入第 3 列，如图 8-2 中处理后的工作表所示。

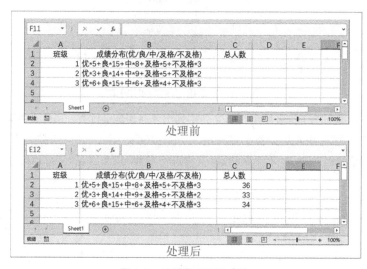

图 8-2　计算各班的总人数

8.3.2　重复

在进行查找或替换时，有时需要连续查找或替换多个某种类型的字符，这就是重复。重复次数可以是确定的，也可以是不确定的。比如在 Python 正则表达式中，用"\d+"表示一个以上的数字，重复次数不确定；用"\d{5}"表示 5 个数字，重复次数是确定的。

在 Python 正则表达式中，表示重复的元字符如表 8-6 所示。

表 8-6　表示重复的元字符

元字符	说　　明	元字符	说　　明
*	重复零次或更多次	{n}	重复 n 次
+	重复一次或更多次	{n,}	重复 n 次或更多次
?	重复零次或一次	{n,m}	重复 n~m 次

元字符 "*" 表示前面定义的字符可以重复零次或更多次，相当于 {0,}。下面给定一个字符串，查找所有以 "W" 开头，后面跟或不跟数字的子字符串。

```
>>> import re
>>> a="W123YZW85CW0DFWU"
>>> m=re.findall(r"W\d*",a)
>>> m
['W123', 'W85', 'W0', 'W']
```

注意：列表中最后一个元素在 "W" 后面没有跟数字。

元字符 "+" 表示前面定义的字符可以重复一次或更多次，相当于 {1,}。下面给定一个字符串，查找所有以 "W" 开头，后面跟一个或一个以上数字的子字符串。

```
>>> import re
>>> a="W123YZW85CW0DFWU"
>>> m=re.findall(r"W\d+",a)
>>> m
['W123', 'W85', 'W0']
```

元字符 "?" 表示前面定义的字符可以重复零次或一次，相当于{0,1}。下面给定一个字符串，查找所有前后都是数字，中间有或没有小数点的子字符串。

```
>>> import re
>>> a="W10.23RWA908C5..1"
>>> m=re.findall(r"\d+\.?\d+",a)
>>> m
['10.23', '908']
```

可见，所有合法的数字都被查找出来。

使用 "{}" 可以设置重复次数。{n}表示前面定义的字符重复 n 次。下面给定一个字符串，查找其中连续 3 个都是数字的子字符串。

```
>>> import re
>>> a="WT123Pq89C"
>>> m=re.findall(r"\d{3}",a)
>>> m
['123']
```

{m,n}表示前面定义的字符的重复次数在一个指定的范围内取值，最少重复 *m* 次，最多重复 *n* 次。下面给定一个字符串，查找其中连续 2 个或 3 个都是数字的子字符串。

```
>>> import re
>>> a="WT123Pq89C"
>>> m=re.findall(r"\d{2,3}",a)
>>> m
['123', '89']
```

{m,}表示前面定义的字符最少重复 *m* 次，相当于元字符"+"。下面给定一个字符串，查找其中连续 2 个以上都是数字的子字符串。

```
>>> import re
>>> a="WT123Pq89C"
>>> m=re.findall(r"\d{2,}",a)
>>> m
['123', '89']
```

如图 8-3 中处理前的工作表所示，第 1 列的数据为某店 9 月份的采购信息，现要求提取日期并写入第 2 列。该数据文件的存储路径为\Samples\ch08\Sam13.xlsx。本示例的 py 文件位于 Samples 目录下的 ch08 子目录中，文件名为 Sam13.py。

```
1    import xlwings as xw
2    import os
3    import re
4    root = os.getcwd()
5    app = xw.App(visible=True, add_book=False)
6    wb=app.books.open(fullname=root+r"\Sam13.xlsx",read_only=False)
7    sht=wb.sheets(1)
8    p=r"\d{4}-\d{2}-\d{2}|\d{4}\.\d{2}\.\d{2}|\d{4}/\d{2}/\d{2}"   #日期
9    arr=sht.range("A1", sht.cells(sht.cells(1,"A").end("down").row, "A")).value
10   for i in range(len(arr)):
11       m=re.search(p,arr[i])
12       sht.cells(i+1,2).value=m.group(0)
```

第 1~6 行代码的说明与 8.3.1 节中 Excel 文件数据处理示例的相同，请参阅。

第 7~9 行获取第 1 个工作表，定义正则表达式 p，使用 range 对象的 end 方法获取数据的行数，把第 1 列数据保存在 arr 列表中。在正则表达式中用多个花括号定义 4 位和 2 位的数字来表示年份、月份和日期，用"|"分隔不同的日期格式。

第 10~12 行使用 for 循环提取日期并写入第 2 列。

第 10 行使用 for 循环遍历 arr 列表中的每个数据。

第 11 行使用 re.search 函数查找第 1 个匹配正则表达式的子字符串，以 Match 对象返回给 m。

第 12 行使用 m.group(0)获取匹配结果，并写入同一行中第 2 列的单元格中。

在 Python IDLE 文件脚本窗口中，在"Run"菜单中单击"Run Module"选项，提取日期并写入第 2 列，如图 8-3 中处理后的工作表所示。

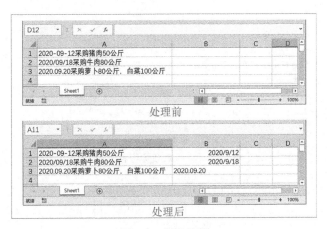

图 8-3　提取日期

如图 8-4 中处理前的工作表所示，第 1 列的文字排版不规整，希望整理成处理后的工作表中第 2 列的形式。通过观察发现，调整的关键在于定位各条目编号，在条目前面进行换行即可。条目编号前面不是数字，后面跟小数点，小数点后面跟的不是数字。

图 8-4　整理数据

该数据文件的存储路径为\Samples\ch08\Sam23.xlsx。本示例的 py 文件位于 Samples 目录下的 ch08 子目录中，文件名为 Sam23.py。

```
1    import xlwings as xw
2    import os
3    import re
4    root = os.getcwd()
5    app = xw.App(visible=True, add_book=False)
6    wb=app.books.open(fullname=root+r"\Sam23.xlsx",read_only=False)
7    sht=wb.sheets(1)
8    p=r"\D\d+\.\D"  #正则表达式
9    arr=sht.range("A1", sht.cells(sht.cells(1,"A").end("down").row, "A")).value
10   for i in range(len(arr)):  #遍历每行数据
11       m=re.findall(p,arr[i])  #所有匹配项，返回给 m 列表
12       sp=re.split(p,arr[i])  #匹配项为分隔符进行分割，结果返回给 sp 列表
13       s=sp[0]
14       for j in range(len(m)):  #遍历所有匹配项
15           s+=m[j][0]+"\n"+m[j][1]+m[j][2]+sp[j+1]  #拼接 sp 和 m
16       sht.cells(i+1,2).value=s
```

第 1~6 行代码的说明与 8.3.1 节中 Excel 文件数据处理示例的相同，请参阅。

第 7~9 行获取第 1 个工作表，定义正则表达式 p，使用 range 对象的 end 方法获取数据的行数，把第 1 列数据保存在 arr 列表中。正则表达式定义搜索规则为数字前面不是数字，后面跟小数点，小数点后面跟非数字。

第 10~16 行使用 for 循环实现数据整理。

第 10 行使用 for 循环遍历 arr 列表中的每个数据。

第 11 行使用 re.findall 函数查找匹配规则的所有子字符串，以列表的形式返回给 m。输出 m。以第 1 行数据为例，此时输出的 m 为：

```
['。2.打', '。3.点', '。4.弹', '。5.点']
```

第 12 行使用 re.split 函数进行分割，分隔符为匹配的子字符串，结果以列表的形式返回给 sp。输出 sp。以第 1 行数据为例，此时输出的 sp 为：

```
['1.找到 Excel,找到之后打开', '开之后我们看到左下角有一个选项的地方,点击选项', '击选项之后默认就会进入设置里面,如果是在编辑状态下点击菜单', '出其他菜单的选项,这里我们找到其他命令', '击其他命令即可进入。 ']
```

第 13~15 行拼接 sp 列表元素和 m 列表元素。注意第 15 行，在条目编号前面添加了"\n"进行换行。

第 16 行将拼接的结果写入同一行中第 2 列的单元格中。

在 Python IDLE 文件脚本窗口中，在"Run"菜单中单击"Run Module"选项，整理数据并将结果写入第 2 列，如图 8-4 中处理后的工作表所示。

8.3.3　字符类

使用前面介绍的方法可以查找指定的字母、数字或空白，但是如果给定的是一个字符集，要求查找的字符只在这个集合中取或者在这个集合外取，就要用到方括号"[]"。方括号的用法如表 8-7 所示。

表 8-7　方括号的用法

应用格式示例	说　　明
[adwkf]	查找的字符是方括号内字符中的一个
[^adwkf]	查找的字符不是方括号内的字符
[b-f]	查找的字符是 b~f 中的一个
[^b-f]	查找的字符不是 b~f 中的一个
[2-5]	查找的字符是 2~5 中的一个
[2-46-9]	查找的字符是 2~4 或 6~9 中的一个
[a-w2-5A-W]	查找的字符是 a~w、2~5 或 A~W 范围内的一个
[一-顟]或[\u4e00-\u9fa5]	查找的字符是中文字符

使用方括号"[]"包含字符集，能够匹配其中任意一个字符。使用"[^]"，则不匹配方括号内的字符，只能匹配该字符集之外的任意一个字符。

下面给定一个字符串，使用 re.findall 函数查找该字符串中与方括号中任意字符匹配的字符。

```
>>> import re
>>> a="ABCDEFGHIJKLMNOPQRSTUVWXYZ"
>>> m=re.findall("[AEIOU]",a)
>>> m
['A', 'E', 'I', 'O', 'U']
```

使用 re.findall 函数查找该字符串中与方括号中任意字符不匹配的字符。

```
>>> import re
>>> a="ABCDEFGHIJKLMNOPQRSTUVWXYZ"
>>> m=re.findall("[^AEIOU]",a)
>>> m
['B', 'C', 'D', 'F', 'G', 'H', 'J', 'K', 'L', 'M', 'N', 'P', 'Q', 'R', 'S',
'T', 'V', 'W', 'X', 'Y', 'Z']
```

给定一个字符串，使用 re.findall 函数查找该字符串中处于方括号中指定字符范围内的字符。

```
>>> import re
>>> a="ABCDEFGHIJKLMNOPQRSTUVWXYZ"
```

```
>>> m=re.findall("[G-T]",a)
>>> m
['G', 'H', 'I', 'J', 'K', 'L', 'M', 'N', 'O', 'P', 'Q', 'R', 'S', 'T']
```

给定一个字符串，使用 re.findall 函数查找该字符串中 1~5 的数字和 G~T 的字母。

```
>>> import re
>>> a="ABCDEFGHIJKLMNOPQRSTUVWXYZ1234567890"
>>> m=re.findall("[1-5G-T]",a)
>>> m
['G', 'H', 'I', 'J', 'K', 'L', 'M', 'N', 'O', 'P', 'Q', 'R', 'S', 'T', '1',
'2', '3', '4', '5']
```

查找字符串中的中文字符，在正则表达式中用方括号指定中文字符范围。有两种指定中文字符范围的方式，即[一–龥]和[\u4e00-\u9fa5]。后一种方式是以 4 位十六进制数表示的 Unicode 字符。中文字符"一"的编码是 4e00，最后一个编码是 9fa5。

下面给定一个包含中文字符的字符串，使用 re.findall 函数查找其中的中文字符，使用 re.sub 函数将查找出来的中文字符替换为""。

```
>>> import re
>>> a="123 中 hwo 文 tr89 字符"
>>> m=re.findall("[\u4e00-\u9fa5]",a)
>>> m
['中', '文', '字', '符']
>>> m=re.sub("[\u4e00-\u9fa5]","",a)
>>> m
'123  hwo  tr89 '
```

8.3.4 分支条件

假设有多种规则，只要满足其中一种即可完成匹配，这时就要用到分支条件。使用"|"分隔不同的规则。比如数字后面跟重量单位，有的记录为公斤，有的记录为千克，可以用"\d+(公斤|千克)"进行提取，其相当于"\d+公斤|\d+千克"。

下面给定一个字符串，使用 re.findall 函数查找子字符串"ABC"或以"W"开头后面跟数字的子字符串。

```
>>> import re
>>> a="ABC1234W89T"
>>> m=re.findall(r"ABC|W\d+",a)
>>> m
['ABC', 'W89']
```

下面给定的字符串中数字后面跟公斤、kg 或千克，使用分支条件编写正则表达式进行查找。

```
>>> import re
```

```
>>> a="10公斤 20kg 30 千克"
>>> m=re.finditer(r"\d+(公斤|千克|kg)",a)
>>> for i in m:
        print(i.group(0))


10公斤
20kg
30 千克
```

8.3.5　捕获分组和非捕获分组

在正则表达式中存在有子表达式的情况，子表达式用圆括号指定并作为一个整体进行操作。例如，下面代码中的正则表达式"((ABC){2})"将"ABC"作为一个整体重复 2 次。

```
>>> import re
>>> a="ABCABCWTU238"
>>> m=re.search("((ABC){2})",a)
>>> m.group()
'ABCABC'
```

当使用圆括号对正则表达式进行分组时，会自动分配组号。分配组号的原则是从左到右，从外到内。使用组号可以对对应的分组进行反向引用。

在下面的代码中，正则表达式 r"(WT)\d+\1"表示匹配原始字符串中前后都是"WT"，中间是一个或多个数字的子字符串。注意其中的"\1"表示圆括号内的"WT"，这个分组自动分配组号 1，使用"\1"进行反向引用。

```
>>> import re
>>> a="abcWT12389WT"
>>> m=re.finditer(r"(WT)\d+\1",a)
>>> for i in m:
        print(i.group())

WT12389WT
```

匹配结果"WT12389WT"的两端都是"WT"，中间全是数字，满足匹配要求。

下面的示例演示了有更多分组的情况。在正则表达式 r"((WT){2})((PR){2})\d+\2\4"中一共有 4 对圆括号——前面两层，后面两层。下面探查各圆括号对应的分组的编号。

```
>>> import re
>>> a="abWTWTPRPR123WTPR56"
>>> m=re.search(r"((WT){2})((PR){2})\d+\2\4",a)
>>> m.group(1)
'WTWT'
>>> m.group(2)
```

```
'WT'
>>> m.group(3)
'PRPR'
>>> m.group(4)
'PR'
```

结果显示，按照从左到右的原则，首先给左边的两层圆括号对应的分组编号，此时按照从外到内的顺序编号。外层圆括号中为"(WT){2}"，即匹配"WTWT"；内层圆括号中为"WT"，它们对应于分组编号 1 和 2。右边的两层圆括号的情况类似，匹配第 3 个分组"PRPR"和第 4 个分组"PR"。

上面用圆括号定义的分组，每个分组都自动进行编号，并可以使用 Match 对象的 group 方法进行捕获，将匹配结果保存到内存中。这种分组被称为捕获分组。但有时候，我们并不关注匹配到的内容，即分组参与匹配，但没有必要进行捕获，不用在内存中保存匹配结果。此时仍然用圆括号进行分组，但是在圆括号内的最前端加上"?:"，如(?:\d{3})。这种分组被称为非捕获分组。非捕获分组不参与编号，不在内存中保存匹配结果，所以能节省内存空间，提高工作效率。

下面给定一个字符串，正则表达式为 r"(?:ab)(CD)\d+\1"，其中有两个分组，第 1 个分组在圆括号内的最前端有"?:"，为非捕获分组。

```
>>> import re
>>> a="abCD123CDbc"
>>> m=re.finditer(r"(?:ab)(CD)\d+\1",a)
>>> for i in m:
        print(i.group())

abCD123CD
```

使用 re.finditer 函数获取匹配迭代器，使用 for 循环获取匹配结果。结果显示，在匹配的字符串中是包含"ab"的。

下面使用 re.search 函数进行查找，返回 Match 对象 m，调用该对象的 groups 属性查看各分组的子字符串。

```
>>> m=re.search(r"(?:ab)(CD)\d+\1",a)
>>> m.groups()
('CD',)
```

结果显示，仅返回一个分组结果"CD"。此结果说明，因为第 1 个分组被声明为非捕获分组，所以它不参与编号，也不保存匹配结果。

如图 8-5 所示，将处理前的工作表中第 1 列数据整理成处理后的工作表中的形式，即将连续重复的字符组成的子字符串提取出来放到右侧各单元格中。思路是提取字母，对它应用捕获分组，然后通过反向引用重复它，即 r"([a-z])\1*"。不区分大小写。

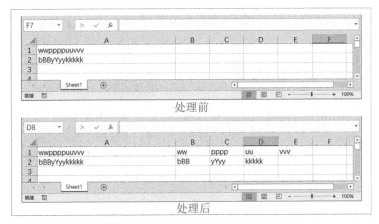

图 8-5　用捕获分组和反向引用提取数据

该数据文件的存储路径为\Samples\ch08\Sam24.xlsx。本示例的 py 文件位于 Samples 目录下的 ch08 子目录中，文件名为 Sam24.py。

```
1    import xlwings as xw
2    import os
3    import re
4    root = os.getcwd()
5    app = xw.App(visible=True, add_book=False)
6    wb=app.books.open(fullname=root+r"\Sam24.xlsx",read_only=False)
7    sht=wb.sheets(1)
8    p=r"([a-z])\1*"  #正则表达式，连续重复的字符
9    arr=sht.range("A1", sht.cells(sht.cells(1,"A").end("down").row, "A")).value
10   for i in range(len(arr)):  #遍历每个字符串
11       m=re.finditer(p,arr[i],re.I)  #找到全部匹配数据，不区分大小写
12       num=1
13       for j in m:
14           num+=1
15           sht.cells(i+1,num).value=j.group(0)  #将匹配数据写入工作表中
```

第 1~6 行代码的说明与 8.3.1 节中 Excel 文件数据处理示例的相同，请参阅。

第 7~9 行获取第 1 个工作表，定义正则表达式 p，使用 range 对象的 end 方法获取数据的行数，把第 1 列数据保存在 arr 列表中。在正则表达式中提取字母，对它应用捕获分组，然后通过反向引用重复它。

第 10~15 行使用 for 循环提取重复字符组成的子字符串并写入后面各单元格中。

第 10 行使用 for 循环遍历 arr 列表中的每个数据。

第 11 行使用 re.finditer 函数查找匹配正则表达式的对象组成的迭代器 m。

第 12~15 行使用 group() 获取迭代器中各匹配结果，并写入右侧各单元格中。num 记录当前迭代器中匹配结果的个数。

在 Python IDLE 文件脚本窗口中，在"Run"菜单中单击"Run Module"选项，提取重复字符组成的子字符串并写入后面各单元格中，如图 8-5 中处理后的工作表所示。

如图 8-6 中处理前的工作表所示，A1 单元格中的数据为某次食材采购的记录，现要求整理成处理后的工作表中第 2 列和第 3 列所示的比较整齐的形式。思路是将各食材和它们的采购金额提取出来，在正则表达式中对食材名称和采购金额进行捕获分组，这样输出时就可以将食材名称和采购金额用分组区分开并分两列写入。

图 8-6　用捕获分组整理数据

该数据文件的存储路径为\Samples\ch08\Sam25.xlsx。本示例的 py 文件位于 Samples 目录下的 ch08 子目录中，文件名为 Sam25.py。

```
1    import xlwings as xw
2    import os
3    import re
4    root = os.getcwd()
5    app = xw.App(visible=True, add_book=False)
6    wb=app.books.open(fullname=root+r"\Sam25.xlsx",read_only=False)
7    sht=wb.sheets(1)
8    p=r"([一-龥]{1,}) (\d+\.?\d*元)"   #一个以上的汉字后跟数字，再跟"元"，有分组
9    arr=sht.range("A1").value   #原始字符串
10   m=re.finditer(p,arr)   #查找匹配数据，以可迭代对象的形式返回
11   num=1
12   for i in m:   #遍历全部匹配数据
13       num+=1
14       sht.cells(num,2).value=i.group(1)   #写入分组1，食材名称
15       sht.cells(num,3).value=i.group(2)   #写入分组2，采购金额
```

第 1~6 行代码的说明与 8.3.1 节中 Excel 文件数据处理示例的相同，请参阅。

第 7~9 行获取第 1 个工作表，定义正则表达式 p，使用 range 属性获取 A1 单元格中的数据并保存在 arr 列表中。在正则表达式中将食材名称和采购金额进行分组，食材名称为一个以上的汉字，采购金额为数字，带或不带小数点，后面跟单位"元"。

第 10 行使用 re.finditer 函数获取匹配对象组成的迭代器 m。

第 11~15 行使用 for 循环，通过提取各匹配对象中的分组获取食材名称和采购金额，并写入第 2 列和第 3 列。num 是计数变量，记录匹配对象的个数，即采购食材的种数。

在 Python IDLE 文件脚本窗口中，在"Run"菜单中单击"Run Module"选项，提取食材名称和采购金额，并写入第 2 列和第 3 列，如图 8-6 中处理后的工作表所示。

8.3.6　零宽断言

零宽断言用于查找指定内容之前或之后的内容，不包括指定内容。零宽断言有两种类型，即：

- 零宽度正预测先行断言——表达式为(?=exp)，查找 exp 表示的内容之前的内容。
- 零宽度正回顾后发断言——表达式为(?<=exp)，查找 exp 表示的内容之后的内容。

组合上面两种情况，可以查找指定内容之间的内容。

下面给定原始字符串，要求只提取单位"公斤"前面的数字。使用零宽度正预测先行断言进行提取。

```
>>> import re
>>> a="10公斤 20公斤 30公斤"
>>> m=re.finditer(r"\d+(?=公斤)",a)    #只提取单位前面的数字
>>> for i in m:
        print(i.group())


10
20
30
```

正则表达式 r"\d+(?=公斤)"表示匹配"公斤"前面的数字，不包括"公斤"。结果显示匹配正确。

下面给定原始字符串，要求提取"同学""战友""师兄"称谓后面的姓名。使用零宽度正回顾后发断言进行提取。

```
>>> import re
>>> a="同学李海 战友王刚 师兄张三"
>>> m=re.finditer(r"(?<=同学|战友|师兄)\w+",a)    #只提取称谓后面的姓名
>>> for i in m:
        print(i.group())
```

李海
王刚
张三

正则表达式 r"(?<=同学|战友|师兄)\w+"表示匹配"同学""战友""师兄"等称谓后面的子字符串。各称谓使用分支条件进行匹配，匹配的结果不包括称谓。

如图 8-7 中处理前的工作表所示，第 2 列数据为多次采购食材的记录，现要求计算每次采购的食材的总重量。思路是使用零宽度正预测先行断言提取重量单位前面的数字进行累加。

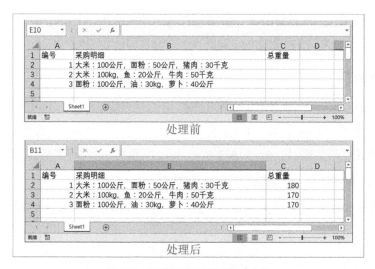

图 8-7　用零宽断言进行数据汇总

该数据文件的存储路径为\Samples\ch08\Sam29.xlsx。本示例的 py 文件位于 Samples 目录下的 ch08 子目录中，文件名为 Sam29.py。

```
1    import xlwings as xw
2    import os
3    import re
4    root = os.getcwd()
5    app = xw.App(visible=True, add_book=False)
6    wb=app.books.open(fullname=root+r"\Sam29.xlsx",read_only=False)
7    sht=wb.sheets(1)
8    p=r"\d+\.?\d*(?=(公斤|千克|kg))"  #匹配单位前面的数字
9    arr=sht.range("B2", sht.cells(sht.cells(1,"B").end("down").row, "B")).value
10   for i in range(len(arr)):  #遍历每行数据
11       sm=0
12       m=re.finditer(p,arr[i])  #找到所有匹配数据
13       for j in m:  #遍历匹配数据
```

```
14          sm+=int(j.group(0))   #求它们的和，就是总重量
15    sht.cells(i+2,3).value=sm
```

第 1~6 行代码的说明与 8.3.1 节中 Excel 文件数据处理示例的相同，请参阅。

第 7~9 行获取第 1 个工作表，定义正则表达式 p，使用 range 对象的 end 方法获取数据的行数，把第 2 列中表头以外的数据保存在 arr 列表中。在正则表达式中，在圆括号内使用了零宽度正预测先行断言，不同的重量单位使用分支条件进行匹配，圆括号前面为数字，包含或不包含小数点。该正则表达提取各食材的重量数据。

第 10~15 行使用 for 循环提取食材重量数据，将累加结果写入右侧的单元格中。

第 10 行使用 for 循环遍历 arr 列表中的每个数据。

第 12 行使用 re.finditer 函数查找匹配正则表达式的子字符串，即各重量单位前面的数字，以迭代器对象返回给 m。

第 13 行和第 14 行使用 for 循环对各食材的重量进行累加。

第 15 行将累加结果写入右侧的单元格中。

在 Python IDLE 文件脚本窗口中，在"Run"菜单中单击"Run Module"选项，计算各次采购食材的总重量并写入第 3 列，如图 8-7 中处理后的工作表所示。

8.3.7　负向零宽断言

负向零宽断言用于断言指定位置的前面或后面不能匹配指定的表达式。负向零宽断言有两种类型，即：

- 零宽度负预测先行断言——表达式为(?:exp)，断言此位置的后面不能匹配表达式 exp。
- 零宽度负回顾后发断言——表达式为(?<!exp)，断言此位置的前面不能匹配表达式 exp。

下面给定原始字符串，要求匹配数字"123"前面是字母、数字或下画线，后面不能跟大写字母的内容。使用零宽度负预测先行断言进行匹配。

```
>>> import re
>>> a="5123Wgh123hp123456"
>>> m=re.finditer("\w123(?![A-Z])",a)
>>> for i in m:
        print(i.group())

h123
p123
```

可见，在给定的字符串中，因为第 1 个"123"后面跟了大写字母"W"，所以不能匹配。

下面给定原始字符串，要求匹配不包含"who"的单词。使用零宽度负预测先行断言进行匹配。

```
>>> import re
>>> a="dwho efgh whow"
>>> m=re.finditer(r"\b((?!who)\w)+\b",a)
>>> for i in m:
        print(i.group())


efgh
```

下面给定原始字符串，要求匹配前面不是小写字母的 5 位数字。使用零宽度负回顾后发断言进行匹配。

```
>>> import re
>>> a="abcD1234567"
>>> m=re.search(r"(?<![a-z])\d{5}",a)
>>> m.group()
'12345'
```

注意：负向零宽断言在进行不定长表达式的匹配时常常出错。所谓不定长表达式，是指诸如\w+、\d*等长度不确定的表达式，此时如果需要，则可以改为定长表达式，如\w{4}、\d{3}等。

下面给定原始字符串，要求匹配不以"ing"结尾的单词。使用零宽度负预测先行断言进行匹配。

```
>>> import re
>>> a="eating get climb"
>>> m=re.finditer(r"\b\w+(?!ing\b) ",a)
>>> for i in m:
        print(i.group())


eating
get
climb
```

在正则表达式中将"\w+"改为"\w{3}"，查看匹配结果。

```
>>> m=re.finditer(r"\b\w{3}(?!ing\b)",a)
>>> for i in m:
        print(i.group())


get
cli
```

此时匹配结果虽不精确，但能指示正确的方向。注意：这种方法也只能匹配"ing"前面正好有 3 个字符的情况，如果前面有 4 个字符，则匹配失败。所以，在使用负向零宽断言时要注意这种情况。

8.3.8　贪婪匹配与懒惰匹配

前面介绍的"*"和"+"可以匹配尽可能多的字符，这称为"贪婪匹配"。但有时候需要匹配尽可能少的字符，这称为"懒惰匹配"，方法是在贪婪匹配的后面添加一个问号。

常见的懒惰匹配格式如表 8-8 所示。

表 8-8　常见的懒惰匹配格式

懒惰匹配格式	说　　明
*?	重复任意次，但尽可能少重复
+?	重复一次或更多次，但尽可能少重复
??	重复零次或一次，但尽可能少重复
{n,m}?	重复 n~m 次，但尽可能少重复
{n,}?	重复 n 次以上，但尽可能少重复

下面给定原始字符串，分别使用贪婪匹配和懒惰匹配并比较匹配结果。

```
>>> import re
>>> a=" 123  abc53  59wt "
>>> m=re.finditer("\s.+\s",a)
>>> for i in m:
        print(i.group())

 123  abc53  59wt
```

在正则表达式"\s.+\s"中没有"?"，此为贪婪匹配。在两个空白符之间匹配尽可能多的字符，所以匹配结果是整个字符串。

```
>>> m=re.finditer("\s.+?\s",a)
>>> for i in m:
        print(i.group())

 123
 abc53
 59wt
```

在正则表达式"\s.+?\s"中的"+"后面有"?"，此为懒惰匹配。在两个空白符之间匹配尽可能少的字符，所以匹配结果是以空格分隔的三个子字符串。

第 9 章
更快、更简洁：使用 pandas 包处理数据

本书第 3 章和第 4 章介绍了使用 OpenPyXl、win32com 和 xlwings 包处理数据的方法。使用它们，可以用类似于 VBA 的编程方法实现数据处理，并且 VBA 能做的，这几个包基本上也都能做。但是，因为各种原因，在 Python 中使用它们进行数据处理时，在工作效率上通常不如 VBA。此时，使用 pandas 包进行数据处理是更佳的选择，当数据规模较大时更是如此。pandas 包是在 NumPy 包的基础上开发的，本章也会对 NumPy 包进行简单介绍。为便于演示数据处理效果，本章会用到 xlwings 包（关于 xlwings 包的知识，请参阅第 4 章内容）。

9.1 NumPy 和 pandas 包概述

本节简单介绍 NumPy 和 pandas 包的特点与优点，以及这两个包的安装方法。

9.1.1 NumPy 和 pandas 包简介

NumPy、pandas 和第 10 章介绍的 Matplotlib 号称 Python 数据分析的"三剑客"。其中，NumPy 是 Python 数据分析的底层库，适合数值计算；pandas 在 NumPy 的基础上进行了扩展，适合数据分析；Matplotlib 则用于进行数据可视化。

NumPy 数组在数据输入/输出性能和存储效率方面比 Python 的嵌套列表好得多。一方面，NumPy 底层是使用 C 语言编写的，其运行效率远胜于纯 Python 代码；另一方面，NumPy 使用矢量运算的技术，避免了多重嵌套 for 循环的使用，极大地提高了计算速度。所以，NumPy 非常适合多维数组的计算，数组越大，优势越明显。NumPy 是 Python 实现数据分析、机器学习、深度学习的基础，SciPy、pandas、scikit-learn 和 tensorflow 等包都是在它的基础上开发出来的。

　　pandas 是在 NumPy 的基础上开发出来的，所以它继承了 NumPy 计算速度快的优点。而且 pandas 包中提供了很多用于数据处理的函数，调用它们可以快速、可靠地实现表数据的处理，且代码很简洁。这就是本章的标题——"更快、更简洁"的由来。

9.1.2　NumPy 和 pandas 包的安装

　　本书是使用从 Python 官网下载的 Python 3.7.7 软件进行介绍的，该软件中并不包含 NumPy 和 pandas 模块，所以在使用它们之前需要先进行安装。在 DOS 命令窗口中使用 pip 工具安装它们。

　　在 DOS 命令窗口中的提示符后输入下面的命令，安装 NumPy。

```
python -m pip install numpy
```

　　在 DOS 命令窗口中的提示符后输入下面的命令，安装 pandas。

```
python -m pip install pandas
```

　　安装位置一般在 C:\Users\用户名\AppData\Local\Programs\Python\Python3x 下。最后的 Python3x 对应于 Python 软件的版本，如果版本为 3.7，则为 Python37。

9.2　NumPy 和 pandas 包提供的数据类型

　　本节介绍 NumPy 和 pandas 包提供的数据类型，包括 NumPy 数组、pandas Series 和 pandas DataFrame。

9.2.1　NumPy 数组

　　Python 中没有数组的概念，但是可以用列表、元组等定义数组。例如，下面用列表定义一个一维数组。

```
>>> a=[1,2,3,4,5]
>>> a
[1, 2, 3, 4, 5]
```

　　下面用列表定义一个二维数组。

```
>>> b=[[1,2,3],[4,5,6],[7,8,9]]
>>> b
[[1, 2, 3], [4, 5, 6], [7, 8, 9]]
```

　　而且，列表也提供了一系列用于增删改查的方法来实现相应的操作，使用很方便。

那为什么 NumPy 包还要提供 NumPy 数组这种数据类型呢？这是因为使用 NumPy 数组能大幅提高数组计算速度，而且数据规模越大优势越明显。

1. 创建 NumPy 数组

在 NumPy 中创建数组的方法很简单，只需要用逗号分隔数组元素，然后用方括号括起来作为 array 函数的参数就行了。例如：

```
>>> import numpy as np
>>> a=np.array([1,2,3])
>>> print a
array([1, 2, 3])
```

使用 numpy.arange 函数，用增量法可以创建数组。该函数返回一个 ndarray 对象，其包含给定范围内的等间隔值。该函数的语法格式为：

```
numpy.arange(start, stop, step, dtype)
```

其中，start 表示范围的起始值，默认值为 0；stop 表示范围的终止值（不包含）；step 表示两个值的间隔，即步长，默认值为 1；dtype 表示返回的 ndarray 对象的数据类型，如果没有提供该参数，则会使用输入数据的类型。

下面的例子展示了如何使用该函数。

```
>>> x=np.arange(5)
>>> print(x)
[0 1 2 3 4]
```

下面使用 dtype 参数设置数据的类型。

```
>>> x = np.arange(5, dtype = float)
>>> print(x)
[0. 1. 2. 3. 4.]
```

当起始值大于终止值，并且步长值为负数时，生成逆序排列的数据序列。

```
>>> x = np.arange(10,0,-2)
>>> print(x)
[10 8 6 4 2]
```

使用 linspace 函数，可以创建等差数列。

linspace 函数类似于 arange 函数，但是它指定的是序列范围内的均匀分割数，或者说等间隔数，而不是步长。该函数的语法格式为：

```
numpy.linspace(start, stop, num, endpoint, retstep, dtype)
```

其中，start 表示序列的起始值；stop 表示序列的终止值，如果将 endpoint 参数的值设置为 True，则终止值包含于序列中；num 为要生成的等间隔数，默认值为 50；endpoint 表示序列中是否包含 stop 值，默认值为 True，此时间隔步长取(stop-start)/(num-1)，否则间隔步长取(stop-start)/num；当 retstep 参数的值被设置为 True 时，输出数据序列和连续数字之间的步长值；dtype 表示输出 ndarray 的数据类型。

下面的例子展示了 linspace 函数的用法。

```
>>> x=np.linspace(10,20,5)
>>> print(x)
[10.  12.5 15.   17.5 20.]
```

如果将 endpoint 参数的值设置为 False，则步长值为 2（(20-10)/5）。序列中不包含终止值。

```
>>> x=np.linspace(10,20, 5, endpoint = False)
>>> print(x)
[10.  12.  14.  16.  18.]
```

使用 logspace 函数，可以创建等比数列。它返回一个 ndarray 对象，其中包含在对数刻度上均匀分布的数字。刻度的起始值和终止值是某个底数的幂，通常为 10。该函数的语法格式为：

```
numpy.logscale(start, stop, num, endpoint, base, dtype)
```

其中，start 表示起始值是 base 的 start 次方；stop 表示终止值是 base 的 stop 次方；num 为范围内的取值个数，默认值为 50；当 endpoint 参数的值被设置为 True 时，终止值包含在输出数组当中；base 表示对数空间的底数，默认值为 10；dtype 表示输出数据的类型，如果没有提供该参数，则取决于其他参数。

下面的例子展示了 logspace 函数的用法。

```
# 默认以 10 为底
>>> x = np.logspace(1.0, 2.0, num = 10)
>>> print(x)
[ 10.          12.91549665    16.68100537      21.5443469  27.82559402
  35.93813664  46.41588834      59.94842503      77.42636827    100.      ]

# 将对数空间的底数设置为 2
>>> x = np.logspace(1, 10, num = 10, base = 2)
>>> print(x)
[ 2.    4.    8.   16.   32.   64.  128.  256.    512.  1024.]
```

使用 fromiter 函数，可以通过迭代的方法，从任何可迭代对象构建一个 ndarray 对象，返回一个新的一维数组。该函数的语法格式为：

```
numpy.fromiter(iterable, dtype, count = -1)
```

其中，iterable 表示任何可迭代对象；dtype 表示返回数据的类型；count 为需要读取的数据个数，默认值为-1，表示读取所有数据。

下面的例子从给定的列表中获得迭代器，然后使用该迭代器创建一维数组。

```
>>> lst = range(5)
>>> it = iter(lst)
>>> x = np.fromiter(it, dtype = float)
>>> print(x)
 [0.  1.  2.  3.  4.]
```

通过列表嵌套的方法，可以直接创建二维数组和多维数组。例如，下面创建一个 2×2 的二维数组。

```
>>> c=np.array([[1.,2.],[3.,4.]])
>>> print(c)
[[1. 2.]
 [3. 4.]]
```

2. 索引和切片

通过索引或切片，可以从 NumPy 数组中获取单个值或者连续获取多个值。下面使用 arange 函数创建一个 NumPy 数组。

```
>>> a=np.arange(8)
>>> a
array([0, 1, 2, 3, 4, 5, 6, 7])
```

获取数组中的第 3 个值。注意：索引号的基数为 0。

```
>>> a[2]
2
```

获取数组中第 3~5 个值。注意包头不包尾原则，即不包括索引号 5 对应的第 6 个值。

```
>>> a[2:5]
array([2, 3, 4])
```

获取数组中第 3 个及其后面所有的值。注意冒号的用法，冒号表示连续取值，即进行切片操作。冒号在前面，表示前面的值全取；冒号在后面，表示后面的值全取；冒号在两个数之间，表示取这两个数确定的范围内的所有值。

```
>>> a[2:]
array([2, 3, 4, 5, 6, 7])
```

获取数组中前 5 个值。

```
>>> a[:5]
array([0, 1, 2, 3, 4])
```

获取数组中倒数第 3 个值。

```
>>> a[-3]
```

```
5
```

获取数组中倒数第 3 个及其后面所有的值。

```
>>> a[-3:]
array([5, 6, 7])
```

9.2.2　pandas Series

pandas 包提供了两种数据类型，即 Series 和 DataFrame，它们分别对应于一维数组和二维数组。与 NumPy 数组不同的是，Series 和 DataFrame 是带索引的一维数组和二维数组。

下面使用 pandas 包的 Series 方法创建一个 Series 类型的对象并用变量 ser 引用它。

```
>>> import pandas as pd
>>> ser=pd.Series([10,20,30,40])
```

查看 ser：

```
>>> ser
0    10
1    20
2    30
3    40
dtype: int64
```

可见，Series 类型的数据显示为两列，其中第 1 列为索引标签，第 2 列为数据，是一维数组。如果把索引看作 key，那么它是一个类似于字典的数据结构，每一条数据都由索引标签和对应的值组成。

1.　创建 Series 类型的对象

上面使用 pandas 包的 Series 方法创建了一个 Series 类型的对象。该对象实际上是利用列表数据创建的。使用 Series 方法，还可以将元组数据、字典数据、NumPy 数组等转换为 Series 类型的对象。

下面通过元组数据创建 Series 类型的对象。

```
>>> ser=pd.Series((10,20,30,40))
>>> ser
0    10
1    20
2    30
3    40
dtype: int64
```

下面通过字典数据创建 Series 类型的对象。此时字典数据的键被转换为 Series 数据的索引。

```
>>> ser=pd.Series({"a":10,"b":20,"c":30,"d":40})
```

```
>>> ser
a    10
b    20
c    30
d    40
dtype: int64
```

下面通过 NumPy 数组创建 Series 类型的对象。

```
>>> ser=pd.Series(np.arange(10,50,10))
>>> ser
0    10
1    20
2    30
3    40
dtype: int32
```

上面在创建 Series 类型的对象时，除利用字典数据创建外，Series 数据的索引都是自动创建的，其中第 1 个索引的取值为 0，后面索引的取值在前一个的基础上递增 1。实际上，在创建 Series 对象时，可以使用 index 参数指定索引。下面使用 index 参数指定所创建的 Series 数据的索引。

```
>>> ser=pd.Series(np.arange(10,50,10),index=["a","b","c","d"])
>>> ser
a    10
b    20
c    30
d    40
dtype: int32
```

还可以使用 name 参数指定 Series 对象的名称。

```
>>> ser=pd.Series(np.arange(10,50,10),index=["a","b","c","d"],name="得分")
>>> ser
a    10
b    20
c    30
d    40
Name: 得分, dtype: int32
```

2. Series 对象的描述

使用 Series 对象的 shape、size、index、values 等属性，可以获取对象的形状、大小、索引标签和值等数据。下面创建一个 Series 类型的对象 ser。

```
>>> ser=pd.Series(np.arange(10,50,10),index=["a","b","c","d"])
>>> ser
a    10
b    20
```

```
c    30
d    40
dtype: int32
```

使用 shape 属性获取 ser 的形状。

```
>>> ser.shape
(4,)
```

使用 size 属性获取 ser 的大小。

```
>>> ser.size
4
```

使用 index 属性获取 ser 的索引标签。

```
>>> ser.index
Index(['a', 'b', 'c', 'd'], dtype='object')
```

使用 values 属性获取 ser 的值。

```
>>> ser.values
array([10, 20, 30, 40])
```

使用 Series 对象的 head 和 tail 方法，可以获取对象中前面和后面指定个数的数据。默认时个数为 5。下面获取 ser 中前两个和后两个数据。

```
>>> ser.head(2)
a    10
b    20
dtype: int32
>>> ser.tail(2)
c    30
d    40
dtype: int32
```

3. 数据索引和切片

在创建了 Series 类型的对象后，如果希望提取其中的某个值或某些值，则需要通过索引或切片来实现。使用方括号可以获取单个索引，此时返回的是基本数据类型的数据；或者在方括号中用一个列表来获取多个索引，此时返回的是 Series 类型的数据。

下面创建一个 Series 类型的对象 ser。

```
>>> ser=pd.Series(np.arange(10,50,10),index=["a","b","c","d"])
>>> ser
a    10
b    20
c    30
d    40
```

```
dtype: int32
```

获取第 2 个值，它的索引标签为"b"。

```
>>> r1=ser["b"]
>>> r1
20
```

使用 type 函数获取 r1 的数据类型。

```
>>> type(r1)
<class 'numpy.int32'>
```

此时返回的是元素的数据类型。

下面获取第 1 个值和第 4 个值，使用它们的索引标签组成的列表进行获取。

```
>>> r2=ser[["a","d"]]
>>> r2
a    10
d    40
Name: 得分, dtype: int32
```

使用 type 函数获取 r2 的数据类型。

```
>>> type(r2)
<class 'pandas.core.series.Series'>
```

此时返回的是 Series 类型。

除了使用方括号，还可以使用 Series 对象的 loc 和 iloc 方法进行索引。loc 方法使用数据的索引标签进行索引，iloc 方法则使用顺序编号进行索引。

下面获取 ser 中索引标签"a"和"d"对应的值。

```
>>> r3=ser.loc[["a","d"]]
>>> r3
a    10
d    40
Name: 得分, dtype: int32
```

使用 iloc 方法获取 ser 中的第 1 个和第 4 个数据。

```
>>> r4=ser.iloc[[0,3]]
>>> r4
a    10
d    40
Name: 得分, dtype: int32
```

使用冒号，可以对 Series 数据进行切片。下面对 ser 数据从索引标签"a"到"c"连续获取值。

```
>>> r5=ser["a":"c"]
```

```
>>> r5
a    10
b    20
c    30
Name: 得分, dtype: int32
```

下面使用 iloc 方法获取 ser 中第 2 个及其以后的所有数据。

```
>>> r6=ser.iloc[1:]
>>> r6
b    20
c    30
d    40
Name: 得分, dtype: int32
```

4. 布尔索引

在方括号中使用布尔表达式可以实现布尔索引。

下面获取 ser 中值不超过 20 的数据。

```
>>> ser[ser.values<=20]
a    10
b    20
dtype: int32
```

下面获取 ser 中索引标签不为"a"的数据。

```
>>> ser[ser.index!="a"]
b    20
c    30
d    40
dtype: int32
```

9.2.3　pandas DataFrame

pandas DataFrame 类型的数据是带行索引和列索引的二维列表数据。下面使用 pandas 包的 DataFrame 方法将一个二维列表转换为 DataFrame 对象。

```
>>> import pandas as pd      #导入 pandas 包
>>> data=[[1,2,3],[4,5,6],[7,8,9]]      #创建二维列表
>>> df=pd.DataFrame(data)      #利用二维列表创建 DataFrame 对象
>>> df
   0  1  2
0  1  2  3
1  4  5  6
2  7  8  9
```

上面的 df 即为利用二维列表创建的 DataFrame 对象，其中第 1 行的 0~2 为自动生成的列索

引标签，第 1 列的 0~2 为自动生成的行索引标签，内部 3 行 3 列的 1~9 为 df 的值。

1. 创建 DataFrame 对象

上面利用二维列表创建了 DataFrame 对象。使用 index 参数可以设置行索引标签，使用 columns 参数可以设置列索引标签。

```
>>> data=[[1,2,3],[4,5,6],[7,8,9]]
>>> df=pd.DataFrame(data,index=["a","b","c"],columns=["A","B","C"])
>>> df
   A  B  C
a  1  2  3
b  4  5  6
c  7  8  9
```

下面利用二维元组创建 DataFrame 对象。

```
>>> data=((1,2,3),(4,5,6),(7,8,9))
>>> df=pd.DataFrame(data)
>>> df
   0  1  2
0  1  2  3
1  4  5  6
2  7  8  9
```

下面利用字典创建 DataFrame 对象。字典中键值对的键表示列索引标签，值用数据区域内的行数据组成列表表示。

```
>>> data={"a":[1,2,3],"b":[4,5,6],"c":[7,8,9]}
>>> df=pd.DataFrame(data)
>>> df
   a  b  c
0  1  4  7
1  2  5  8
2  3  6  9
```

下面利用 NumPy 数组创建 DataFrame 对象。

```
>>> import numpy as np
>>> data=np.array(([1, 2, 3], [4, 5, 6],[7,8,9]))
>>> df=pd.DataFrame(data)
>>> df
   0  1  2
0  1  2  3
1  4  5  6
2  7  8  9
```

此外，还可以通过从文件导入数据来创建 DataFrame 对象，比如从 Excel 文件、CSV 文件和文本文件等导入数据。这也是常用的一种方法。这部分内容将在 9.3 节中进行详细介绍。

使用 xlwings 包的转换器和选项功能，还可以直接从 Excel 工作表的指定区域获取数据并转换为 DataFrame 对象。这部分内容请参见 9.3.4 节的介绍。

2. DataFrame 对象的描述

在创建了 DataFrame 对象以后，可以使用 info、describe、dtypes、shape 等一系列属性和方法对它进行描述。下面首先创建一个 DataFrame 对象 df。

```
>>> data=[[1,2,3],[4,5,6],[7,8,9]]
>>> df=pd.DataFrame(data,index=["a","b","c"],columns=["A","B","C"])
>>> df
  A B C
a 1 2 3
b 4 5 6
c 7 8 9
```

使用 info 方法获取 df 的信息。

```
>>> df.info()
<class 'pandas.core.frame.DataFrame'>
Index: 3 entries, a to c
Data columns (total 3 columns):
 #   Column  Non-Null Count  Dtype
---  ------  --------------  -----
 0   A       3 non-null      int64
 1   B       3 non-null      int64
 2   C       3 non-null      int64
dtypes: int64(3)
memory usage: 96.0+ bytes
```

使用 info 方法获取的 DataFrame 对象的信息包括对象的类型、行索引和列索引信息、每列数据的列标签、非缺失值个数和数据类型、占用内存大小等。

使用 dtypes 属性获取 df 每列数据的类型。

```
>>> df.dtypes
A    int64
B    int64
C    int64
dtype: object
```

使用 shape 属性获取 df 的行数和列数，用元组给出。

```
>>> df.shape
```

```
(3, 3)
```

使用 len 函数获取 df 的行数和列数。

```
>>> len(df)      #行数
3
>>> len(df.columns)     #列数
3
```

使用 index 属性获取 df 的行索引标签。

```
>>> df.index
Index(['a', 'b', 'c'], dtype='object')
```

使用 columns 属性获取 df 的列索引标签。

```
>>> df.columns
Index(['A', 'B', 'C'], dtype='object')
```

使用 values 属性获取 df 的值。

```
>>> df.values
array([[1, 2, 3],
       [4, 5, 6],
       [7, 8, 9]], dtype=int64)
```

使用 head 方法获取前 n 行数据，默认时 $n=5$。

```
>>> df.head(2)
   A  B  C
a  1  2  3
b  4  5  6
```

使用 tail 方法获取后 n 行数据，默认时 $n=5$。

```
>>> df.tail(2)
   A  B  C
b  4  5  6
c  7  8  9
```

使用 describe 方法获取 df 每列数据的描述统计量，包括数据个数、均值、标准差、最小值、25%分位数、中值、75%分位数、最大值等。

```
>>> df.describe()
        A    B    C
count  3.0  3.0  3.0
mean   4.0  5.0  6.0
std    3.0  3.0  3.0
min    1.0  2.0  3.0
25%    2.5  3.5  4.5
50%    4.0  5.0  6.0
```

```
75%     5.5  6.5  7.5
max     7.0  8.0  9.0
```

3. 数据索引和切片

在创建了 DataFrame 对象后，如果希望提取其中的某行某列或某些行某些列，则需要通过索引或切片来实现。使用方括号可以获取单个索引，此时返回的是 Series 类型的数据；或者在方括号中用一个列表获取多个索引，此时返回的是 DataFrame 类型的数据。

下面创建一个 DataFrame 对象 df。

```
>>> data=[[1,2,3],[4,5,6],[7,8,9]]
>>> df=pd.DataFrame(data,index=["a","b","c"],columns=["A","B","C"])
>>> df
   A  B  C
a  1  2  3
b  4  5  6
c  7  8  9
```

使用方括号获取列索引标签为"A"的列。

```
>>> c1=df["A"]
>>> c1
a    1
b    4
c    7
Name: A, dtype: int64
```

查看 c1 的数据类型。

```
>>> type(c1)
<class 'pandas.core.series.Series'>
```

可见，通过索引获取 DataFrame 数据的单列时得到的是一个 Series 类型的数据。

下面使用 loc 方法获取行索引标签为"a"的行。

```
>>> r1=df.loc["a"]
>>> r1
A    1
B    2
C    3
Name: a, dtype: int64
```

查看 r1 的数据类型。

```
>>> type(r1)
<class 'pandas.core.series.Series'>
```

可见，通过索引获取 DataFrame 数据的单行时得到的是一个 Series 类型的数据。也可以使用

iloc 方法获取行，与 loc 方法不同的是，iloc 方法的参数为表示行编号的整数，不是索引标签。

通过指定多个索引标签可以获取多行或多列。将多行或多列的索引标签组成列表放在方括号中。

```
>>> c23=df[["A","C"]]
>>> c23
   A  C
a  1  3
b  4  6
c  7  9
>>> r23=df.loc[["a","c"]]
>>> r23
   A  B  C
a  1  2  3
c  7  8  9
```

查看 c23 和 r23 的数据类型。

```
>>> type(c23)
<class 'pandas.core.frame.DataFrame'>
>>> type(r23)
<class 'pandas.core.frame.DataFrame'>
```

可见，获取多行和多列返回的是 DataFrame 类型的数据。

上面使用了方括号获取列，使用 loc 方法也可以获取列。例如：

```
>>> c4=df.loc[:,"B"]
>>> c4
a    2
b    5
c    8
Name: B, dtype: int64
```

方括号中的冒号表示获取索引标签"B"对应的各行数据。

当使用方括号获取列时，在方括号中输入的是单列的索引标签，此时返回的是 Series 类型的数据。如果在方括号中输入的是单列的索引标签组成的列表，则返回的是 DataFrame 类型的数据。

```
>>> c5=df[["B"]]
>>> c5
   B
a  2
b  5
c  8
>>> type(c5)
<class 'pandas.core.frame.DataFrame'>
```

在使用方括号索引列以后，引用 values 属性得到的是 NumPy 数组数据。

```
>>> ar=df["B"].values
>>> ar
array([2, 5, 8], dtype=int64)
>>> type(ar)
<class 'numpy.ndarray'>
```

使用冒号可以对 DataFrame 数据进行切片。下面的切片获取所有行，获取列索引标签为"A"到"B"的所有列。

```
>>> df.loc[:,"A":"B"]
   A  B
a  1  2
b  4  5
c  7  8
```

下面的切片获取行索引标签为"a"到"b"的所有行，获取列索引标签为"B"到"C"的所有列。

```
>>> df.loc["a":"b","B":"C"]
   B  C
a  2  3
b  5  6
```

下面的切片获取行索引标签为"b"及其后面的所有行，获取列索引标签为"B"及其以前的所有列。

```
>>> df.loc["b":,:"B"]
   A  B
b  4  5
c  7  8
```

4. 布尔索引

在方括号中使用布尔表达式可以实现布尔索引。

下面获取 df 中 B 列数据大于或等于 3 的行数据。

```
>>> df[df["B"]>=3]
   A  B  C
b  4  5  6
c  7  8  9
```

下面获取 df 中 A 列数据大于或等于 2 且 C 列数据等于 9 的行数据。

```
>>> df[(df["A"]>=2)&(df["C"]==9)]
   A  B  C
c  7  8  9
```

下面获取 df 中 B 列数据介于 4 和 9 之间的行数据。

```
>>> df[df["B"].between(4,9)]
   A  B  C
b  4  5  6
c  7  8  9
```

下面获取 df 中 A 列数据取 0~5 范围内整数的行数据。

```
>>> df[df["A"].isin(range(6))]
   A  B  C
a  1  2  3
b  4  5  6
```

下面获取 df 中 B 列数据介于 4 和 9 之间的行数据，然后获取 A 列和 C 列的数据。

```
>>> df[df["B"].between(4,9)][["A","C"]]
   A  C
b  4  6
c  7  9
```

下面获取行索引标签为"b"的行中大于或等于 5 的数据。

```
>>> df.loc[["b"]]>=5
       A     B     C
b  False  True  True
```

在行索引标签为"b"的行中，大于或等于 5 的数据对应的布尔值为 True。

9.3 数据输入和输出

在进行数据处理之前需要先导入数据，在数据处理完毕之后保存数据。本节介绍 Excel 文件数据、CSV 文件数据的输入和输出，以及利用 xlwings 包的转换器和选项功能将 Excel 工作表数据转换为 DataFrame 数据，并将 DataFrame 数据直接写入 Excel 工作表中。

9.3.1 Excel 数据的读/写

利用 pandas 包的 read_excel 方法可以将 Excel 数据读取到 pandas 中，使用 DataFrame 对象的 to_excel 方法可以将 pandas 数据写入 Excel 文件中。

1. 读取 Excel 数据

利用 pandas 包的 read_excel 方法将 Excel 数据读取到 pandas 中。该方法的参数比较多，常用的参数如表 9-1 所示。利用这些参数，可以导入规整的数据，也可以处理很多不规范的 Excel 数据。导入后的数据为 DataFrame 类型的数据。

表 9-1　read_excel 方法的常用参数

参　　数	说　　明
io	Excel 文件的路径和名称
sheet_name	指定工作表的名称。可以指定名称，也可以指定索引号，不指定时读取第 1 个工作表
header	指定用哪行数据作为索引行。如果是多层索引，则用多行的行号组成列表进行指定
index_col	指定用哪列数据作为索引列。如果是多层索引，则用多列的列号或名称组成列表进行指定
usecols	如果只需要导入原始数据中的部分列数据，则使用该参数用列表进行指定
dtype	用字典指定特定列的数据类型，如{"A":np.float64 }指定 A 列的数据类型为 64 位浮点型
nrows	指定需要读取的行数
skiprows	指定读入时忽略前面多少行
skip_footer	指定读入时忽略后面多少行
names	用列表指定列索引标签
engine	执行数据导入的引擎，如 xlrd、openpyxl 等

注意：当使用 read_excel 方法导入数据时有时会出现类似于没有安装 xlrd 的错误，以及其他错误。建议安装 OpenPyXl，当使用 read_excel 方法时指定 engine 参数的值为"openpyxl"。

假设 D 盘下有一个 Excel 文件"D:\身份证号.xlsx"，该工作簿文件中有两个工作表，其中保存的是部分工作人员的身份信息。现在使用 pandas 包的 read_excel 方法导入该文件中的数据。

```
>>> df=pd.read_excel(io="D:\身份证号.xlsx",engine="openpyxl")
>>> df
   工号   部门  姓名            身份证号 性别
0  1001  财务部  陈东  5103211978100300**   女
1  1002  财务部  田菊  4128231980052510**   男
2  1003  生产部  王伟  4302251980031130**   男
3  1004  生产部  韦龙  4302251985111630**   女
4  1005  销售部  刘洋  4302251980081230**   女
```

默认时导入第 1 个工作表中的数据，将第 1 行数据作为表头，即列索引标签。行索引从 0 开始自动对行进行编号。

使用 sheet_name 参数可以指定打开一个或多个工作表，使用 index_col 参数指定某列作为行索引。下面同时打开前两个工作表，指定"工号"列作为行索引。

```
>>> df=pd.read_excel(io="D:\身份证号.xlsx",sheet_name=[0,1],index_col="工号",
engine="openpyxl")
>>> df
{0:      部门  姓名            身份证号 性别
工号
1001  财务部  陈东  5103211978100300**   女
1002  财务部  田菊  4128231980052510**   男
```

```
1003  生产部  王伟  4302251980031130**  男
1004  生产部  韦龙  4302251985111630**  女
1005  销售部  刘洋  4302251980081230**  女, 1:       部门   姓名    身份证号 性别
工号
1006  生产部  吕川  3203251970010170**  女
1007  销售部  杨莉  4201171973021749**  男
1008  财务部  夏东  1328011947050580**  女
1009  销售部  吴晓  4302251980011530**  男
1010  销售部  宋恩龙  3203251980010179**  女}
```

现在同时导入了两个工作表中的数据，并且将"工号"列作为行索引。可见，此时返回的结果为字典类型，字典中键值对的键为工作表中的索引号，值为工作表中的数据，为 DataFrame 类型。使用 type 函数可以查看数据类型。

```
>>> type(df[0])
<class 'pandas.core.frame.DataFrame'>
```

其他参数请读者自行测试，比如选择列数据、忽略前面的部分行或后面的部分行、给没有列索引标签的数据添加标签等。

2. 写入 Excel 文件

使用 DataFrame 对象的 to_excel 方法将 pandas 数据写入 Excel 文件中。比如上面导入了前两个工作表中的数据，现在希望将这两个工作表中的数据合并后保存到另外一个 Excel 文件中。首先使用 pandas 包的 concat 方法垂向拼接两个工作表中的数据，然后保存到 D 盘下的 new_file.xlsx 文件中。

```
>>> df1=df[0]
>>> df2=df[1]
>>> df0=pd.concat([df1,df2])
>>> df0
      部门    姓名          身份证号  性别
工号
1001  财务部  陈东  5103211978100300**  女
1002  财务部  田菊  4128231980052510**  男
1003  生产部  王伟  4302251980031130**  男
1004  生产部  韦龙  4302251985111630**  女
1005  销售部  刘洋  4302251980081230**  女
1006  生产部  吕川  3203251970010170**  女
1007  销售部  杨莉  4201171973021749**  男
1008  财务部  夏东  1328011947050580**  女
1009  销售部  吴晓  4302251980011530**  男
1010  销售部  宋恩龙  3203251980010179**  女
>>> df0.to_excel("D:\\new_file.xlsx")
```

合并后的数据被正确保存到指定文件中。

9.3.2　CSV 数据的读/写

CSV 格式是目前最常用的数据保存格式之一，使用 pandas 包的 read_csv 方法可以读取 CSV 文件数据。该方法的常用参数如表 9-2 所示。

表 9-2　read_csv 方法的常用参数

参　　数	说　　明
filepath	CSV 文件的路径和名称
sep	指定分隔符，默认时使用逗号作为分隔符
header	指定用哪行数据作为索引行。如果是多层索引，则用多行的行号组成列表进行指定
index_col	指定用哪列数据作为索引列。如果是多层索引，则用多列的列号或名称组成列表进行指定
usecols	如果只需要导入原始数据中的部分列数据，则使用该参数用列表进行指定
dtype	用字典指定特定列的数据类型，如{"A":np.float64 }指定 A 列的数据类型为 64 位浮点型
prefix	当没有列标签时，给列添加前缀，比如添加"Col"，称为 Col0、Col1、Col2 等
skiprows	指定读入时忽略前面多少行
skipfooter	指定读入时忽略后面多少行
nrows	指定需要读取的行数
names	用列表指定列索引标签
encoding	指定编码方式，默认时为 UTF-8，还可以指定为 GBK 等

假设 D 盘下有一个 CSV 文件"D:\身份证号.csv"，该文件中保存的是部分工作人员的身份信息。现在使用 pandas 包的 read_csv 方法导入该文件中的数据。

```
>>> df=pd.read_csv("D:\身份证号.csv",encoding="gbk")
>>> df
     工号   部门    姓名      身份证号 性别
0  1001  财务部   陈东   5.103210e+17  女
1  1002  财务部   田菊   4.128230e+17  男
2  1003  生产部   王伟   4.302250e+17  男
3  1004  生产部   韦龙   4.302250e+17  女
4  1005  销售部   刘洋   4.302250e+17  女
5  1006  生产部   吕川   3.200000e+17  女
6  1007  销售部   杨莉   4.200000e+17  男
7  1008  财务部   夏东   1.330000e+17  女
8  1009  销售部   吴晓   4.300000e+17  男
9  1010  销售部  宋恩龙   3.200000e+17  女
```

使用 DataFrame 对象的 to_csv 方法将 pandas 数据保存到 CSV 文件中。下面从 df 数据中提取女性工作人员的信息，保存到 D 盘下的 new_file.csv 文件中。

```
>>> df2=df[df["性别"]=="女"]
>>> df2
    工号   部门   姓名       身份证号   性别
0  1001  财务部  陈东  5.103210e+17  女
3  1004  生产部  韦龙  4.302250e+17  女
4  1005  销售部  刘洋  4.302250e+17  女
5  1006  生产部  吕川  3.200000e+17  女
7  1008  财务部  夏东  1.330000e+17  女
9  1010  销售部  宋恩龙  3.200000e+17  女
>>> df2.to_csv("D:\\new_file.csv",encoding="gbk")
```

9.3.3 将 DataFrame 数据保存到新的工作表中

9.3.1 节使用 DataFrame 对象的 to_excel 方法将合并后的数据保存到新的 Excel 文件中，现在如果希望在保存时将两个工作表中的数据分别保存到两个工作表中，将合并后的数据保存到第 3 个工作表中，则仍然可以使用 to_excel 方法来实现。该方法的 excel_writer 参数指定一个 ExcelWriter 对象，它是用 pandas 包的 ExcelWriter 方法生成的，然后用 sheet_name 参数指定要保存的工作表的名称。

```
>>> df=pd.read_excel(io="D:\身份证号.xlsx",engine="openpyxl")
>>> df=pd.read_excel(io="D:\身份证号.xlsx",sheet_name=[0,1],index_col="工号",
engine="openpyxl")
>>> df1=df[0]
>>> df2=df[1]
>>> df0=pd.concat([df1,df2])
```

以上是 9.3.1 节介绍的操作，导入数据，用 df1 和 df2 分别获取两个工作表中的数据，垂向拼接 df1 和 df2，得到 df0。现在要做的事情是将 df1、df2 和 df0 分别保存到不同的工作表中。

```
>>> xlwriter=pd.ExcelWriter("D:\\new_file2.xlsx")
>>> df1.to_excel(xlwriter,"Sheet1")
>>> df2.to_excel(xlwriter,"Sheet2")
>>> df0.to_excel(xlwriter,"Sheet3")
>>> xlwriter.save()
```

现在，数据被保存到 D 盘下的 new_file2.xlsx 文件中，并且 3 个 DataFrame 中的数据被分别保存到 3 个工作表中，如图 9-1 所示。

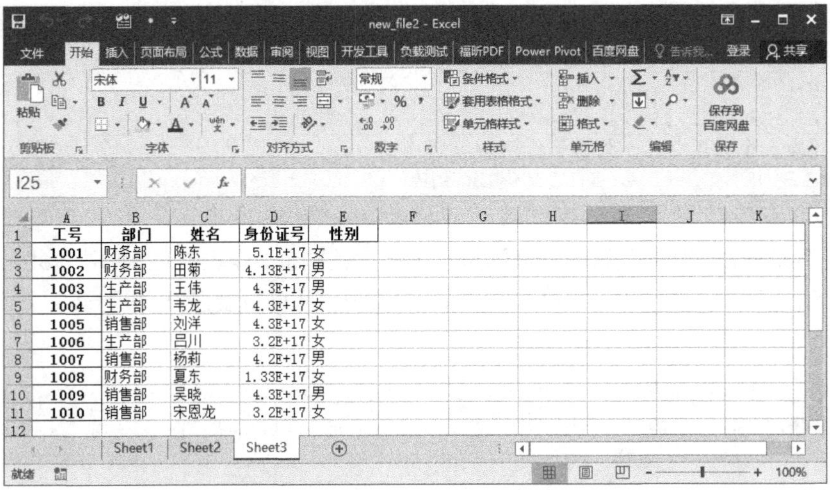

图 9-1　DataFrame 将数据保存到不同的工作表中

注意：上面在保存数据时是创建一个新的 Excel 文件来保存的，如果希望不创建新文件，而是在原数据文件的基础上添加一个新表，把合并后的数据保存到新表中，该怎么做呢？此时就要用到 OpenPyXl 包（第 2 章比较详细地介绍了 OpenPyXl 包），使用下面的代码来实现。

```
>>> from openpyxl import load_workbook
>>> bk=load_workbook("D:\\身份证号.xlsx")    #载入数据，返回工作簿对象
>>> xlwriter=pd.ExcelWriter("D:\\身份证号.xlsx",engine="openpyxl")
>>> xlwriter.book=bk      #设置 xlwriter 对象的 book 属性值为 bk
>>> df0.to_excel(xlwriter,"合并数据")
>>> xlwriter.save()
```

在原工作簿中添加一个"合并数据"工作表，将合并后的数据保存到该表中。工作簿中原来的工作表仍然保留。

9.3.4　在同一个工作表中读/写多个 DataFrame 数据

前面介绍的将 DataFrame 数据写入 Excel 工作表中，是一对一的关系，即在一个工作表中只能写入一个 DataFrame 数据。本节试图实现在同一个工作表中读/写多个 DataFrame 数据。这里要用到 xlwings 包。关于该包的安装等内容，请参见第 4 章的介绍。

下面首先导入 xlwings 包，然后打开 D 盘下的 Excel 文件"身份证号.xlsx"，该工作簿文件中有两个工作表，其中保存的是部分工作人员的身份信息。

```
>>> import xlwings as xw  #导入 xlwings 包
>>> #创建 Excel 应用，该应用窗口可见，不添加工作簿
>>> app=xw.App(visible=True, add_book=False)
>>> #打开数据文件，可写
```

```
>>> bk=app.books.open(fullname="D:\\身份证号.xlsx",read_only=False)
>>> #获取工作簿中的两个工作表
>>> sht1=bk.sheets[0]
>>> sht2=bk.sheets[1]
>>> #添加一个新工作表,放在最后,命名
>>> sht3=bk.sheets.add(after=bk.sheets(bk.sheets.count))
>>> sht3.name="多 DataFrame"
```

下面使用 xlwings 包的转换器和选项功能,将已有的两个工作表中的数据以 DataFrame 类型读取到 df1 和 df2 中。然后使用 pandas 包的 concat 方法垂直拼接它们,得到第 3 个 DataFrame 数据 df3。

```
>>> df1=sht1.range("A1:E6").options(pd.DataFrame).value
>>> df2=sht2.range("A1:E6").options(pd.DataFrame).value
>>> df3=pd.concat([df1,df2])
```

将这 3 个 DataFrame 数据写入第 3 个工作表中的指定位置,只需要指定区域的左上角单元格即可。

```
>>> sht3.range("A1").value=df1
>>> sht3.range("A8").value=df2
>>> sht3.range("G1").value=df3
```

第 3 个工作表中的显示效果如图 9-2 所示。可见,使用 xlwings 包,我们实现了在同一个工作表中读/写多个 DataFrame 数据。

图 9-2　在同一个工作表中读/写多个 DataFrame 数据

9.4　数据整理

pandas 包提供了很多数据整理的方法，使用它们，用较少的语句就可以完成数据的拼接、聚合、去重、筛选、联合、拆分、排序、分组等任务。

9.4.1　添加行或列

添加行或列是指在 DataFrame 数据的最大行后面追加行或者在最大列后面追加列。假设 D 盘下有一个"工资表.xlsx"文件，其中记录了各部门工作人员的工资信息。现在选取"姓名""部门""基本工资""实发工资"4 列，前 6 行数据使用 pandas 包的 read_excel 方法读入，返回 DataFrame 类型的对象给变量 df。

```
>>> df=pd.read_excel(io="D:\工资表.xlsx",usecols=["姓名","部门","基本工资",
"实发工资"],nrows=6,engine="openpyxl")
>>> df
    姓名    部门   基本工资   实发工资
0   NM1   行政部   3000   3330
1   NM2   行政部   3000   3450
2   NM3   生产部   3500   3950
3   NM4   生产部   3500   3950
4   NM5   行政部   3000   3450
5   NM6   行政部   3000   3450
```

使用 DataFrame 对象的 loc 方法给 df 添加一行数据。

```
>>> df2=df
>>> df2.loc[6]=["NM7","生产部",3500,3950]
>>> df2
    姓名    部门   基本工资   实发工资
0   NM1   行政部   3000   3330
1   NM2   行政部   3000   3450
2   NM3   生产部   3500   3950
3   NM4   生产部   3500   3950
4   NM5   行政部   3000   3450
5   NM6   行政部   3000   3450
6   NM7   生产部   3500   3950
```

也可以使用 pandas 包的 append 方法添加行数据。新添加的行数据必须先被转换为 DataFrame 类型的数据，并且必须用 columns 参数指定与 df 相同的列索引标签。

```
>>> s=pd.DataFrame([["NM8","生产部",3500,3950]],columns=["姓名","部门","基本
工资","实发工资"])
>>> s
```

```
       姓名    部门   基本工资   实发工资
  0  NM8  生产部   3500   3950
```

然后使用DataFrame对象的append方法添加行数据s，设置ignore_index参数的值为True，重新对行索引编号。注意：append方法返回的是另外一个DataFrame对象，对df本身并没有影响。

```
>>> df.append(s,ignore_index=True)
       姓名    部门   基本工资   实发工资
  0  NM1  行政部   3000   3330
  1  NM2  行政部   3000   3450
  2  NM3  生产部   3500   3950
  3  NM4  生产部   3500   3950
  4  NM5  行政部   3000   3450
  5  NM6  行政部   3000   3450
  6  NM8  生产部   3500   3950
```

给 DataFrame 数据添加列，直接赋值即可。例如，下面给 df 添加一列数据，值全部为 500。如果值不一样，则可以用列表指定。

```
>>> df["全勤奖"]=500
>>> df
       姓名    部门   基本工资   实发工资   全勤奖
  0  NM1  行政部   3000   3330   500
  1  NM2  行政部   3000   3450   500
  2  NM3  生产部   3500   3950   500
  3  NM4  生产部   3500   3950   500
  4  NM5  行政部   3000   3450   500
  5  NM6  行政部   3000   3450   500
```

9.4.2 插入行或列

9.4.1 节介绍了如何在 DataFrame 数据的最后追加行或追加列，如果需要在数据中间插入行或列，怎么做呢？

给 DataFrame 数据插入列，可以直接使用 DataFrame 对象的 insert 方法。该方法的语法格式为：

```
DataFrame.insert(loc, column, value, allow_duplicates=False)
```

其中，各参数的含义如下：

- loc——指定新列插入的位置。如果在第 1 列的位置插入，则值为 0。其取值范围为 0 到当前最大列数。
- column——新列的列名，可以为数字、字符串等。
- value——新列的值，可以是整数、Series 或数组等。

- allow_duplicates——在插入新列时，如果原数据中已经存在相同名称的列，则必须设置该参数的值为 True 才能完成插入。默认值为 False。

下面仍然使用 9.4.1 节用过的"工资表.xlsx"文件数据，在"基本工资"列的后面插入新列"全勤奖"，新列的值都是 500。

```
>>> df=pd.read_excel(io="D:\工资表.xlsx",usecols=["姓名","部门","基本工资",
"实发工资"],nrows=6,engine="openpyxl")
>>> df.insert(3,"全勤奖",500)
>>> df
    姓名   部门   基本工资  全勤奖  实发工资
0  NM1  行政部   3000   500  3330
1  NM2  行政部   3000   500  3450
2  NM3  生产部   3500   500  3950
3  NM4  生产部   3500   500  3950
4  NM5  行政部   3000   500  3450
5  NM6  行政部   3000   500  3450
```

如果要插入新行，则首先根据要插入的位置按行将原数据分为两个部分，给上面部分追加新行，再把两个部分拼接起来。下面仍然使用"工资表.xlsx"文件数据，在第 3 行的上面插入新行。

```
>>> df=pd.read_excel(io="D:\工资表.xlsx",usecols=["姓名","部门","基本工资",
"实发工资"],nrows=6,engine="openpyxl")
```

根据插入位置，通过切片将 df 分为上下两个部分，即 df1 和 df2。

```
>>> df1=df.loc[:1]
>>> df1
    姓名   部门   基本工资  实发工资
0  NM1  行政部   3000   3330
1  NM2  行政部   3000   3450
>>> df2=df.loc[2:]
>>> df2
    姓名   部门   基本工资  实发工资
2  NM3  生产部   3500   3950
3  NM4  生产部   3500   3950
4  NM5  行政部   3000   3450
5  NM6  行政部   3000   3450
```

将要插入的行整理成 DataFrame 数据，使用 DataFrame 对象的 append 方法将其追加到 df1 的最末行，得到新的 DataFrame 数据 df3。

```
>>> s=pd.DataFrame([["NM7","生产部",3500,3950]],columns=["姓名","部门","基本
工资","实发工资"])
>>> df3=df1.append(s,ignore_index=True)
>>> df3
    姓名   部门   基本工资  实发工资
```

```
0   NM1   行政部   3000   3330
1   NM2   行政部   3000   3450
2   NM7   生产部   3500   3950
```

使用 append 方法将 df2 追加到 df3 后面，得到插入新行后的 DataFrame 数据，重新编写行索引。

```
>>> df4=df3.append(df2,ignore_index=True)
>>> df4
     姓名    部门   基本工资   实发工资
0   NM1   行政部   3000   3330
1   NM2   行政部   3000   3450
2   NM7   生产部   3500   3950
3   NM3   生产部   3500   3950
4   NM4   生产部   3500   3950
5   NM5   行政部   3000   3450
6   NM6   行政部   3000   3450
```

9.4.3 更改数据

更改 DataFrame 对象的数据，可以采用直接赋值的方式。使用 D 盘下的"工资表.xlsx"文件数据，导入前 4 行数据。

```
>>> df=pd.read_excel(io="D:\工资表.xlsx",usecols=["姓名","部门","基本工资",
"实发工资"],nrows=4,engine="openpyxl")
>>> df
     姓名    部门   基本工资   实发工资
0   NM1   行政部   3000   3330
1   NM2   行政部   3000   3450
2   NM3   生产部   3500   3950
3   NM4   生产部   3500   3950
```

更改 NM2 的实发工资为 3650 元。

```
>>> df.loc[1,"实发工资"]=3650
```

更改 NM2 的基本工资为 3200 元，实发工资为 3550 元；更改 NM3 的基本工资为 3600 元，实发工资为 4050 元。

```
>>> df.loc[[1,2],["基本工资","实发工资"]]=[[3200,3550],[3600,4050]]
>>> df
     姓名    部门   基本工资   实发工资
0   NM1   行政部   3000   3330
1   NM2   行政部   3200   3550
2   NM3   生产部   3600   4050
3   NM4   生产部   3500   3950
```

有时候可以用一个函数更改某些数据，此时使用 Series 对象的 apply 函数，该函数可以是自定义函数或匿名函数。下面将实发工资提高 20%，即原数据乘以 1.2。

```
>>> df["实发工资"]=df["实发工资"].apply(lambda x:x*1.2)
>>> df
    姓名    部门    基本工资    实发工资
0  NM1   行政部    3000   3996.0
1  NM2   行政部    3200   4260.0
2  NM3   生产部    3600   4860.0
3  NM4   生产部    3500   4740.0
```

使用 Series 对象的 astype 函数可以更改列数据的类型。上面计算出的实发工资数据为浮点型，把它们更改为整型。

```
>>> df["实发工资"]=df["实发工资"].astype(int)
>>> df
    姓名    部门    基本工资    实发工资
0  NM1   行政部    3000   3996
1  NM2   行政部    3200   4260
2  NM3   生产部    3600   4860
3  NM4   生产部    3500   4740
```

还可以根据给定的条件更改数据。下面将生产部工作人员的基本工资全部更改为 3800 元。

```
>>> df.基本工资[df.部门=="生产部"]=3800
>>> df
    姓名    部门    基本工资    实发工资
0  NM1   行政部    3000   3996
1  NM2   行政部    3200   4260
2  NM3   生产部    3800   4860
3  NM4   生产部    3800   4740
```

9.4.4　删除行或列

使用 DataFrame 对象的 drop 方法可以删除行或列。使用 D 盘下的"工资表.xlsx"文件数据，导入前 4 行数据。

```
>>> df=pd.read_excel(io="D:\工资表.xlsx",usecols=["姓名","部门","基本工资",
"实发工资"],nrows=4,engine="openpyxl")
>>> df
    姓名    部门    基本工资    实发工资
0  NM1   行政部    3000   3330
1  NM2   行政部    3000   3450
2  NM3   生产部    3500   3950
3  NM4   生产部    3500   3950
```

删除第 3 行数据。

```
>>> df.drop(index=2,inplace=True)
```

```
>>> df
    姓名    部门   基本工资  实发工资
0   NM1   行政部   3000   3330
1   NM2   行政部   3000   3450
3   NM4   生产部   3500   3950
```

将 inplace 参数的值设置为 True，表示修改原对象；若设置为 False，则表示原对象不变，返回一个新对象。

下面删除"基本工资"列的数据。

```
>>> df.drop(columns="基本工资",inplace=True)
>>> df
    姓名    部门   实发工资
0   NM1   行政部   3330
1   NM2   行政部   3450
3   NM4   生产部   3950
```

9.4.5 添加前缀或后缀

在处理数据时，常常会遇到需要给列数据添加前缀或后缀的情况，此时将需要处理的数据转换为字符串，然后拼接前缀或后缀字符串即可。

使用 D 盘下的"各科室人员.xlsx"文件数据，如果人员来自"科室 1"，则给编号添加后缀"_1"；来自"科室 2"，添加后缀"_2"，来自"科室 3"，添加后缀"_3"。首先使用 pandas 包的 read_excel 方法导入数据。

```
>>> df=pd.read_excel(io="D:\各科室人员.xlsx",usecols=["编号","性别","年龄","科室","工资"],engine="openpyxl")
```

然后处理每行数据，根据科室情况添加后缀。

```
>>> df.loc[df.科室=="科室 1","编号"]= df["编号"].astype(str)+"_1"
>>> df.loc[df.科室=="科室 2","编号"]= df["编号"].astype(str)+"_2"
>>> df.loc[df.科室=="科室 3","编号"]= df["编号"].astype(str)+"_3"
```

显示处理后的数据。

```
>>> df
       编号  性别  年龄   科室    工资
0   10001_2  女   45  科室 2  4300
1   10002_1  女   42  科室 1  3800
2   10003_1  男   29  科室 1  3600
3   10004_1  女   40  科室 1  4400
4   10005_2  男   55  科室 2  4500
5   10006_3  男   35  科室 3  4100
6   10007_2  男   23  科室 2  3500
7   10008_1  男   36  科室 1  3700
8   10009_1  男   50  科室 1  4800
```

9.4.6　数据去重

如果在所获取的原始数据中有重复的数据，则可以使用 DataFrame 对象的 drop_duplicates 方法去重。

本例使用 D 盘下的"身份证号-去重.xlsx"文件数据，按照"工号"进行去重。对于重复数据，保留第 1 条数据。首先导入数据。

```
>>> df=pd.read_excel(io="D:\身份证号-去重.xlsx",engine="openpyxl")
>>> df
     工号    部门   姓名          身份证号 性别
0  1001  财务部  陈东  5103211978100300**  男
1  1002  财务部  田菊  4128231980052512**  女
2  1008  财务部  夏东  1328011947050583**  男
3  1003  生产部  王伟  4302251980031135**  男
4  1004  生产部  韦龙  4302251985111635**  男
5  1005  销售部  刘洋  4302251980081235**  男
6  1002  财务部  田菊  4128231980052512**  女
7  1006  生产部  吕川  3203251970010171**  男
8  1007  销售部  杨莉  4201171973021753**  女
9  1008  财务部  夏东  1328011947050583**  男
```

可以看到，"工号"为 1002 和 1008 的数据有重复。下面使用 DataFrame 对象的 drop_duplicates 方法删除重复数据，用 keep 参数指定保留重复数据中的第 1 条数据，设置 ignore_index 参数的值为 True，重排行索引编号。

```
>>> df.drop_duplicates(subset=["工号"], keep="first", ignore_index=True)
     工号    部门   姓名          身份证号 性别
0  1001  财务部  陈东  5103211978100300**  男
1  1002  财务部  田菊  4128231980052512**  女
2  1008  财务部  夏东  1328011947050583**  男
3  1003  生产部  王伟  4302251980031135**  男
4  1004  生产部  韦龙  4302251985111635**  男
5  1005  销售部  刘洋  4302251980081235**  男
6  1006  生产部  吕川  3203251970010171**  男
7  1007  销售部  杨莉  4201171973021753**  女
```

这样就得到了去重后的结果。默认时生成新的 DataFrame 对象；如果设置 inplace 参数的值为 True，则不生成新对象，直接修改原对象 df。

9.4.7　数据筛选

在进行数据处理时，有时候只需要处理原始数据中的一部分数据。当使用 pandas 包的 read_excel 方法时，使用 usecols、skiprows、nrows、skip_footer、sheet_name 等参数可以有选择地导入部分数据。对于导入后的数据，可以使用布尔索引进行筛选。9.4.5 节根据不同科室给工作人员的编号添加了不同的后缀。

使用 D 盘下的"各科室人员.xlsx"文件数据，进行各种数据筛选测试。

```
>>> df=pd.read_excel(io="D:\各科室人员.xlsx",usecols=["编号","性别","年龄",
"科室","工资"],engine="openpyxl")
>>> df
     编号 性别 年龄  科室    工资
0  10001  女  45  科室2  4300
1  10002  女  42  科室1  3800
2  10003  男  29  科室1  3600
3  10004  女  40  科室1  4400
4  10005  男  55  科室2  4500
5  10006  男  35  科室3  4100
6  10007  男  23  科室2  3500
7  10008  男  36  科室1  3700
8  10009  男  50  科室1  4800
```

选择女性工作人员的数据。

```
>>> df[df["性别"]=="女"]
     编号 性别 年龄  科室    工资
0  10001  女  45  科室2  4300
1  10002  女  42  科室1  3800
3  10004  女  40  科室1  4400
```

选择工资大于 4000 元且年龄小于或等于 40 岁的工作人员的数据。

```
>>> df[(df["工资"]>4000) & (df["年龄"]<=40)]
     编号 性别 年龄  科室    工资
3  10004  女  40  科室1  4400
5  10006  男  35  科室3  4100
```

也可以使用 DataFrame 对象的 where 方法筛选数据，该方法也是基于布尔索引来实现的。下面筛选年龄大于或等于 35 岁的工作人员的数据。

```
>>> df.where(df["年龄"]>=35)
       编号  性别   年龄   科室     工资
0  10001.0   女  45.0  科室2  4300.0
1  10002.0   女  42.0  科室1  3800.0
2     NaN  NaN   NaN  NaN     NaN
3  10004.0   女  40.0  科室1  4400.0
4  10005.0   男  55.0  科室2  4500.0
5  10006.0   男  35.0  科室3  4100.0
6     NaN  NaN   NaN  NaN     NaN
7  10008.0   男  36.0  科室1  3700.0
8  10009.0   男  50.0  科室1  4800.0
```

可见，默认时，where 方法将不匹配的数据用 NaN 代替，即置空。用 other 参数可以指定一个替换值。

9.4.8　数据转置

数据转置是指将原数据的行变成列，列变成行。使用 DataFrame 对象的 T 属性或 transpose 方法转置数据。

使用 D 盘下的"各科室人员.xlsx"文件数据，取前 5 行数据。

```
>>> df=pd.read_excel(io="D:\各科室人员.xlsx",usecols=["编号","性别","年龄",
"科室","工资"],nrows=5, engine="openpyxl")
>>> df
     编号  性别  年龄   科室    工资
0  10001   女   45  科室2  4300
1  10002   女   42  科室1  3800
2  10003   男   29  科室1  3600
3  10004   女   40  科室1  4400
4  10005   男   55  科室2  4500
```

使用 DataFrame 对象的 T 属性或 transpose 方法进行转置。

```
>>> df2=df.T     #或者 df2=df.transpose()
>>> df2
          0      1      2      3      4
编号   10001  10002  10003  10004  10005
性别      女      女      男      女      男
年龄     45     42     29     40     55
科室   科室2    科室1    科室1    科室1    科室2
工资   4300   3800   3600   4400   4500
```

9.4.9　合并数据

pandas 包的 merge 方法提供了类似于关系数据库连接的操作，可以根据一个或多个键将两个 DataFrame 数据连接起来。该方法的主要参数如表 9-3 所示。

表 9-3　merge 方法的主要参数

参　　数	说　　明
left	DataFrame 数据 1
right	DataFramo 数据 2
how	数据合并方式，有 inner（内连接）、outer（外连接）、left（左连接）和 right（右连接）4 种，默认时为 inner

续表

参　数	说　明
on	指定用于连接的列索引标签。如果没有指定且其他参数也没有指定，则用两个 DataFrame 的列索引标签交集作为连接键
left_on	指定左侧 DataFrame 用作连接键的列索引标签
right_on	指定右侧 DataFrame 用作连接键的列索引标签
left_index	当值为 True 时，指定左侧 DataFrame 的行索引标签作为连接键。默认值为 False
right_index	当值为 True 时，指定右侧 DataFrame 的行索引标签作为连接键。默认值为 False
sort	默认值为 True，对合并后的数据进行排序；若设置为 False，则取消排序
suffixes	如果两个 DataFrame 中存在除连接键以外的同名索引标签，则在合并后指定不同的后缀进行区分，默认时为("_x","_y")

理解 merge 方法的使用，有两个主要内容：一是连接键的设置，即两个 DataFrame 基于哪个或哪几个索引列进行连接；二是连接方式是什么，即具体怎样连接。连接键和连接方式分别由方法的 on、left_on、right_on、left_index、right_index 参数和 how 参数设置。

1. 连接键的设置

当进行连接的两个 DataFrame 有相同的列索引标签时，使用 merge 方法的 on 参数设置连接键。

下面首先导入 xlwings 包和 pandas 包，然后打开 D 盘下的"学生成绩表-merge.xlsx"文件，该工作簿文件中有 8 个工作表，其中前 7 个工作表中保存的是一些学生的考试成绩，用于 merge 方法功能的演示说明；第 8 个工作表为空工作表，用于写入合并结果并进行展示。

```
>>> import xlwings as xw  #导入 xlwings 包
>>> import pandas as pd   #导入 pandas 包
>>> #创建 Excel 应用，该应用窗口可见，不添加工作簿
>>> app=xw.App(visible=True, add_book=False)
>>> #打开数据文件，可写
>>> bk=app.books.open(fullname="D:\\学生成绩表-merge.xlsx",read_only= False)
>>> #获取工作簿中的前两个工作表
>>> sht1=bk.sheets[0]
>>> sht2=bk.sheets[1]
```

下面使用 merge 方法合并前两个工作表中的数据。使用 xlwings 包的转换器和选项功能，将已有的两个工作表中的数据以 DataFrame 类型读取到 df1 和 df2 中。使用 pandas 包的 merge 方法合并它们，连接键为"准考证号"，得到第 3 个 DataFrame 数据 df3。连接键为"准考证号"，就是指将准考证号相同的学生的成绩进行合并。

```
>>> df1=sht1.range("A1:D6").options(pd.DataFrame).value
>>> df2=sht2.range("A1:D6").options(pd.DataFrame).value
```

```
>>> df3=pd.merge(df1,df2,on= "准考证号")
```

将这 3 个 DataFrame 数据写入第 8 个工作表中的指定位置，只需要指定区域的左上角单元格即可。

```
>>> sht8=bk.sheets[7]
>>> sht8.range("A1").value=df1
>>> sht8.range("G1").value=df2
>>> sht8.range("A8").value=df3
```

第 8 个工作表中的数据如图 9-3 所示。该工作表中第 1~6 行显示的是前两个工作表中的数据，第 8~13 行显示的是合并后的数据。可见，两个工作表中具有相同准考证号的学生的成绩被合并了。

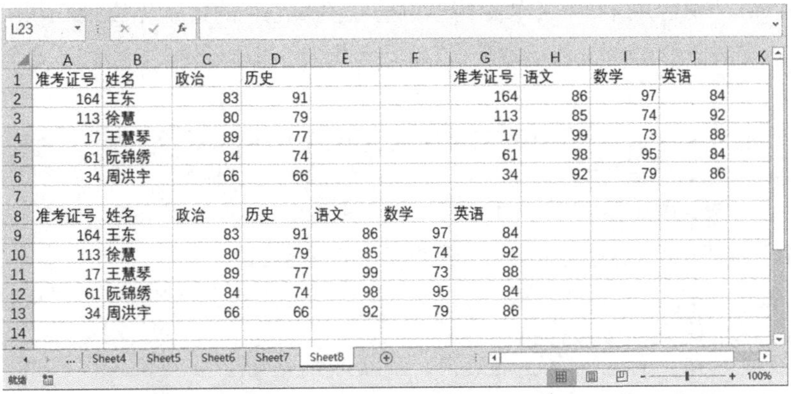

	A	B	C	D	E	F	G	H	I	J	K
1	准考证号	姓名	政治	历史			准考证号	语文	数学	英语	
2	164	王东	83	91			164	86	97	84	
3	113	徐慧	80	79			113	85	74	92	
4	17	王慧琴	89	77			17	99	73	88	
5	61	阮锦绣	84	74			61	98	95	84	
6	34	周洪宇	66	66			34	92	79	86	
7											
8	准考证号	姓名	政治	历史	语文	数学	英语				
9	164	王东	83	91	86	97	84				
10	113	徐慧	80	79	85	74	92				
11	17	王慧琴	89	77	99	73	88				
12	61	阮锦绣	84	74	98	95	84				
13	34	周洪宇	66	66	92	79	86				
14											

图 9-3　基于“准考证号”合并前两个工作表中的数据

上面介绍的是给定的两个 DataFrame 中有相同的列索引标签的情况，有时候希望用作连接键的索引列具有不同的标签，比如一个是“准考证号”，另一个是“准考证”，它们表达的是一个意思。此时就不能用 on 参数进行设置，而是用 left_on 参数和 right_on 参数分别设置两个 DataFrame 的连接键，即 left_on= "准考证号", right_on= "准考证"。

当设置 left_index 参数或 right_index 参数的值为 True 时，表示指定左侧或右侧 DataFrame 的行索引作为连接键。这适合一个 DataFrame 的行索引与另一个 DataFrame 的索引列可用于连接的情况。

2. 连接键的数量关系

根据连接键索引列中值的重复情况，可以有一对一、一对多、多对一和多对多等几种数量关系。

（1）一对一

在上面的示例中，两个 DataFrame 中连接键“准考证号”列中的值都是唯一的，没有重复，这种情况称为一对一的数量关系。

（2）一对多或多对一

如果两个 DataFrame 中有一个的连接键索引列中的值是唯一的，另一个有重复，这种情况称为一对多或多对一的数量关系。

接着上例进行演示。首先清空第 8 个工作表中的内容。

```
>>> sht8.clear()
```

获取工作簿中的第 5 个和第 7 个工作表。

```
>>> sht5=bk.sheets[4]
>>> sht7=bk.sheets[6]
```

使用 merge 方法合并这两个工作表中的数据。首先将它们的数据以 DataFrame 类型读取到 df1 和 df2 中，然后使用 merge 方法合并它们，连接键为“准考证号”，得到第 3 个 DataFrame 数据 df3。

```
>>> df1=sht5.range("A1:B4").options(pd.DataFrame).value
>>> df2=sht7.range("A1:B10").options(pd.DataFrame).value
>>> df3=pd.merge(df1,df2,on= "准考证号")
```

将这 3 个 DataFrame 数据写入第 8 个工作表中的指定位置。

```
>>> sht8=bk.sheets[7]
>>> sht8.range("A1").value=df1
>>> sht8.range("D1").value=df2
>>> sht8.range("G1").value=df3
```

第 8 个工作表中的数据如图 9-4 所示。该工作表中 A、B 列和 D、E 列是给定的数据，G~I 列为它们合并后的结果。可见，对于连接键索引列中的每个值，如果第 2 个 DataFrame 中的重复次数为 N，则合并后该值对应的行数为 $1 \times N$。

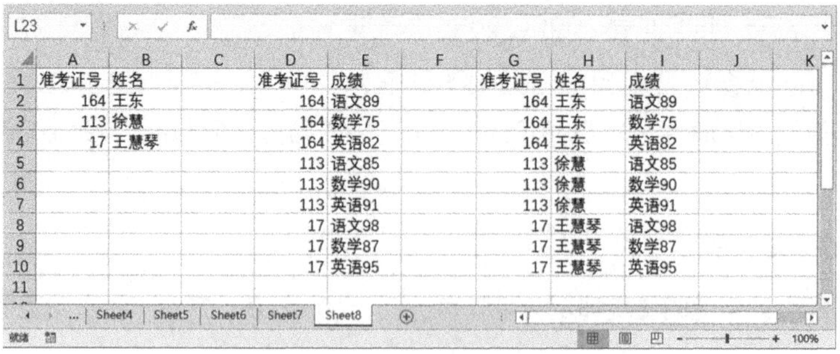

	A	B	C	D	E	F	G	H	I	J	K
1	准考证号	姓名		准考证号	成绩		准考证号	姓名	成绩		
2	164	王东		164	语文89		164	王东	语文89		
3	113	徐慧		164	数学75		164	王东	数学75		
4	17	王慧琴		164	英语82		164	王东	英语82		
5				113	语文85		113	徐慧	语文85		
6				113	数学90		113	徐慧	数学90		
7				113	英语91		113	徐慧	英语91		
8				17	语文98		17	王慧琴	语文98		
9				17	数学87		17	王慧琴	数学87		
10				17	英语95		17	王慧琴	英语95		
11											

图 9-4　一对多合并

（3）多对多

如果两个 DataFrame 中连接键索引列中的值都有重复，这种情况称为多对多的数量关系。

接着上例进行演示。首先清空第 8 个工作表中的内容。

```
>>> sht8.clear()
```

获取工作簿中的第 6 个和第 7 个工作表。

```
>>> sht6=bk.sheets[5]
>>> sht7=bk.sheets[6]
```

使用 merge 方法合并这两个工作表中的数据。首先将它们的数据以 DataFrame 类型读取到 df1 和 df2 中，然后使用 merge 方法合并它们，连接键为“准考证号”，得到第 3 个 DataFrame 数据 df3。

```
>>> df1=sht6.range("A1:C7").options(pd.DataFrame).value
>>> df2=sht7.range("A1:B10").options(pd.DataFrame).value
>>> df3=pd.merge(df1,df2,on= "准考证号")
```

将这 3 个 DataFrame 数据写入第 8 个工作表中的指定位置。

```
>>> sht8=bk.sheets[7]
>>> sht8.range("A1").value=df1
>>> sht8.range("E1").value=df2
>>> sht8.range("H1").value=df3
```

第 8 个工作表中的数据如图 9-5 所示。该工作表中 A~C 列和 E、F 列是给定的数据，H~J 列为它们合并后的结果。可见，对于连接键索引列中的每个值，如果第 1 个 DataFrame 中的重复次数为 *M*，第 2 个 DataFrame 中的重复次数为 *N*，则合并后该值对应的行数为 *M*×*N*。

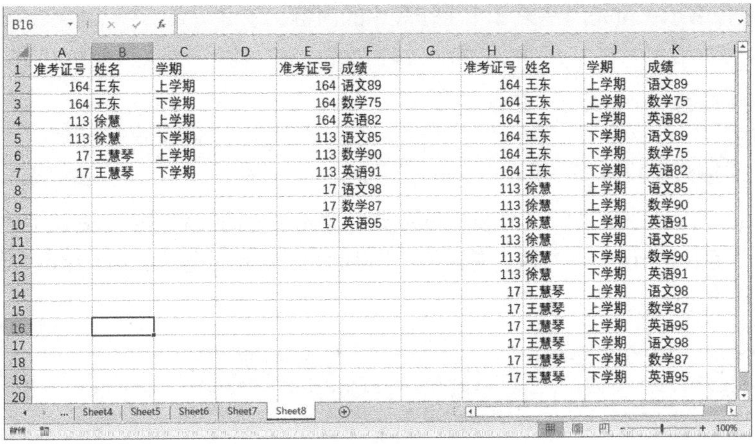

	A	B	C	D	E	F	G	H	I	J	K
1	准考证号	姓名	学期		准考证号	成绩		准考证号	姓名	学期	成绩
2	164	王东	上学期		164	语文89		164	王东	上学期	语文89
3	164	王东	下学期		164	数学75		164	王东	上学期	数学75
4	113	徐慧	上学期		164	英语82		164	王东	上学期	英语82
5	113	徐慧	下学期		113	语文85		164	王东	下学期	语文89
6	17	王慧琴	上学期		113	数学90		164	王东	下学期	数学75
7	17	王慧琴	下学期		113	英语91		164	王东	下学期	英语82
8					17	语文98		113	徐慧	上学期	语文85
9					17	数学87		113	徐慧	上学期	数学90
10					17	英语95		113	徐慧	上学期	英语91
11								113	徐慧	下学期	语文85
12								113	徐慧	下学期	数学90
13								113	徐慧	下学期	英语91
14								17	王慧琴	上学期	语文98
15								17	王慧琴	上学期	数学87
16								17	王慧琴	上学期	英语95
17								17	王慧琴	下学期	语文98
18								17	王慧琴	下学期	数学87
19								17	王慧琴	下学期	英语95
20											

图 9-5　多对多合并

3. 连接方式

使用 how 参数设置连接键连接的方式。连接方式有内连接（inner）、外连接（outer）、左连接（left）和右连接（right）4 种，它们对应的集合关系如图 9-6 所示。

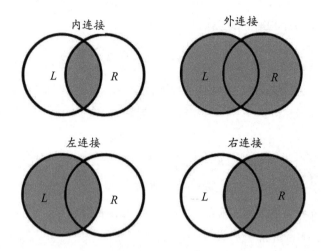

图 9-6　各连接方式对应的集合关系

（1）内连接

当将 how 参数的值设置为 inner 时，表示连接键的连接方式为内连接。内连接是默认的连接方式。如图 9-6 所示，内连接返回的是两个 DataFrame 数据由连接键确定的交集，即连接键索引列共有的值确定的数据。

接着上例进行演示。首先清空第 8 个工作表中的内容。

```
>>> sht8.clear()
```
获取工作簿中的第 1 个和第 3 个工作表。
```
>>> sht1=bk.sheets[0]
>>> sht3=bk.sheets[2]
```

使用 merge 方法合并这两个工作表中的数据。首先将它们的数据以 DataFrame 类型读取到 df1 和 df2 中，然后使用 merge 方法合并它们，连接键为"准考证号"，how 参数取默认值"inner"，得到第 3 个 DataFrame 数据 df3。

```
>>> df1=sht1.range("A1:D6").options(pd.DataFrame).value
>>> df2=sht3.range("A1:E6").options(pd.DataFrame).value
>>> df3=pd.merge(df1,df2,on= "准考证号")
```
将这 3 个 DataFrame 数据写入第 8 个工作表中的指定位置。
```
>>> sht8=bk.sheets[7]
>>> sht8.range("A1").value=df1
>>> sht8.range("F1").value=df2
```

```
>>> sht8.range("A8").value=df3
```

第 8 个工作表中的数据如图 9-7 所示。该工作表中前 6 行是给定的数据，第 8 行及以下是它们合并后的结果。可见，合并结果是两个 DataFrame 中连接键索引列共有的 3 个准考证号对应的合并数据。

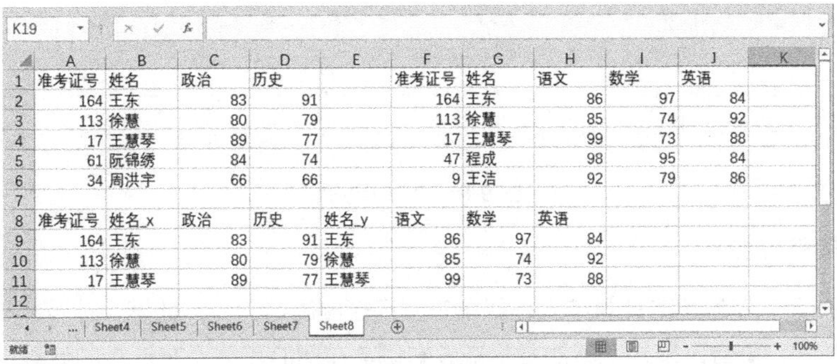

	A	B	C	D	E	F	G	H	I	J	K
1	准考证号	姓名	政治	历史		准考证号	姓名	语文	数学	英语	
2	164	王东	83	91		164	王东	86	97	84	
3	113	徐慧	80	79		113	徐慧	85	74	92	
4	17	王慧琴	89	77		17	王慧琴	99	73	88	
5	61	阮锦绣	84	74		47	程成	98	95	84	
6	34	周洪宇	66	66		9	王洁	92	79	86	
7											
8	准考证号	姓名_x	政治	历史	姓名_y	语文	数学	英语			
9	164	王东	83	91	王东	86	97	84			
10	113	徐慧	80	79	徐慧	85	74	92			
11	17	王慧琴	89	77	王慧琴	99	73	88			
12											

图 9-7　内连接效果

（2）外连接

如图 9-6 所示，外连接返回的是两个 DataFrame 数据由连接键确定的并集，即连接键索引列中所有值确定的数据。

接着上例进行演示。首先清空第 8 个工作表中的内容。

```
>>> sht8.clear()
```

使用 merge 方法合并第 1 个和第 3 个工作表中的数据，连接键为“准考证号”，将 how 参数的值设置为"outer"，得到第 3 个 DataFrame 数据 df3。

```
>>> df3=pd.merge(df1,df2,on= "准考证号",how="outer")
```

将这 3 个 DataFrame 数据写入第 8 个工作表中的指定位置。

```
>>> sht8=bk.sheets[7]
>>> sht8.range("A1").value=df1
>>> sht8.range("F1").value=df2
>>> sht8.range("A8").value=df3
```

第 8 个工作表中的数据如图 9-8 所示。该工作表中前 6 行是给定的数据，第 8 行及以下是它们合并后的结果。可见，合并结果是两个 DataFrame 中连接键索引列中的全部准考证号对应的合并数据。

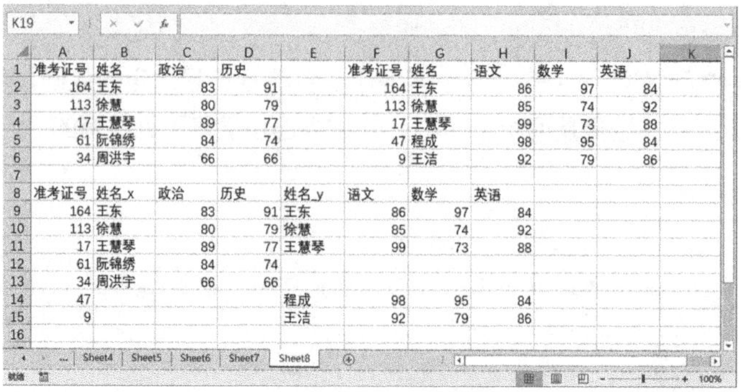

图 9-8　外连接效果

（3）左连接和右连接

如图 9-6 所示，左连接的计算结果是保留左侧连接键确定的合并数据，并添加右侧连接键共有值确定的合并数据，集合运算是二者的并集减去右侧与左侧的差集。右连接的计算结果是保留右侧连接键确定的合并数据，并添加左侧连接键共有值确定的合并数据，集合运算是二者的并集减去左侧与右侧的差集。

接着上例进行演示。首先清空第 8 个工作表中的内容。

```
>>> sht8.clear()
```

使用 merge 方法合并第 1 个和第 3 个工作表中的数据，连接键为"准考证号"，将 how 参数的值设置为"left"，得到第 3 个 DataFrame 数据 df3；将 how 参数的值设置为"right"，得到第 4 个 DataFrame 数据 df4。

```
>>> df3=pd.merge(df1,df2,on= "准考证号",how="left")
>>> df4=pd.merge(df1,df2,on= "准考证号",how="right")
```

将这 4 个 DataFrame 数据写入第 8 个工作表中的指定位置。

```
>>> sht8=bk.sheets[7]
>>> sht8.range("A1").value=df1
>>> sht8.range("F1").value=df2
>>> sht8.range("A8").value=df3
>>> sht8.range("A15").value=df4
```

第 8 个工作表中的数据如图 9-9 所示。该工作表中前 6 行是给定的数据，第 8~13 行为左连接的合并结果，第 15~20 行为右连接的合并结果。可见，左连接保留了左侧 DataFrame 的所有准考证号，并添加了右侧 DataFrame 中相交准考证号对应的数据；右连接保留了右侧 DataFrame 的所有准考证号，并添加了左侧 DataFrame 中相交准考证号对应的数据。

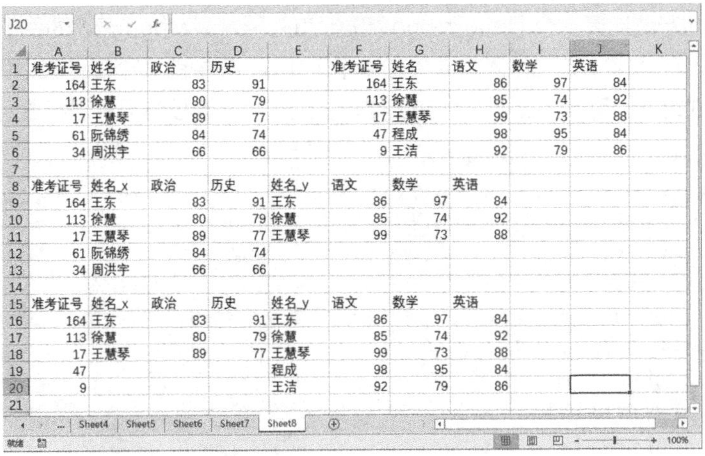

	A	B	C	D	E	F	G	H	I	J	K
1	准考证号	姓名	政治	历史		准考证号	姓名	语文	数学	英语	
2	164	王东	83	91		164	王东	86	97	84	
3	113	徐慧	80	79		113	徐慧	85	74	92	
4	17	王慧琴	89	77		17	王慧琴	99	73	88	
5	61	阮锦绣	84	74		47	程成	98	95	84	
6	34	周洪宇	66	66		9	王洁	92	79	86	
7											
8	准考证号	姓名_x	政治	历史	姓名_y	语文	数学	英语			
9	164	王东	83	91	王东	86	97	84			
10	113	徐慧	80	79	徐慧	85	74	92			
11	17	王慧琴	89	77	王慧琴	99	73	88			
12	61	阮锦绣	84	74							
13	34	周洪宇	66	66							
14											
15	准考证号	姓名_x	政治	历史	姓名_y	语文	数学	英语			
16	164	王东	83	91	王东	86	97	84			
17	113	徐慧	80	79	徐慧	85	74	92			
18	17	王慧琴	89	77	王慧琴	99	73	88			
19	47				程成	98	95	84			
20	9				王洁	92	79	86			
21											

图 9-9　左连接和右连接效果

4. 有非键列标签重复的情况

注意：在上例中，两个 DataFrame 中都有一个非键列标签“姓名”，合并以后，为了进行区分，给左侧 DataFrame 中的“姓名”添加了后缀“_x”，给右侧 DataFrame 中的“姓名”添加了后缀“_y”。这是默认设置。如果需要自定义后缀，则可以用 suffixes 参数进行设置。

在上例的基础上，使用下面的代码合并给定的数据。指定重复的非键列标签的后缀为“_l”和“_r”。

```
>>> df3=pd.merge(df1,df2,on= "准考证号",suffixes=("_l","_r"))
>>> df3
     姓名_l    政治    历史  姓名_r    语文    数学    英语
准考证号
164    王东  83.0  91.0    王东  86.0  97.0  84.0
113    徐慧  80.0  79.0    徐慧  85.0  74.0  92.0
017  王慧琴  89.0  77.0  王慧琴  99.0  73.0  88.0
```

9.4.10　连接数据

使用 pandas 包的 join 方法可以实现两个或多个 DataFrame 数据的连接。该方法的语法格式为：

```
df.join(other, on=None, how='left', lsuffix='', rsuffix='', sort=False)
```

该方法各参数的含义与 merge 方法的基本相同。其中，df 为 DataFrame 对象，other 为另外一个或多个 DataFrame 对象。join 方法可以被看作是 merge 方法的简化版本。

当连接两个 DataFrame 数据时，可以使用 on 参数指定连接键索引列；当连接多个 DataFrame 数据时，只能将行索引作为连接键。

下面使用 join 方法连接 3 个 DataFrame 数据。首先导入 xlwings 包，然后打开 D 盘下的“学生成绩表–join.xlsx”文件，该工作簿文件中有 4 个工作表，其中前 3 个工作表中保存的是一些学生的不同科目的考试成绩；第 4 个工作表为空工作表，用于写入连接结果并进行展示。

```
>>> import xlwings as xw  #导入 xlwings 包
>>> import pandas as pd  #导入 pandas 包
>>> #创建 Excel 应用，该应用窗口可见，不添加工作簿
>>> app=xw.App(visible=True, add_book=False)
>>> #打开数据文件，可写
>>> bk=app.books.open(fullname="D:\\学生成绩表-join.xlsx",read_only=False)
>>> #获取工作簿中的前 3 个工作表
>>> sht1=bk.sheets[0]
>>> sht2=bk.sheets[1]
>>> sht3=bk.sheets[2]
```

下面使用 xlwings 包的转换器和选项功能，将已有的 3 个工作表中的数据以 DataFrame 类型读取到 df1、df2 和 df3 中，然后使用 pandas 包的 join 方法合并它们，得到第 4 个 DataFrame 数据 df4。注意：xlwings 在将表格区域数据转换为 DataFrame 数据时，将第 1 列数据指定为行索引。

```
>>> df1=sht1.range("A1:C6").options(pd.DataFrame).value
>>> df2=sht2.range("A1:C6").options(pd.DataFrame).value
>>> df3=sht3.range("A1:B6").options(pd.DataFrame).value
>>> df4=df1.join([df2,df3])    #用 df2 和 df3 组成的列表指定 other 参数
```

将这 4 个 DataFrame 数据写入第 4 个工作表中的指定位置。

```
>>> sht4=bk.sheets[3]
>>> sht4.range("A1").value=df1
>>> sht4.range("E1").value=df2
>>> sht4.range("I1").value=df3
>>> sht4.range("A8").value=df4
```

第 4 个工作表中的数据如图 9–10 所示。该工作表中第 1~6 行显示的是前 3 个工作表中给定的数据，第 8~13 行显示的是连接后的数据。可见，3 个工作表中的数据成功连接了。

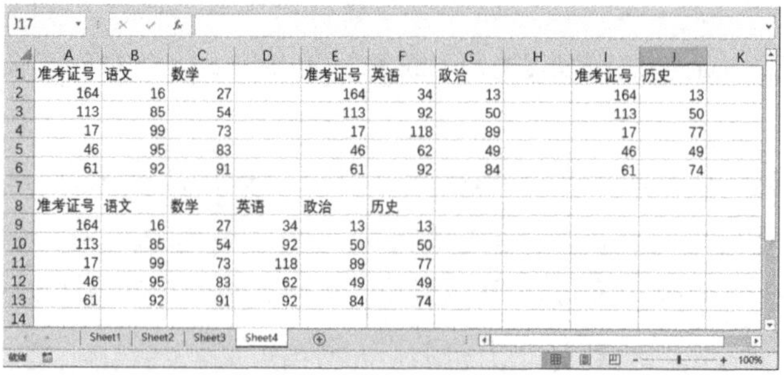

	A	B	C	D	E	F	G	H	I	J	K
1	准考证号	语文	数学		准考证号	英语	政治		准考证号	历史	
2	164	16	27		164	34	13		164	13	
3	113	85	54		113	92	50		113	50	
4	17	99	73		17	118	89		17	77	
5	46	95	83		46	62	49		46	49	
6	61	92	91		61	92	84		61	74	
7											
8	准考证号	语文	数学	英语	政治	历史					
9	164	16	27	34	13	13					
10	113	85	54	92	50	50					
11	17	99	73	118	89	77					
12	46	95	83	62	49	49					
13	61	92	91	92	84	74					
14											

图 9-10　使用 join 方法连接数据

9.4.11 拼接数据

使用 pandas 包的 concat 方法可以对两个或多个 DataFrame 数据进行拼接。该方法的主要参数如表 9-4 所示。通过参数设置，可以指定拼接的方向和方法等。

表 9-4 concat 方法的主要参数

参　　数	说　　明
objs	指定拼接的对象集合，可以是 Series、DataFrame 等组成的列表等
axis	指定拼接的方向，默认值为 0，垂向拼接；当值为 1 时表示水平方向拼接
join	指定拼接的方法，值为 outer 或 inner，相当于 merge 方法中 how 参数设置的外连接和内连接
join_axes	指定保留的轴，其作用相当于 merge 方法中 how 参数设置的左连接和右连接
ignore_index	拼接后忽略原来的索引编号，重新编号
keys	添加一个键，指定数据来源

1. 垂向拼接

下面使用 concat 方法垂向拼接 3 个 DataFrame 数据。首先导入 xlwings 包，然后打开 D 盘下的"学生成绩表-concat-1.xlsx"文件，该工作簿文件中有 4 个工作表，其中前 3 个工作表中保存的是一些学生的不同科目的考试成绩；第 4 个工作表为空工作表，用于写入拼接结果并进行展示。

```
>>> import xlwings as xw  #导入 xlwings 包
>>> import pandas as pd  #导入 pandas 包
>>> #创建 Excel 应用，该应用窗口可见，不添加工作簿
>>> app=xw.App(visible=True, add_book=False)
>>> #打开数据文件，可写
>>> bk=app.books.open(fullname="D:\\学生成绩表-concat-1.xlsx",read_only=False)
>>> #获取工作簿中的前 3 个工作表
>>> sht1=bk.sheets[0]
>>> sht2=bk.sheets[1]
>>> sht3=bk.sheets[2]
```

下面使用 xlwings 包的转换器和选项功能，将已有的 3 个工作表中的数据以 DataFrame 类型读取到 df1、df2 和 df3 中，然后使用 pandas 包的 concat 方法垂向拼接它们，得到第 4 个 DataFrame 数据 df4。

```
>>> df1=sht1.range("A1:G6").options(pd.DataFrame).value
>>> df2=sht2.range("A1:G6").options(pd.DataFrame).value
>>> df3=sht3.range("A1:G4").options(pd.DataFrame).value
>>> df4=pd.concat([df1,df2,df3])
```

将这 4 个 DataFrame 数据写入第 4 个工作表中的指定位置。

```
>>> sht4=bk.sheets[3]
>>> sht4.range("A1").value=df1
```

```
>>> sht4.range("A8").value=df2
>>> sht4.range("A15").value=df3
>>> sht4.range("A20").value=df4
```

第 4 个工作表中的数据如图 9-11 所示。可见，对给定的 3 个工作表中的数据成功进行了垂向拼接。

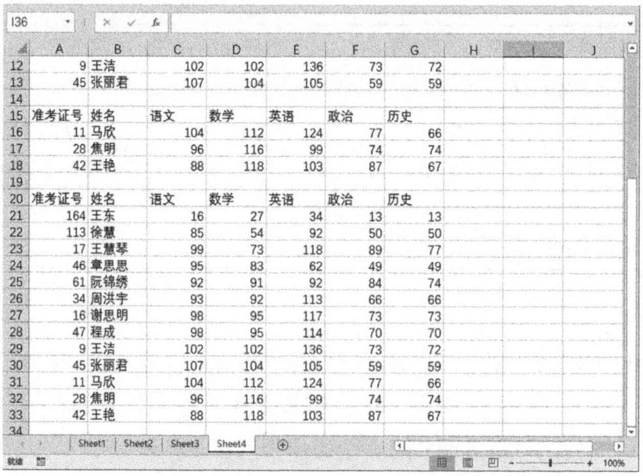

	A	B	C	D	E	F	G
12	9	王洁	102	102	136	73	72
13	45	张丽君	107	104	105	59	59
14							
15	准考证号	姓名	语文	数学	英语	政治	历史
16	11	马欣	104	112	124	77	66
17	28	焦明	96	116	99	74	74
18	42	王艳	88	118	103	87	67
19							
20	准考证号	姓名	语文	数学	英语	政治	历史
21	164	王东	16	27	34	13	13
22	113	徐慧	85	54	92	50	50
23	17	王慧琴	99	73	118	89	77
24	46	章思思	95	83	62	49	49
25	61	阮锦绣	92	91	92	84	74
26	34	周洪宇	93	92	113	66	66
27	16	谢思明	98	95	117	73	73
28	47	程成	98	95	114	70	70
29	9	王洁	102	102	136	73	72
30	45	张丽君	107	104	105	59	59
31	11	马欣	104	112	124	77	66
32	28	焦明	96	116	99	74	74
33	42	王艳	88	118	103	87	67
34							

图 9-11　使用 concat 方法垂向拼接数据

2. 水平方向拼接

将 axis 参数的值设置为 1，表示进行水平方向拼接。打开 D 盘下的“学生成绩表-concat-2.xlsx”文件，该工作簿文件中有 4 个工作表，其中前 3 个工作表中保存的是一些学生的不同科目的考试成绩；第 4 个工作表为空工作表，用于写入拼接结果并进行展示。

```
>>> import xlwings as xw  #导入 xlwings 包
>>> import pandas as pd  #导入 pandas 包
>>> app=xw.App(visible=True, add_book=False)
>>> bk=app.books.open(fullname="D:\\学生成绩表-concat-2.xlsx",read_only=False)
>>> sht1=bk.sheets[0]
>>> sht2=bk.sheets[1]
```

下面使用 xlwings 包的转换器和选项功能，将前两个工作表中的数据以 DataFrame 类型读取到 df1 和 df2 中，然后使用 pandas 包的 concat 方法拼接它们，指定 axis 参数的值为 1，水平方向拼接，得到第 3 个 DataFrame 数据 df4。

```
>>> df1=sht1.range("A1:E6").options(pd.DataFrame).value
>>> df2=sht2.range("A1:C6").options(pd.DataFrame).value
>>> df4=pd.concat([df1,df2],axis=1)
```

将这 3 个 DataFrame 数据写入第 4 个工作表中的指定位置。

```
>>> sht4=bk.sheets[3]
>>> sht4.clear()
>>> sht4.range("A1").value=df1
>>> sht4.range("G1").value=df2
>>> sht4.range("A8").value=df4
```

第 4 个工作表中的数据如图 9-12 所示。可见，给定的两个工作表中的数据在水平方向上拼接成功。

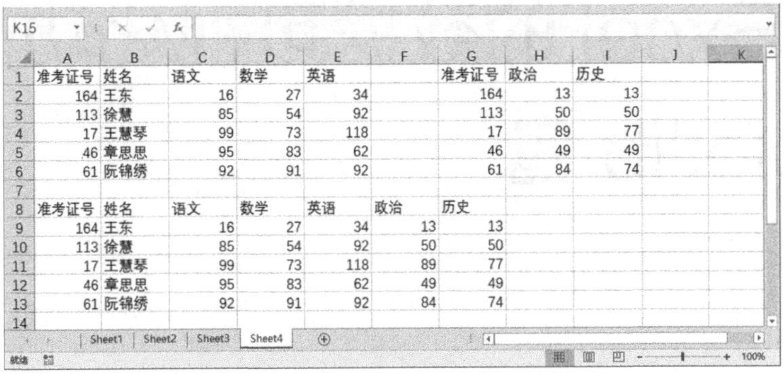

	A	B	C	D	E	F	G	H	I	J	K
1	准考证号	姓名	语文	数学	英语		准考证号	政治	历史		
2	164	王东	16	27	34		164	13	13		
3	113	徐慧	85	54	92		113	50	50		
4	17	王慧琴	99	73	118		17	89	77		
5	46	章思思	95	83	62		46	49	49		
6	61	阮锦绣	92	91	92		61	84	74		
7											
8	准考证号	姓名	语文	数学	英语	政治	历史				
9	164	王东	16	27	34	13	13				
10	113	徐慧	85	54	92	50	50				
11	17	王慧琴	99	73	118	89	77				
12	46	章思思	95	83	62	49	49				
13	61	阮锦绣	92	91	92	84	74				
14											

图 9-12　使用 concat 方法水平方向拼接数据

3. 数据不规整的情况

上面讨论的是数据比较规整的情况，即垂向拼接时两个 DataFrame 中的列索引标签是相同的，水平方向拼接时两个 DataFrame 中的行索引标签也是相同的。在数据规整的情况下，它们的交集和并集的大小与自己的大小相同。下面讨论拼接时两个 DataFrame 中的列索引标签或行索引标签不同的情况。此时，采用不同的方式进行拼接将得到不同的结果。

使用 join 参数和 join_axes 参数控制拼接方法，得到类似于 9.4.9 节中介绍 merge 方法时得到的内连接、外连接、左连接和右连接的效果。请参阅该节的内容，这里不再介绍。

9.4.12　追加数据

使用 DataFrame 对象的 append 方法，可以在已有 DataFrame 数据的末行追加数据行（Series）或数据区域（DataFrame）。该方法的语法格式为：

```
df3=df1.append(df2)
```

其中，df1 是已有的 DataFrame 数据；df2 是追加的 Series 或 DataFrame 数据；追加后得到新的 DataFrame 数据 df3。

该方法使用简单，这里不再展开介绍。

第 10 章

扩展 Excel 的数据可视化功能：Matplotlib 包

第 6 章介绍了 Excel 软件提供的图表功能，通过 Python 编程可以将 Excel 自己提供的数据可视化功能利用起来。本章将介绍 Python 的 Matplotlib 包，以及 Python 提供的数据可视化功能。

10.1　Matplotlib 包概述

Matplotlib 是 Python 最有名的数据可视化包，其提供了强大的图表绘制功能。本节将对 Matplotlib 包进行简单介绍。

10.1.1　Matplotlib 包简介

Matplotlib 包的绘图风格与 Matlab 的很相似，实际上，从名称上也可以看出，它模仿了 Matlab 的很多绘图功能。它是 Python 比较底层的可视化包，具有简单、易用、图表类型丰富、图形质量高等特点。

Matplotlib 包提供的主要功能包括：

- 二维图表的绘制，图表类型包括二维点图、线形图、条形图、面积图、饼图、散点图、误差条图、箱形图等。
- 三维图表的绘制，图表类型包括三维点图、线形图、条形图、散点图、曲面图、多边形对象模型等。

- 二维标量场数据的可视化，图表类型包括二维等值线图等。

- 二维矢量场数据的可视化，图表类型包括二维矢量图等。

- 提供底层图形对象，其提供了基本图形元素如点、直线段、矩形、椭圆形、多义线、文本、面片和路径等的绘制，在此基础上可以创建自定义的图表类型，甚至创建属于自己的图形包。Seaborn 和 ggplot 等包都是在 Matplotlib 包的基础上进一步开发的。

- 可以作为绘图控件嵌入 GUI 应用程序中。比如用 Matplotlib 包绘制的图形可以很方便地嵌入 Excel 工作表中。

本书因为篇幅有限，对 Matplotlib 包的功能无法一一展开介绍，这里主要介绍与 Excel 交互有关的内容。

10.1.2　安装 Matplotlib 包

Matplotlib 包的安装比较简单，在 DOS 命令窗口中输入如下命令进行安装。

```
pip install matplotlib
```

在安装成功后，打开 Python IDLE，在 Shell 窗口中的提示符后输入如下命令导入 Matplotlib。

```
>>> import matplotlib.pyplot as plt
```

如果 Matplotlib 包安装不成功，则导入时会提示错误。

10.2　使用 Matplotlib 包绘图

Matplotlib 包的绘图功能很强大，本节主要介绍点图、线形图、条形图、面积图和饼图的绘制。

10.2.1　点图

点图是用孤立的点来表示指定位置上数据的大小，在全部的点绘制以后可以很清晰地表现数据的分布特征。使用 plot 函数绘制点图。

1. 简单点图

如果只有一组数据，则可以绘制简单点图。如果对横坐标没有特殊要求，则可以直接输入纵坐标数据列表作为 plot 函数的参数。下面首先导入 Matplotlib 包，然后调用 plot 函数绘图，调用 show 函数显示图形。在 plot 函数的第 2 个参数 "ro" 中，r 表示红色，o 表示实心圆标记。

```
>>> import matplotlib.pyplot as plt
>>> plt.plot([1, 3, 8, 6, 10, 15], "ro")
>>> plt.show()
```

生成如图 10-1 所示的简单点图。

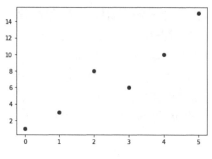

图 10-1　简单点图

标记类型如表 10-1 所示，共计 20 余种。

表 10-1　标记类型

标　记	说　明	标　记	说　明	标　记	说　明
"."	点	"h"	六边形点 1	"1"	下三叉点
"o"	实心圆	"+"	加号点	"3"	左三叉点
"^"	上三角点	"D"	实心菱形点	"s"	正方点
">"	右三角点	"_"	横线点	"*"	星形点
"2"	上三叉点	","	像素点	"H"	六边形点 2
"4"	右三叉点	"v"	下三角点	"x"	乘号点
"p"	五角点	"<"	左三角点	"d"	瘦菱形点

前面在绘图时没有指定横坐标。其实也可以指定横坐标，如下例所示。要求横坐标数组和纵坐标数组的大小相同。

```
>>> plt.plot([3, 4, 5, 6, 7, 8], [1, 3, 8, 6, 10, 15], "ro")
>>> plt.show()
```

效果如图 10-2 所示。请注意横坐标的变化。

2. 复合点图

复合点图是利用多组数据绘制点图，用不同的颜色和标记区分不同的分组。下面使用 NumPy 包的 arange 函数在 1~4 范围内以 0.2 为步长等间隔取值作为横坐标数据，用横坐标数据以及它们的正弦值和余弦值分别作为纵坐标数据绘制复合点图。

```
>>> import numpy as np    #导入 NumPy 包
>>> import matplotlib.pyplot as plt
>>> t = np.arange(1., 4., 0.2)    #横坐标数据
>>> #3 个简单点图复合：t-t，红色，星形点标记
>>> #t-sin(t)，绿色，正方点标记；t-cos(t)，蓝色，上三角点标记
>>> plt.plot(t, t, "r*", t, np.sin(t), "gs", t, np.cos(t), "b^")
>>> plt.show()
```

生成如图 10-3 所示的复合点图。

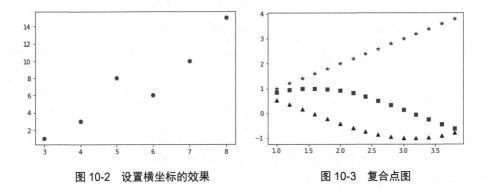

图 10-2　设置横坐标的效果　　　　　　图 10-3　复合点图

10.2.2　线形图

线形图在点图的基础上用直线段将相邻的点连接起来，用线条来表现数据的分布特征。对应于单组数据和多组数据，有简单线形图和复合线形图。

1. 简单线形图

简单线形图是用一组数据绘制线形图，线形图的控制点由横坐标数据和纵坐标数据确定。下面指定横坐标数据在−4~4 范围内以 1 为步长等间隔取值，纵坐标数据取横坐标数据的正弦值，然后使用 plot 函数绘图。

```
>>> import numpy as np
>>> import matplotlib.pyplot as plt
>>> t = np.arange(-4., 4., 1)      #横坐标数据
>>> plt.plot(t, np.sin(t))     #计算纵坐标数据，绘图
>>> plt.show()
```

生成如图 10-4 所示的简单线形图。默认时线条的颜色为蓝色。

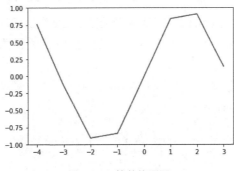

图 10-4　简单线形图

当使用 Matplotlib 包绘图时，可用 3 种方式着色，即标准颜色着色、十六进制颜色着色和 RGB 着色。如表 10-2 所示为常见的 8 种颜色的字符表示和十六进制表示。

表 10-2　标准颜色（常见的 8 种颜色的字符表示和十六进制表示）

颜　　色	字符表示	十六进制表示	颜　　色	字符表示	十六进制表示
蓝色	"b"	"#0000FF"	品红色	"m"	"#FF00FF"
绿色	"g"	"#008000"	黄色	"y"	"#FFFF00"
红色	"r"	"#FF0000"	黑色	"k"	"#000000"
青色	"c"	"#00FFFF"	白色	"w"	"#FFFFFF"

下面的第 2~4 条语句都用于绘制相同数据确定的简单线形图，线条颜色为青色，数据点用红色实心圆标记表示。与颜色相关的参数名称往往都包含"color"字样。

```
>>> import matplotlib.pyplot as plt
>>> plt.plot([1, 3, 8, 6, 10, 15], color="c", marker="o", markerfacecolor="r")
>>> plt.plot([1, 3, 8, 6, 10, 15], color="c", marker="o", markerfacecolor=
"#FF0000")
>>> plt.plot([1, 3, 8, 6, 10, 15], color="c", marker="o", markerfacecolor=
(1.0,0.0,0.0))
>>> plt.show()
```

效果如图 10-5 所示。

线条的线型可以用 plot 函数的 linestyle 参数设置——可以设置为实线、点虚线、虚线和点线等，对应的符号如下：

- "–"，实线。
- "–."，点虚线。
- "––"，虚线。
- ":"，点线。

线条的线宽可以用 plot 函数的 linewidth 参数设置——设置为大于 0 的整数。

下面根据给定的横坐标数据和计算得到的正弦值和余弦值纵坐标数据绘制两个线形图。其中纵坐标数据为正弦值的图形线型为点线，线宽为 3；纵坐标数据为余弦值的图形线型为点虚线，线宽为 5。

```
>>> import numpy as np
>>> import matplotlib.pyplot as plt
>>> t = np.arange(-4., 4., 1)     #横坐标数据
>>> plt.plot(t, np.sin(t), linestyle=":", linewidth=3)   #正弦值数据的图形
>>> plt.plot(t, np.cos(t), linestyle="-.", linewidth=5)  #余弦值数据的图形
>>> plt.show()
```

效果如图 10-6 所示。

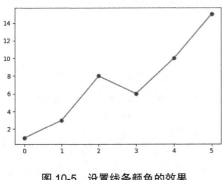

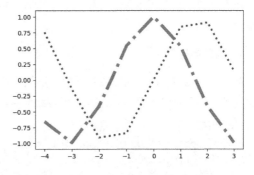

图 10-5　设置线条颜色的效果　　　　　　图 10-6　设置线型和线宽的效果

2. 复合线形图

复合线形图是利用多组数据绘制线形图。绘制复合线形图可以使用类似于生成图 10-6 所示效果的代码，用每条折线的数据分别绘图，也可以在 plot 函数中对每条折线设置数据和属性一次性绘制完毕。

下面使用 NumPy 包的 arange 函数在 1~4 范围内以 0.1 为步长等间隔取值作为横坐标数据，使用横坐标数据的正弦值和余弦值分别作为纵坐标数据，绘制复合线形图。3 条折线分别为红色实线、绿色虚线和蓝色点线。

```
>>> import numpy as np
>>> import matplotlib.pyplot as plt
>>> t = np.arange(1., 4., 0.1)
>>> plt.plot(t, t, "r-", t, np.sin(t), "g--", t, np.cos(t), "b:")
>>> plt.show()
```

生成如图 10-7 所示的复合线形图。

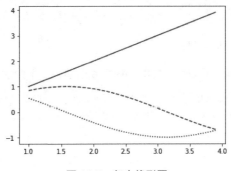

图 10-7　复合线形图

10.2.3 条形图

条形图是用填充矩形表示数据的大小和分布特征。根据绘图数据的组数，可以绘制简单条形图和复合条形图。

1. 简单条形图

当只有一组数据时，可以绘制简单条形图。下面取 1~6 范围内的整数作为横坐标数据，纵坐标数据用列表指定 6 个整数，使用 bar 函数绘制条形图，用 color 参数指定条形的颜色为红色。

```
>>> import numpy as np
>>> import matplotlib.pyplot as plt
>>> x = np.arange(1, 7, 1)   #横坐标数据
>>> y=[1, 3, 8, 6, 10, 15]   #纵坐标数据
>>> plt.bar(x,y, color="r")   #绘制红色条形图
>>> plt.show()
```

生成如图 10-8 所示的简单条形图。

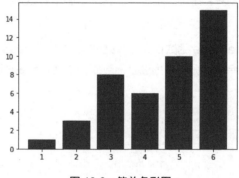

图 10-8　简单条形图

使用 barh 函数绘制横向条形图。下面用 x 和 y 数据绘图。

```
>>> plt.barh(x,y, color="r")
>>> plt.show()
```

生成如图 10-9 所示的横向条形图。

将 color 参数指定为列表，可以用不同的颜色给条形着色。下面给每个条形单独指定颜色。

```
>>> plt.barh(x,y, color=["r", "y", "b", "g", "c", "m"])
>>> plt.show()
```

效果如图 10-10 所示。

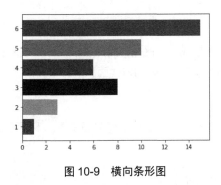 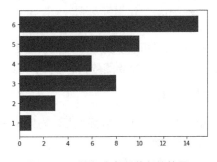

图 10-9　横向条形图　　　　　　　　图 10-10　给每个条形着色的效果

2. 复合条形图

复合条形图可以表现多组数据的大小和分布特征，各组数据用不同颜色的条形表示，将它们并排放置组成一个复合条形。Matplotlib 包没有提供专门绘制复合条形图的函数，但是使用 bar 函数，通过控制单个条形的宽度和每个条形的位置可以比较方便地实现复合条形图的绘制。

下面给定横坐标数据，用其正弦值+1 和余弦值+1 分别作为纵坐标数据绘制条形图。条形的宽度为 0.3，后一组条形的位置为前一组条形的位置+0.3。显示图例和网格。

```
>>> import numpy as np
>>> import matplotlib.pyplot as plt
>>> plt.figure()  #新建绘图窗口
>>> t=np.arange(-4., 4., 1)    #横坐标数据
>>> #正弦值数据的条形图
>>> plt.bar(t, 1+np.sin(t), label="sin", width=0.3, color="r")
>>> #余弦值数据的条形图
>>> plt.bar(t+0.3, 1+np.cos(t), label="cos", width=0.3, color="g")
>>> plt.legend()  #绘制图例
>>> plt.grid(linestyle="-.", alpha=0.5)   #绘制网格，点虚线，半透明
>>> plt.show()  #显示绘图窗口
```

生成如图 10-11 所示的复合条形图。

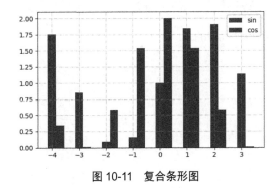

图 10-11　复合条形图

10.2.4 面积图

面积图实际上是将线形图与 0 基线首尾各自相连形成一个区域，用颜色填充该区域来表现数据的大小和分布特征。根据绘图数据的组数，可以绘制简单面积图和堆栈面积图。

1. 简单面积图

使用 stackplot 函数绘制面积图。当只有一组数据时，可以绘制简单面积图。下面给定一组数据，绘制简单面积图。

```
>>> import numpy as np
>>> import matplotlib.pyplot as plt
>>> x = [1, 2, 3, 4, 5]
>>> y = [1, 1, 2, 3, 5]
>>> plt.stackplot(x, y)
>>> plt.show()
```

生成如图 10-12 所示的简单面积图。

2. 堆栈面积图

当指定多组数据时，使用 stackplot 函数绘制的是堆栈面积图。我们可以这样理解堆栈面积图：首先绘制最上面一组数据对应的简单面积图，然后依次绘制下面各组数据对应的简单面积图，后绘制的图形覆盖先绘制的图形的部分面积，最后形成堆栈的效果。

下面用列表指定 1 组横坐标数据、3 组纵坐标数据，使用 stackplot 函数绘制堆栈面积图。

```
>>> import matplotlib.pyplot as plt
>>> #指定数据
>>> x = [1, 2, 3, 4, 5]
>>> y1 = [2, 1, 4, 3, 5]
>>> y2 = [0, 2, 1, 6, 4]
>>> y3 = [1, 4, 5, 8, 6]
>>> #绘图
>>> plt.stackplot(x, y1, y2, y3)
>>> plt.show()
```

生成如图 10-13 所示的堆栈面积图。

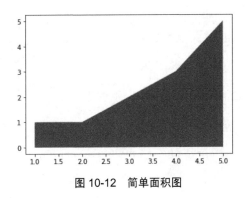
图 10-12　简单面积图

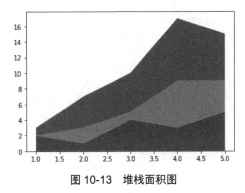
图 10-13　堆栈面积图

10.2.5　饼图

饼图是用圆形区域中不同大小和颜色的扇区来表现给定数据在整体中所占的比例。在绘制时需要指定每组数据的标签和各自对应的百分比。

使用 pie 函数绘制饼图。该函数的主要参数包括：

- data——指定各部分所占百分比的数据。
- labels——指定各部分的标签。
- radius——指定饼图的半径。
- explode——指定饼图要分离的部分。
- autopct——指定显示百分比数据的字符串格式。默认值为 None，不显示百分比数据。
- colors——指定各部分的颜色。默认值为 None，自动设置颜色。
- startangle——指定饼图第 1 个部分的起始角度。
- counterclock——指定饼图的绘制方向。默认值为 True，按逆时针方向绘制。
- shadow——指定是否绘制饼图的阴影。默认值为 False，不绘制阴影。

下面指定数据标签和占总体的百分比数据，使用 pie 函数绘制饼图。绘制阴影，起始角度为 90°，百分比数据输出保留 1 位小数。

```
>>> import matplotlib.pyplot as plt
>>> labels=["Class 1", "Class 2", "Class 3", "Class 4", "Class 5"]
>>> sizes = [15, 30, 25, 10, 20]
>>> plt.pie(sizes, labels=labels, shadow=True, autopct="%1.1f%%", startangle=90)
>>> plt.axis("equal")    #横纵轴比例相同
>>> plt.show()
```

生成如图 10-14 所示的饼图。

设置 explode 参数，可以将部分扇区分离显示，以突出和强调该部分。该参数的值用一个元组指定，不分离的部分用 0 表示，要分离的部分用 0 和 1 之间的小数表示，指定分离的程度。

```
>>> import matplotlib.pyplot as plt
>>> labels=["Class 1", "Class 2", "Class 3", "Class 4", "Class 5"]
>>> sizes=[15, 30, 25, 10, 20]
>>> explode=(0, 0.1, 0, 0, 0)     #指定分离的部分
>>> plt.pie(sizes, explode=explode, labels=labels, shadow=True, \
        autopct="%1.1f%%", startangle=90)
>>> plt.axis("equal")
>>> plt.show()
```

效果如图 10-15 所示。

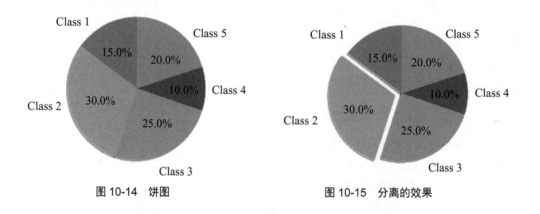

图 10-14　饼图　　　　　　　　图 10-15　分离的效果

10.3　导出用 Matplotlib 包绘制的图形

使用 Matplotlib 包绘制的图形可以被保存为图片文件，也可以被直接导出到 Excel 等应用程序的可视化图形界面中。

10.3.1　保存用 Matplotlib 包绘制的图形

使用 savefig 函数保存用 Matplotlib 包绘制的图形。下面将 10.2.5 节绘制的饼图保存到 jpg 图片文件中。

```
>>> import matplotlib.pyplot as plt
>>> labels=["Class 1", "Class 2", "Class 3", "Class 4", "Class 5"]
>>> sizes = [15, 30, 25, 10, 20]
>>> plt.pie(sizes, labels=labels, shadow=True, autopct="%1.1f%%", startangle=90)
>>> plt.axis("equal")    #横纵轴比例相同
>>> plt.savefig("D:\\test.jpg")      #保存为图片文件
>>> plt.show()
```

这样，饼图就以图片的形式被成功保存到 D 盘下了。

10.3.2　将用 Matplotlib 包绘制的图形添加到 Excel 工作表中

下面结合一个示例来介绍 Matplotlib 绘图与 Excel 之间的交互操作。本示例要用到少量 xlwings 包的知识（关于 xlwings 包的知识，请参阅第 4 章的介绍）。

首先打开 D 盘下的 plttest.xlsx 数据文件，获取工作表中的数据准备绘图。该数据文件在下载资料包中 Samples 目录下的 ch10 子目录中可以找到。

```
>>> import xlwings as xw
>>> import matplotlib.pyplot as plt
>>> #创建 Excel 应用，该应用窗口可见，不添加工作簿
>>> app=xw.App(visible=True, add_book=False)
>>> #打开数据文件，可写
>>> bk=app.books.open(fullname="D:\\plttest.xlsx",read_only=False)
>>> sht=bk.sheets[0]   #获取第 1 个工作表
```

从 Excel 工作表中获取数据，绘制堆栈面积图。使用工作表对象的 pictures.add 方法将图形添加到 Excel 工作表中的指定位置。left 和 top 参数指定图形位置，width 和 height 参数指定图形大小。

```
>>> fig=plt.figure()     #新建绘图窗口
>>> x=sht.range("A2:A6").value      #从 Excel 工作表中获取绘图数据
>>> y1=sht.range("B2:B6").value
>>> y2=sht.range("C2:C6").value
>>> y3=sht.range("D2:D6").vlaue
>>> plt.stackplot(x, y1, y2, y3)     #利用所获取的数据绘制堆栈面积图
>>> sht.pictures.add(fig,name="plt_test",left=20,top=140,width=250,height=160)
```

这样，所绘制的堆栈面积图就被添加到 Excel 工作表中了，如图 10-16 所示。

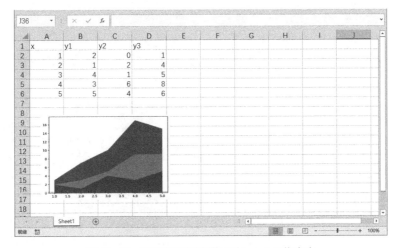

图 10-16　堆栈面积图被添加到 Excel 工作表中

扩展编程篇

Excel 的脚本编程，传统上使用 VBA 语言，而本书则系统介绍了使用 Python 语言实现 Excel 编程的方法。在实际应用中，我们没必要将这两种方法对立起来，而是可以相互调用，通过混合编程来实现功能扩展。这样的需求是常见的，比如，你熟悉 Python 编程，但在工作中要使用和维护大量前人编写的 VBA 代码，那么就可以在 Python 中调用这些 VBA 代码；再如，你习惯使用 VBA 编程，但希望使用 Python 提供的大量数据处理函数和模块，那么就可以在 VBA 中直接调用 Python 代码。本篇的主要内容包括：

- 在 Python 中调用 VBA 代码。
- 在 VBA 中调用 Python 代码。
- 使用 Python 自定义 Excel 工作表函数。

第 11 章

Python 与 Excel VBA 混合编程

如果你懂 VBA，并希望使用 Python 的强大功能，那么就可以在 VBA 中调用 Python 代码；如果你有很多用 VBA 编写的现成代码，希望在 Python 中能使用，那么就可以在 Python 中调用 VBA 代码。另外，在 Excel 中还可以使用 Python 实现自定义函数。本章用到 xlwings 包（关于 xlwings 包的知识，请参阅第 4 章的介绍）。

11.1 在 Python 中调用 VBA 代码

在 Python 中调用 VBA 代码，可以在 Excel VBA 编程环境中先把 VBA 代码写好，并保存为 xlsm 文件，然后在 Python 中使用 book 对象或 application 对象的 macro 方法调用 VBA 中的过程或函数来实现，从而进行混合编程。

11.1.1 Excel VBA 编程环境

本书使用 Excel 2016 进行 VBA 编程。在进行 Excel VBA 编程时，需要使用"开发工具"选项卡。如果你在 Excel 2016 中没有找到该选项卡，则需要加载它。步骤如下：

① 单击"文件"菜单，在界面左侧展开的列表中单击"选项"选项，打开如图 11-1 所示的"Excel 选项"对话框。

图 11-1　"Excel 选项"对话框

②在该对话框中单击左侧列表中的"自定义功能区"选项,显示"自定义功能区"界面。

③在右边的列表框中找到"开发工具"选项,勾选它前面的复选框,选中它。

④单击"确定"按钮。现在 Excel 主界面中就有了"开发工具"选项卡,如图 11-2 所示。

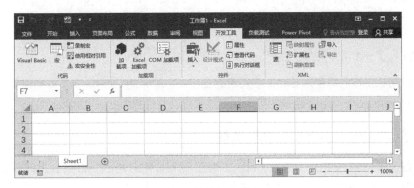

图 11-2　"开发工具"选项卡

在"开发工具"功能区中,主要有代码、加载项、控件和 XML 4 个功能分区,这里主要使用代码功能分区。单击第 1 个按钮,即"Visual Basic"按钮,打开 Excel VBA 编程环境,如图 11-3 所示。

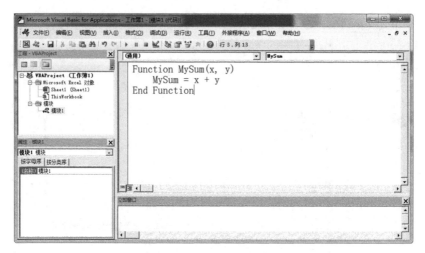

图 11-3　Excel VBA 编程环境

在 Excel VBA 编程环境窗口中，使用"插入"菜单中的选项可以添加用户窗体、模块和类模块，也可以添加已经存在的模块文件。用户窗体用于设计程序界面，可以用左下角的属性窗口设置窗体和控件的属性。在模块中添加变量、过程和函数，在类模块中添加类代码。插入一个模块，右边大的空白区域是代码编辑器，在这里可以输入、编辑和调试程序代码。使用"调试"菜单中的选项可以调试程序。

11.1.2　编写 Excel VBA 程序

下面编写一个简单的求两个数之和的函数。添加一个模块，在代码编辑器中输入下面的代码：

```
Function MySum(x, y)
    MySum=x+y
End Function
```

该函数实现了一个简单的加法运算。

将该函数所在工作簿保存为 Excel 启用宏的工作簿，即 xlsm 文件。在下载资料包中 Samples 目录下的 ch11\python-vba 子目录中可以找到该文件，文件名为 py-vba.xlsm。

11.1.3　在 Python 中调用 VBA 函数

在编写好 VBA 函数并把它保存为 xlsm 文件后，就可以用 Python 调用它。此时需要用到 book 对象或 application 对象的 macro 方法。该方法的语法格式为：

```
bk.macro(name)
```

其中，bk 表示工作簿对象；name 参数为字符串，表示带或不带模块名称的过程或函数的名称，例如"Module1.MyMacro"或"MyMacro"。

打开 Python IDLE，新建一个脚本文件，输入下面的代码（不要前面的行号）。将代码保存为 py 文件，将该 py 文件与 11.1.2 节创建的 xlsm 文件放在相同的目录下。该 py 文件在下载资料包中 Samples 目录下的 ch11\python-vba 子目录中可以找到，文件名为 test-py-vba.py。

```
1    import xlwings as xw  #导入 xlwings 包
2    app=xw.App(visible=False, add_book=False)
3    bk=app.books.open("py-vba.xlsm")
4    my_sum=bk.macro("MySum")
5    s=my_sum(1, 2)
6    print(s)
```

第 1 行导入 xlwings 包。

第 2 行创建 Excel 应用，该应用窗口不可见，不添加工作簿。

第 3 行打开相同目录下的 py-vba.xlsm 文件。

第 4 行使用工作簿对象的 macro 方法调用 VBA 函数 MySum，返回对象到 my_sum 中。

第 5 行给 my_sum 赋值 1 和 2，将它们的和返回到 s 中。

第 6 行输出 s。

在 Python IDLE 文件脚本窗口中，在"Run"菜单中单击"Run Module"选项，在 Shell 窗口中输入 1 与 2 的和 3。

```
>>> = RESTART: …/Samples/ch11/python-vba/test-py-vba.py
3
```

11.2　在 VBA 中调用 Python 代码

使用 xlwings 加载项，我们可以在 VBA 中调用 Python 代码。但是在使用 xlwings 加载项之前，需要先安装它。

11.2.1　xlwings 加载项

在安装了 xlwings 包之后，在 DOS 命令窗口中输入下面的命令，可以直接安装 xlwings 加载项。

```
xlwings addin install
```

在安装完成后，Excel 主界面中就有了"xlwings"选项卡。设置"xlwings"选项卡中的选项，可以完成混合编程前的配置工作。

如果使用这种方法安装失败，则可以直接加载宏文件。在安装了 xlwings 包之后，xlwings 包会在 Python 安装路径的 Lib\site-packages\xlwings\addin 目录下放置一个名为 xlwings.xlsm 的 Excel 宏文件，可以直接加载它。步骤如下：

①加载"开发工具"选项卡，请参见 11.1.1 节的内容。

②在"开发工具"功能区单击"Excel 加载项"按钮，打开"加载宏"对话框，如图 11-4 所示。

③单击"浏览…"按钮，找到 Python 安装路径的 Lib\site-packages\xlwings\addin 目录下的 xlwings.xlsm 文件并选择它，单击"确定"按钮。

④单击"确定"按钮。现在 Excel 主界面中就有了"xlwings"选项卡，如图 11-5 所示。

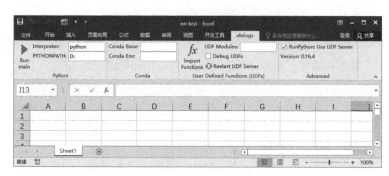

图 11-4　"加载宏"对话框　　　　　　　图 11-5　"xlwings"选项卡

"xlwings"选项卡中各选项的功能说明如下：

- Interpreter——指定 Python 解释器的路径。输入 python 或 pythonw，也可以输入可执行文件的完整路径，如"C:\Python37\pythonw.exe"。如果使用的是 Anaconda，则使用 Conda Base 和 Conda Env。如果留空，则表示将解释器设置为 pythonw。

- PYTHONPATH——指定 Python 源文件的路径。如果 py 文件在 D 盘下，则输入路径"D:"。注意，最后不要添加反斜杠，即输入"D:\"会导致出错。

- Conda Base——如果使用的是 Windows 并使用 Conda Env，则在此处输入 Anaconda 或 Miniconda 的安装路径和名称，例如"C:\Users\Username\Miniconda3"或"%USERPROFILE%\Anaconda"。注意，至少需要 Conda 4.6。

- Conda Env——如果使用的是 Windows 并使用 Conda Env，则在此处输入 Conda Env 的名称，例如"myenv"。注意，这要求将 Interpreter 留空，或者将其设置为 python 或 pythonw。

- UDF Modules——用于 11.3 节介绍的自定义函数（UDF）的设置。指定导入 UDF 的 Python 模块的名称（没有 py 扩展名），使用 ";" 分隔多个模块，例如 UDF_MODULES ="common_udfs; myproject"。默认导入与 Excel 电子表格相同的目录中的文件，该文件具有相同的名称，但以.py 结尾。如果留空，则需要 xlsm 文件与 py 文件的名称相同且在同一个目录下；如果名称不同，则需要输入文件名（不需要.py 后缀），并将 py 文件放入 PYTHONPATH 所在的文件夹内。

- Debug UDFs——当选择此选项时，将手动运行 xlwings COM 服务器进行调试。

- Import Functions——第 1 次使用加载项，或者在 py 文件更新后单击此按钮导入它。

- RunPython: Use UDF Server——选择它，对于 RunPython 使用与 UDF 相同的 COM 服务器。这样做速度更快，因为解释器在每次调用后都不会关闭。

- Restart UDF Server——单击它会关闭 UDF Server / Python 解释器。它将在下一个函数调用时重新启动。

11.2.2　编写 Python 文件

在设置好相关选项后，编写 Python 文件——既可以在 Python IDLE 的脚本编辑器中编写，也可以用记事本编写，编写完成后保存为 py 文件。这里我们尝试使用 Matplotlib 包根据给定的数据绘制堆栈面积图，绘制完以后将图形添加到 Excel 工作表中的指定位置。该 py 文件在下载资料包中 Samples 目录下的 ch11\vba-python 子目录中可以找到，文件名为 plt.py。在测试时，可以将它与同目录下的 Excel 宏文件 xw-test.xlsm 一起复制到 D 盘下。

```
1    import xlwings as xw
2    import matplotlib.pyplot as plt
3    def pltplot():
4        bk=xw.Book.caller()
5        sht=bk.sheets[0]
6        fig=plt.figure()      #新建绘图窗口
7        x=[1,2,3,4,5]    #绘图数据
8        y1=[2,1,4,3,5]
9        y2=[0,2,1,6,4]
10       y3=[1,4,5,8,6]
11       plt.stackplot(x, y1, y2, y3)      #利用所获取的数据绘制堆栈面积图
12       sht.pictures.add(fig,name="plt_test",left=20,top=140,width=250, height=160)
```

第 1 行和第 2 行导入 xlwings 包和 Matplotlib 包。

第 3~12 行定义 pltplot 函数绘图。

第 4~6 行获取工作簿、工作表和绘图窗口。

第 7~10 行获取绘图数据，x 为横坐标数据，y1~y3 为纵坐标数据。

第 11 行绘制堆栈面积图。

第 12 行将所绘制的图形添加到工作表中的指定位置。

11.2.3 在 VBA 中调用 Python 函数

新建一个 Excel 工作簿，保存为 xw-test.xlsm，它是启用宏的 Excel 工作簿文件。该文件在下载资料包中 Samples 目录下的 ch11\vba-python 子目录中可以找到。在测试时，可以将它与同目录下的 Python 文件 plt.py 一起复制到 D 盘下。

在 Excel 主界面中单击"开发工具"选项卡，在"开发工具"功能区单击"Visual Basic"按钮，打开 Excel VBA 编程环境。在"工具"菜单中单击"引用…"选项，打开"引用"对话框，如图 11-6 所示。在该对话框中单击"浏览…"按钮，在对话框右下角的下拉列表框中选择"任意文件"选项，找到 Python 安装路径的 Lib\site-packages\xlwings\addin 目录下的 xlwings.xlsm 文件，引用它。

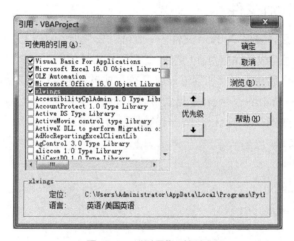

图 11-6 "引用"对话框

在"插入"菜单中单击"模块"选项，添加一个模块。在模块的代码编辑器中输入下面的代码，使用 RunPython 函数运行 11.2.2 节中定义的 plt.py 文件中的 pltplot 函数，但是在使用之前需要用 import 命令导入 matplotlib.pyplot 模块。

```
Sub plttest()
  RunPython "import plt;plt.pltplot()"
End Sub
```

运行该过程，绘制堆栈面积图并将其添加到工作表中，如图 11-7 所示。

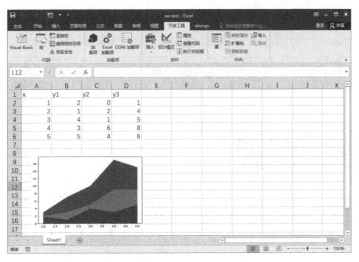

图 11-7　在 VBA 中调用 Python 函数绘制堆栈面积图

11.2.4　xlwings 加载项使用避坑指南

在使用 xlwings 加载项时操作并不难，有时候最难的是在安装阶段出现问题。下面就笔者在使用过程中遇到的"坑"做一些说明。

1. "文件未找到：xlwings32-0.16.4.dll"错误

出现该错误，是因为 xlwings 的安装有问题，需要重新安装，其中的版本号根据具体情况有所不同。在 DOS 命令窗口中使用"python - m pip install xlwings"命令安装时一般不会出现这个错误，该错误是在笔者下载老版本的 xlwings 并用 setup.py 手动安装时出现的，此时要避免手动安装，使用接下来介绍的方法安装老版本。

2. "could not activate Python COM server"错误

笔者发现 xlwings 加载项对 xlwings 的版本比较敏感，在使用某个老版本时没有问题，升级到新版本后就不能正常工作了，并提示类似于"could not activate Python COM server"的错误。比如笔者使用 0.23.1 版本时就会出现上面的错误，使用 0.16.4 版本时就不会出现此错误。

此时关闭所有 Excel 文件，在 DOS 命令窗口中使用"python - m pip uninstall xlwings"命令卸载 xlwings，然后安装老版本。在安装老版本的 xlwings 时指定版本号，比如安装 0.16.4 版本的 xlwings，在 DOS 命令窗口中输入：

```
python -m pip install xlwings==0.16.4
```

3. "Python process exited before..."错误

该错误提示的完整内容类似于"Python process exited before it was possible to create the interface object. Command: pythonw.exe –c ""import sys;sys.path.append(r'D:\SkyDrive\APP\VDI\Project Journal');import xlwings.server; xlwings.server.serve('{4c3ae7ba-2be9-4782-a377-f13934ffc4a9}')"。出现这个错误，是因为在 xlwings 功能区设置 PYTHONPATH 参数的值时，在最后加了反斜杠（比如"D:"是对的，"D:\"是错的），在编译时会因为语法错误而导致失败。

11.3 自定义函数（UDF）

如你所知，Excel 工作表函数的功能非常强大，使用也很方便。如果 Excel 提供的函数不够用，则可以使用 VBA 自定义函数并在工作表中像使用内部工作表函数一样使用它们。本节主要介绍使用 VBA 调用 Python 自定义函数并在工作表中直接使用。

11.3.1 使用 VBA 自定义函数

在 Excel VBA 编程环境中添加模块，在模块的代码编辑器中输入下面的函数 mysum，计算给定的两个数据的和，然后将其保存为启用宏的 Excel 工作簿文件，文件名为 vba-udf.xlsm。在下载资料包中 Samples 目录下的 ch11\udf 子目录中可以找到它。

```
Function mysum(a As Double, b As Double) As Double
    mysum = a + b
End Function
```

接下来在 Excel 工作表的 A1 单元格中输入公式"=mysum(1,2)"，按回车键，得到 1 与 2 的和 3，如图 11-8 所示。

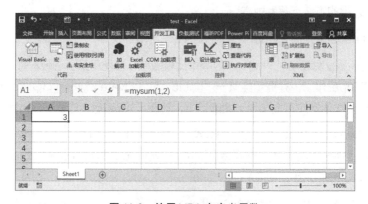

图 11-8 使用 VBA 自定义函数

可见，使用这种方式能够实现自定义工作表函数。

11.3.2　在 VBA 中调用 Python 自定义函数的准备工作

11.3.1 节介绍了使用 VBA 自定义函数，本节将介绍在 VBA 中调用 Python 自定义函数需要做的准备工作。

第 1 项准备工作是在 Excel 主界面中的"开发工具"功能区单击"宏安全性"按钮，打开"信任中心"对话框，如图 11-9 所示。在左侧列表中单击"宏设置"选项，然后在右侧勾选"信任对 VBA 工程对象模型的访问"复选框。

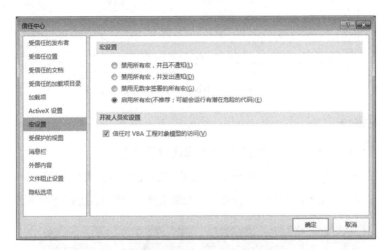

图 11-9　"信任中心"对话框

第 2 项准备工作是安装 xlwings 加载项，请参考 11.2.1 节的内容，这里不再赘述。

11.3.3　在 VBA 中调用 Python 自定义函数

在准备工作做好以后，在 Python IDLE 脚本编辑器或者记事本中编写 Python 文件。该 py 文件在下载资料包中 Samples 目录下的 ch11\udf 子目录中可以找到，文件名为 vba-py-mysum.py。该 py 文件的代码如下所示，其中包含一个 my_sum 函数，用于实现给定的两个变量的求和运算。代码中用到了@xw.func 修饰符。

```
1    import xlwings as xw
2
3    @xw.func
4    def my_sum(x,y):
5      return x+y
```

接下来在 Excel 主界面中将该文件保存为启用宏的工作簿文件，文件名为 vba_py_mysum.xlsm，与 py 文件的名称相同，并将其保存在与 py 文件相同的目录下。该文件在下载资料包中 Samples 目录下的 ch11\udf-python 子目录中可以找到。

在 Excel 工作表的 A1 单元格中输入公式"=my_sum(1,2)"，按回车键，得到 1 与 2 的和 3，如图 11-10 所示。

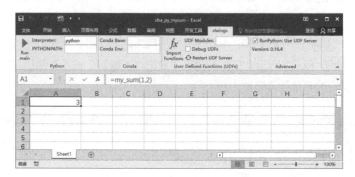

图 11-10　在 VBA 中调用 Python 自定义函数

11.3.4　常见错误

在 VBA 中调用 Python 自定义函数时可能会出现如下两个错误。

第 1 个是"…pywintypes.com_error:…"错误，具体出错信息类似于图 11-11 所示。出现该错误，是因为没有做好 11.3.2 节所介绍的第 1 项准备工作。做好相应的设置即可解决该问题。

图 11-11　"…pywintypes.com_error: …"出错信息

第 2 个是"要求对象"错误。在编写好 py 文件和同名的 xlsm 文件后，在工作表的单元格中输入自定义函数公式并按回车键时触发该错误，在单元格中显示"要求对象"。出现该错误，是因为没有在 Excel VBA 编程环境中引用 xlwings 宏文件。如 11.2.3 节所介绍的，在引用 xlwings 宏文件后进行自定义函数的操作，即可解决该问题。